JN238907

サウンドプログラミング入門

音響合成の基本とC言語による実装

青木 直史 [著]

技術評論社

本書に記載された内容は、情報の提供のみを目的としています。したがって、本書を用いた運用は、必ずお客様自身の責任と判断によって行ってください。これらの情報の運用の結果について、技術評論社および著者はいかなる責任も負いません。
　本書記載の情報は、2012 年 12 月 1 日現在のものを掲載していますので、ご利用時には、変更されている場合もあります。
　また、ソフトウェアに関する記述は、特に断わりのないかぎり、2012 年 12 月 1 日現在での最新バージョンをもとにしています。ソフトウェアはバージョンアップされる場合があり、本書での説明とは機能内容などが異なってしまうこともあり得ます。本書ご購入の前に、必ずバージョン番号をご確認ください。
　以上の注意事項をご承諾いただいた上で、本書をご利用願います。これらの注意事項をお読みいただかずに、お問い合わせいただいても、技術評論社および著者は対処しかねます。あらかじめ、ご承知おきください。

　本文中に記載されている会社名、製品名などは、各社の登録商標または商標、商品名です。会社名、製品名については、本文中では、™、©、®マークなどは表示しておりません。

はじめに

　サウンドプログラミングに挑戦しようと思っても、専門書は高度な理論の説明に重点をおいたものがほとんどで、具体的なプログラムを紹介した参考書はそれほど多くありません。もちろん、サウンドプログラミングにとって理論の勉強は不可欠とはいえ、しかし、まずは実際に動作するプログラムを見てみたいと思うのは、初心者に限らず大多数のプログラマの本音なのではないでしょうか。

　こうした要望に応えるべく、本書では、C言語のプログラムをまじえながら、サウンドプログラミングの実際の手順について説明しようと思います。本書では、具体的な題材として音響合成を取り上げ、コンピュータを使って音を作り出すさまざまなテクニックを紹介しながら、サウンドプログラミングに対する理解を深めてもらうことを目標にしています。

　本書では、フリーのコンパイラとして Borland C++ Compiler 5.5 を利用し、Windows 環境さえ用意すれば誰でも手軽にサウンドプログラミングに挑戦できるように配慮しています。なお、本書のプログラムは、サポートサイト（http://floor13.sakura.ne.jp）からすべてダウンロードできるようにしてあります。具体例として紹介したプログラムを自分なりに発展させ、サウンドプログラミングの参考書として本書を活用していただけたら、著者としてこれにまさる喜びはありません。

　本書の出版にあたり、編集を担当していただいた技術評論社の取口敏憲氏には、細部にわたり大変お世話になりました。ここに謝意を表します。また、本書の執筆をかげながら支えてくれた妻・香織、娘・遥香に、ここに記して感謝します。

2012 年 12 月
青木直史

本書の構成

本書では、具体的な題材として音響合成を取り上げ、コンピュータを使って音を作り出すさまざまなテクニックを紹介しながら、サウンドプログラミングに対する理解を深めてもらうことを目標にしています。

第1章では、コンピュータで音を取り扱うための基礎知識として、サンプリングの仕組みについて説明した後、コンピュータから音を鳴らす方法として、WAVEファイルの読み書きに挑戦します。第2章ではサイン波、第3章ではノコギリ波や矩形波など、サウンドプログラミングでは定番になっている基本的な音を実際に鳴らしてみることにしましょう。

サイン波はあらゆる波形を作り出すための基本単位にほかなりません。第4章では、波形に含まれるサイン波の配合比率を割り出すテクニックとして、フーリエ変換による周波数分析の方法について説明します。第5章では、重ね合わせの原理にもとづき、サイン波を重ね合わせることで音を作り出す加算合成の仕組みについて説明します。具体例として、オルガンやピアノといった楽器音を作ってみましょう。

波形に含まれるサイン波の配合比率を変化させると、それにともなって音色は変化します。第6章では、こうした仕組みによって音色をコントロールするテクニックとして、フィルタによる周波数特性の加工について説明します。第7章では、フィルタによって不必要な周波数成分を削り取ることで音を作り出す減算合成の仕組みについて説明します。具体例として、音声合成やボコーダのプログラムを作ってみましょう。

第8章から第11章までは、音響合成の代表的な方式として、PSG音源、アナログシンセサイザ、FM音源、PCM音源を取り上げ、実際のプログラムをまじえながら、それぞれの方式による音作りのテクニックについて説明します。

第8章では、いわゆるピコピコの電子音を鳴らす仕組みとして黎明期のコンピュータに採用されたPSG音源について説明します。具体例として、ゲームミュージックや効果音を作ってみましょう。

第9章では、電子楽器の1つとして開発されたアナログシンセサイザにつ

いて説明します。具体例として、オルガン、バイオリン、ピアノ、ドラムといった楽器音を作ってみましょう。

第 10 章では、金属的な音を作り出すことが得意な FM 音源について説明します。具体例として、チューブラーベルやエレクトリックピアノといった楽器音を作ってみましょう。

第 11 章では、音響合成の方式として現在の主流になっている PCM 音源について説明します。PCM 音源ならではの音作りのテクニックとして、いくつかの音の加工技術について説明するとともに、サンプリングした音をできる限り効率よく記録する音の圧縮技術についても説明します。

最終章の第 12 章では、マイクから入力された音を加工すると同時にスピーカーから出力するといったリアルタイム処理のサウンドプログラミングに挑戦します。具体例として、ボイスチェンジャのプログラムを作ってみましょう。

サウンドプログラミングに対する理解を深めるには、やはり理論の勉強を避けて通ることはできません。そのため、本書ではあちこちに数学が登場することになりますが、最小限の内容にしぼっており、高校程度の数学の知識があれば読み進めることができるように配慮しています。

本書では、具体例として C 言語のプログラムを紹介しています。コンパイラとして Borland C++ Compiler 5.5 を利用していますが、本書のプログラムはいずれも基本的なスタイルで記述したものになっているため、そのほかの環境で動作するようにアレンジすることもそれほど難しくはないでしょう。なお、本書のプログラムは、サポートサイト（http://floor13.sakura.ne.jp）からすべてダウンロードできるようにしてあります。

CONTENTS

はじめに ………………………………………………………………………………… iii
本書の構成 ……………………………………………………………………………… iv

第1章 サウンドプログラミングの基礎知識 …………………………………… 1
 1.1 サンプリング ……………………………………………………………… 2
 1.2 標本化 ……………………………………………………………………… 2
 1.3 量子化 ……………………………………………………………………… 6
 1.4 メディアの規格 …………………………………………………………… 8
 1.5 WAVEファイル …………………………………………………………… 10
 1.6 C言語によるサウンドプログラミング ………………………………… 15
 Column1 サウンドレコーダー ……………………………………………… 23

第2章 サイン波を鳴らしてみよう ……………………………………………… 25
 2.1 サイン波 …………………………………………………………………… 26
 2.2 波形と周波数特性 ………………………………………………………… 28
 2.3 12平均律音階 ……………………………………………………………… 31
 Column2 フェード処理 ……………………………………………………… 33

第3章 サイン波を重ね合わせてみよう ………………………………………… 35
 3.1 サイン波の重ね合わせ …………………………………………………… 36
 3.2 ノコギリ波 ………………………………………………………………… 40
 3.3 矩形波 ……………………………………………………………………… 42
 3.4 三角波 ……………………………………………………………………… 44
 3.5 位相 ………………………………………………………………………… 45
 3.6 白色雑音 …………………………………………………………………… 49
 Column3 音の三要素 ………………………………………………………… 51

第4章 周波数特性を分析してみよう …………………………………………… 53
 4.1 周波数分析 ………………………………………………………………… 54
 4.2 フーリエ変換 ……………………………………………………………… 54
 4.3 窓関数 ……………………………………………………………………… 61
 4.4 楽器音の周波数分析 ……………………………………………………… 64
 4.5 スペクトログラム ………………………………………………………… 66
 4.6 高速フーリエ変換 ………………………………………………………… 68
 Column4 バーチャルピッチ ………………………………………………… 81

第 5 章　加算合成 〜 足し算で音を作ってみよう ····· 85
5.1　加算合成 ····· 86
5.2　サイン波の重ね合わせ ····· 86
5.3　時間エンベロープ ····· 87
5.4　オルガン ····· 91
5.5　ピアノ ····· 94
Column5　分析合成 ····· 97

第 6 章　周波数特性を加工してみよう ····· 99
6.1　フィルタ ····· 100
6.2　FIR フィルタ ····· 101
6.3　IIR フィルタ ····· 113
6.4　DFT フィルタ ····· 126
Column6　インパルス応答 ····· 134

第 7 章　減算合成 〜 引き算で音を作ってみよう ····· 137
7.1　減算合成 ····· 138
7.2　原音のフィルタリング ····· 138
7.3　周波数エンベロープ ····· 139
7.4　音声合成 ····· 143
7.5　ボコーダ ····· 149
Column7　パルス列 ····· 152

第 8 章　PSG 音源 〜 電子音を鳴らしてみよう ····· 155
8.1　PSG 音源 ····· 156
8.2　時間エンベロープ ····· 159
8.3　ゲームミュージック ····· 163
8.4　効果音 ····· 164
8.5　オーバーサンプリング ····· 165
Column8　MML と MIDI ····· 172

第 9 章　アナログシンセサイザ 〜 楽器音を鳴らしてみよう ····· 175
9.1　アナログシンセサイザ ····· 176
9.2　LFO ····· 177
9.3　トレモロ ····· 178
9.4　ビブラート ····· 178
9.5　ワウ ····· 182
9.6　ADSR ····· 184

9.7	オルガン	187
9.8	バイオリン	191
9.9	ピアノ	193
9.10	ドラム	193
9.11	アナログ信号とディジタル信号	194

Column9　デチューン 200

第10章　FM音源 ～ 金属音を鳴らしてみよう　201

10.1	FM音源	202
10.2	変調指数	203
10.3	周波数比	205
10.4	時間エンベロープ	209
10.5	チューブラーベル	210
10.6	エレクトリックピアノ	213
10.7	ディジタルシンセサイザ	213

Column10　モジュレーション 219

第11章　PCM音源 ～ サンプリングした音を鳴らしてみよう　223

11.1	PCM音源	224
11.2	タイムストレッチ	225
11.3	ピッチシフト	232
11.4	Log-PCM	239
11.5	DPCM	248
11.6	ADPCM	251

Column11　ループシーケンサ 259

第12章　リアルタイム処理のサウンドプログラミング　261

12.1	サウンドデバイスとサウンドドライバ	262
12.2	録音処理	263
12.3	再生処理	266
12.4	ループバック再生	269
12.5	ボイスチェンジャ	270

Column12　Pure DataとSuperCollider 273

索引 275

第1章

サウンドプログラミングの基礎知識

本章では、コンピュータで音を取り扱うために必要となるサンプリングと呼ばれる技術について説明します。さらに、サウンドプログラミングのはじめの一歩として、WAVEファイルの読み書きに挑戦してみることにしましょう。

1.1　サンプリング

　図1.1 (a) に示すように、本来、音はすべての時刻で値をとる「アナログ信号」の物理現象ですが、コンピュータはこうしたアナログ信号をそのままの状態では取り扱うことができません。図1.1 (b) に示すように、コンピュータで音を取り扱うには、アナログ信号の音を離散的な時刻でしか値をとらない「ディジタル信号」の音データに変換する必要があります。こうした処理を「サンプリング」と呼びます。

　サンプリングは、アナログ信号をディジタル信号に変換する処理になっているため、「A-D（Analog-to-Digital）変換」とも呼ばれます。一方、コンピュータに記録された音データをスピーカーから再生するには、ディジタル信号の音データをアナログ信号の音に戻す必要があります。このように、ディジタル信号をアナログ信号に変換する処理を「D-A（Digital-to-Analog）変換」と呼びます。

1.2　標本化

　サンプリングは、「標本化周期」と呼ばれる時間間隔でアナログ信号を読

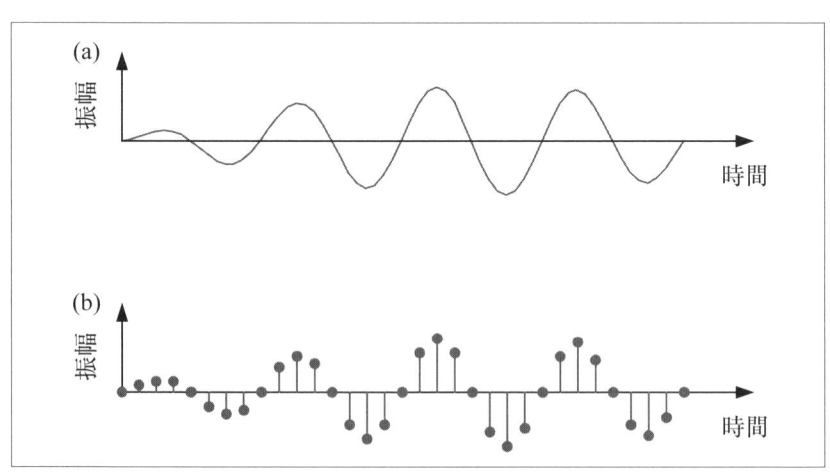

図1.1　サンプリング：(a) アナログ信号、(b) ディジタル信号

み取る「標本化」、標本化したアナログ信号を数として記録する「量子化」という2つの処理によってアナログ信号をディジタル信号に変換します。

標本化の性能は標本化周期によって決まります。標本化周期を小さくすればするほど標本化の精度は高くなります。もっとも、標本化の性能は、標本化周期そのものではなく、標本化周期の逆数として定義される「標本化周波数」によって比較することが一般的です。標本化周期を t_s、標本化周波数を f_s とすると、両者の関係は次のように定義できます。

$$f_s = \frac{1}{t_s} \tag{1.1}$$

標本化周波数は1秒あたりの標本化の回数にあたります。標本化周波数の単位は「Hz（ヘルツ）」です。図1.2に示すように、標本化周波数を大きくすればするほど標本化周期 t_s は小さくなり、波形の詳細な変化を落とさずにアナログ信号をディジタル信号に変換することができます。

このように、標本化周波数を大きくすればするほど標本化の精度は高くなっていきますが、あまりにも標本化周波数を大きくしてしまうと、ディジタル信号に変換したときのデータ量が膨大になってしまいます。そのため、実際には標本化周波数をある程度に抑える必要があります。こうした標本化周波数の設定にあたって指針になるのが「標本化定理」です。

標本化定理は、どんなに複雑な波形であっても大小さまざまなサイン波の重ね合わせによって合成できることを保証する「重ね合わせの原理」を前提にしています。サイン波はあらゆる波形を作り出すための基本単位にほかなりません。標本化定理は、こうしたサイン波をディジタル信号として適切に表現するための条件を定義したものになっています。

細部が複雑な波形ほど周波数の大きいサイン波を含んでいます。そのため、波形の詳細な変化を落とさずにアナログ信号をディジタル信号に変換するには、周波数の大きいサイン波をもらさずサンプリングできるように標本化周波数を設定する必要があります。

図1.3に示すように、サイン波をディジタル信号として適切に表現するには、1周期あたり少なくとも2個のデータが必要です。折れ線グラフとし

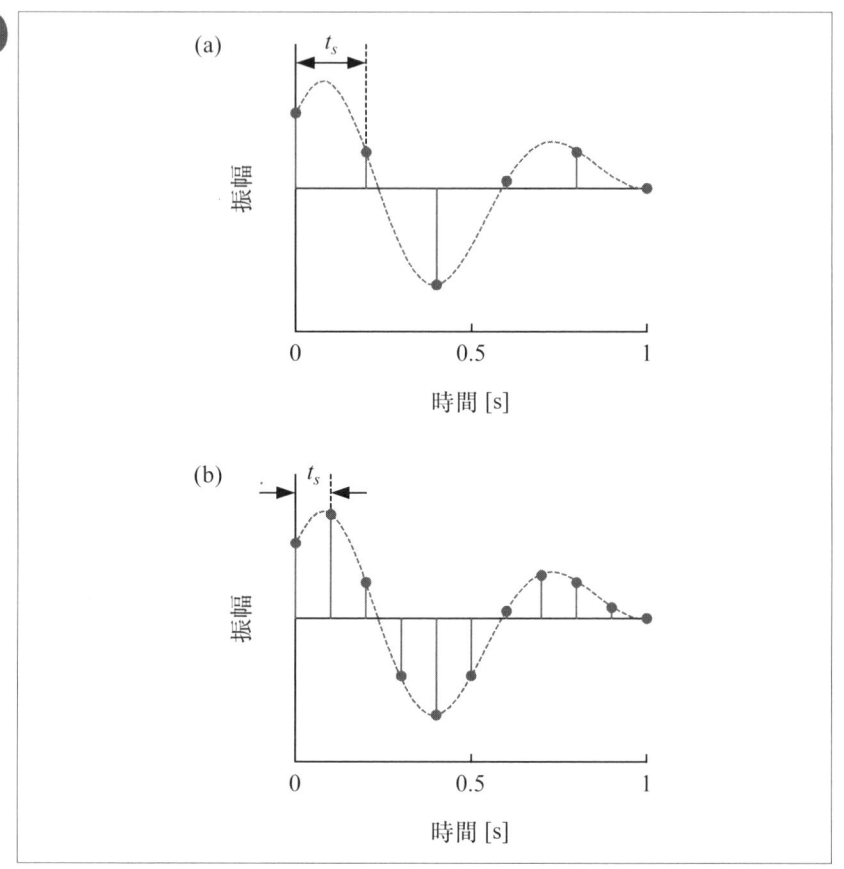

図 1.2　標本化周波数：(a) 5Hz、(b) 10Hz

てつなぐにしても、1周期あたり1個のデータではサイン波の山と谷を適切に表現できません。

　すなわち、標本化周期を t_s、サイン波の周期を t_0 とすると、次の関係を導き出すことができます。

$$t_s \leq t_0 / 2 \tag{1.2}$$

標本化周波数を f_s、サイン波の周波数を f_0 とすると、f_s は t_s の逆数、f_0 は t_0 の逆数として定義されるため、式（1.2）は次のように書き換えることが

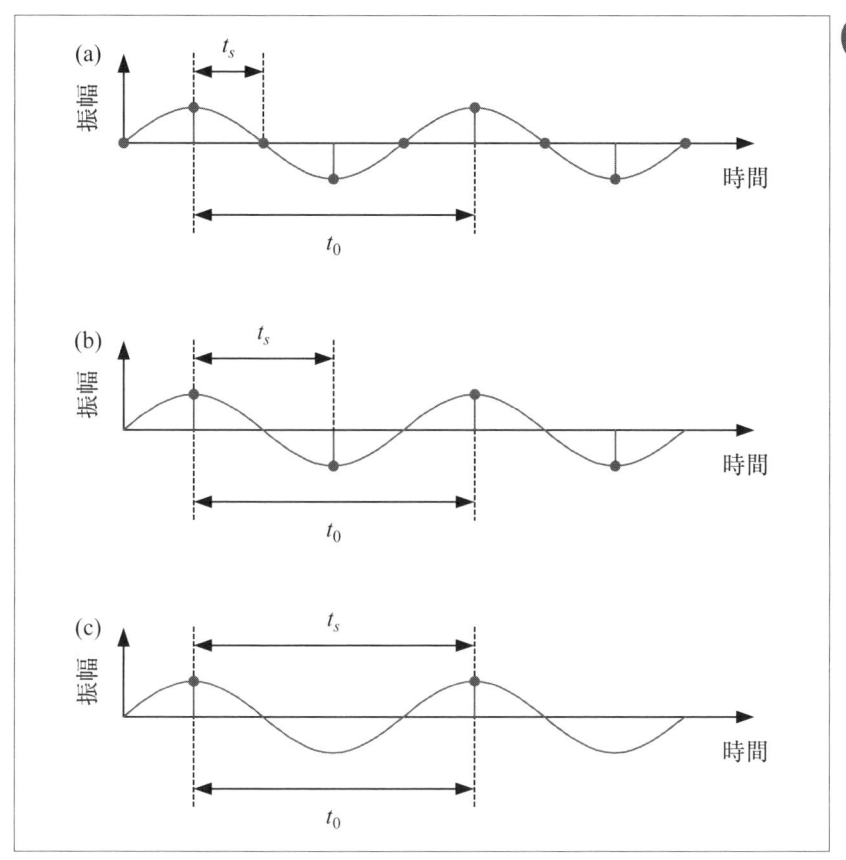

図 1.3　サイン波のサンプリング：(a) $t_s < t_0/2$、(b) $t_s = t_0/2$、(c) $t_s > t_0/2$

できます。

$$f_s \geq 2f_0 \tag{1.3}$$

　この式は、周波数 f_0 のサイン波をサンプリングするには、標本化周波数 f_s を f_0 の 2 倍以上にする必要があるということを意味しています。

　すなわち、図 1.4 に示すように、波形に含まれているサイン波の最大周波数を f_{max} とすると、この周波数までサイン波をもらさずサンプリングするには、標本化周波数 f_s を f_{max} の 2 倍以上にすればよいことになります。こ

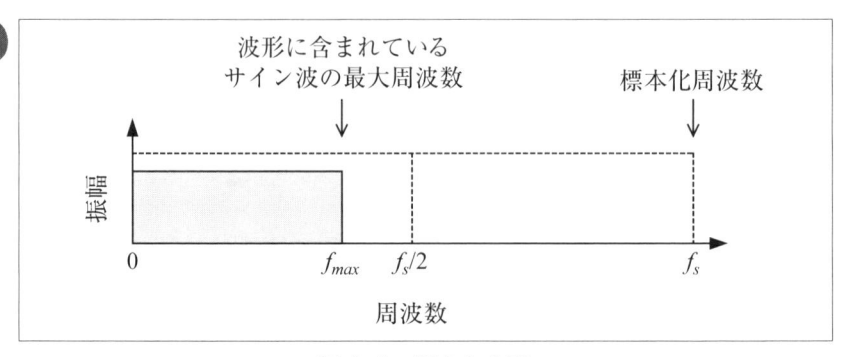

図 1.4　標本化定理

れが標本化定理にほかなりません。式で表すと、標本化定理は次のように定義することができます。

$$f_s \geq 2f_{max} \tag{1.4}$$

人間の聴覚は 20kHz までの音を聞き取ることができるとされています。そのため、標本化定理に照らし合わせると、アナログ信号の音をディジタル信号の音データに変換するには、標本化周波数を 20kHz の 2 倍以上、すなわち 40kHz 以上に設定するのが妥当と考えられます。

ディジタル信号の音データを記録するメディアとして最も一般的なのは「音楽 CD」です。図 1.5 に示すように、音楽 CD は標本化周波数が 44.1kHz に設定されており、人間の聴覚が聞き取ることができる音をもらさずサンプリングできるメディアになっています。

1.3　量子化

標本化したアナログ信号を数として記録するのが量子化の役割です。標本化が時間を離散化する処理になっているのに対して、量子化は振幅を離散化する処理になっています。

振幅を離散化するものさしの細かさは、振幅を区切るステップ数によって決まります。これを「量子化精度」と呼びます。量子化精度を大きくすれば

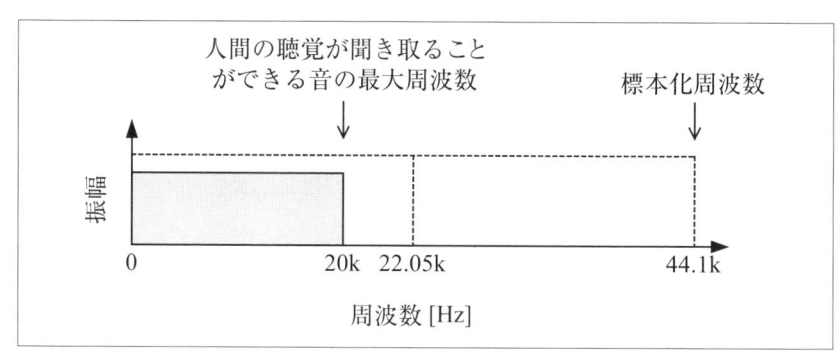

図 1.5　音楽 CD の標本化周波数

するほど量子化の精度は高くなります。

量子化精度は、1 つのデータを記録するのに必要なデータ量にあたります。量子化精度の単位は「bit（ビット）」です。量子化精度を Q、ステップ数を N とすると、両者の関係は次のように定義できます。

$$N = 2^Q \tag{1.5}$$

たとえば、量子化精度を 2bit にするとステップ数は 4（$=2^2$）段階、3bit にするとステップ数は 8（$=2^3$）段階になります。図 1.6 に示すように、量子化精度を大きくすればするほどステップ幅 δ は小さくなり、波形の詳細な変化を落とさずにアナログ信号をディジタル信号に変換することができます。

音データの量子化精度は、コンピュータで処理しやすいように、8bit または 16bit に設定することが一般的です。コンピュータは「byte（バイト）」と呼ばれる単位でデータを処理しますが、1byte は 8bit に等しいため、音データの量子化精度を 8bit または 16bit に設定すると、コンピュータは 1byte または 2byte 単位で音データを処理することができます。量子化精度を 8bit にするとステップ数は 256（$=2^8$）段階、16bit にするとステップ数は 65536（$=2^{16}$）段階になります。

音楽 CD の量子化精度は、音楽 CD が開発された当時の技術水準から 16bit に決められた経緯になっています。

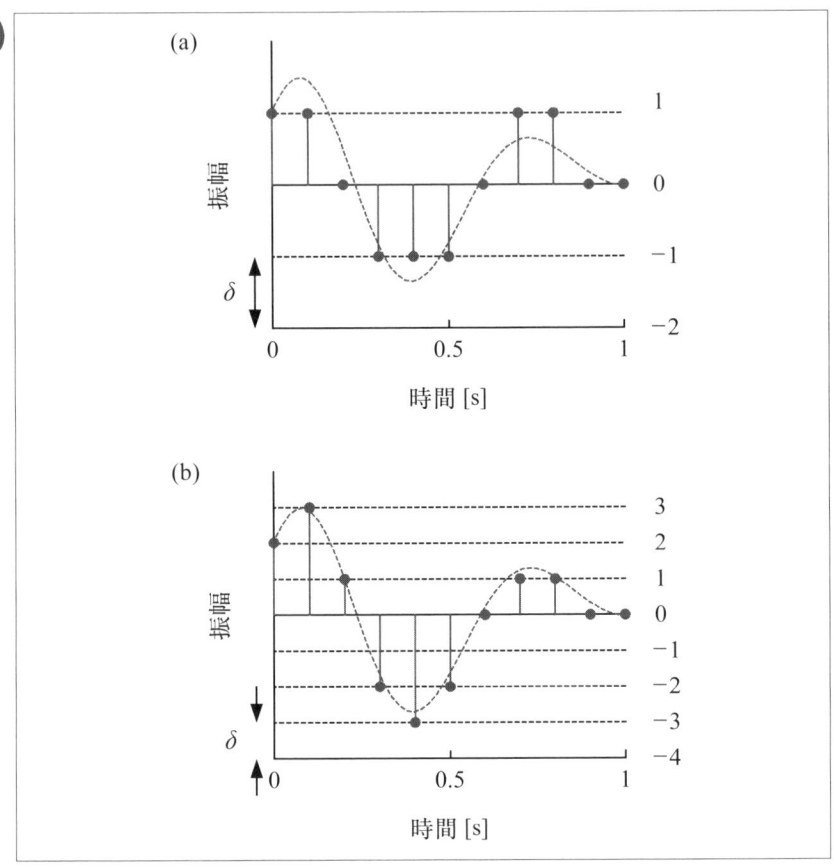

図 1.6　量子化精度：(a) 2bit、(b) 3bit

1.4　メディアの規格

音データは、1つのスピーカーを使って音を再生する1チャンネルの「モノラル」が基本です。ただし、音データのなかには、2つ以上のスピーカーを使って音を再生する「マルチチャンネル」のものもあります。

たとえば、音楽CDの音データは2チャンネルの「ステレオ」になっています。図1.7に示すように、「L（左）」と「R（右）」という2チャンネルの

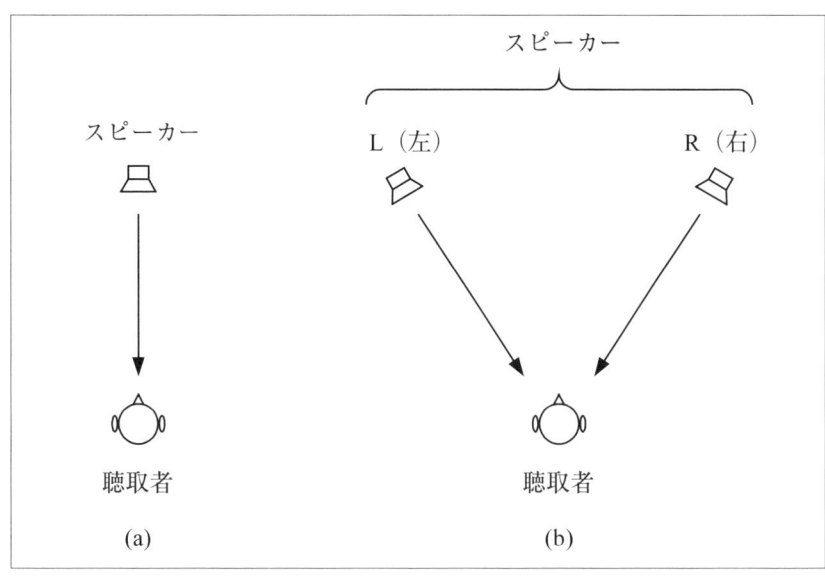

図 1.7　音データの再生：(a) モノラル、(b) ステレオ

　音データを、それぞれ左右 2 個のスピーカーから再生するのがステレオの仕組みです。こうした音データのステレオ再生は、音の空間的な広がりを演出するための仕掛けになっています。

　ディジタル信号の音データを記録するメディアとして最も一般的なのは音楽 CD です。しかし、ディジタル信号の音データだからといって、かならずしも音楽 CD に記録しなければならないというわけではありません。音質とデータ量はトレードオフの関係にあり、ある程度の音質の低下に目をつぶることができるのであれば、音楽 CD よりも小さい標本化周波数や量子化精度が採用されることもあります。

　たとえば、電話の標本化周波数は 8kHz、量子化精度は 8bit に設定されています。標本化周波数が 8kHz になっているため、4kHz よりも高い周波数成分は削られてしまい、こもった音質に聞こえるのが電話の特徴です。しかし、実際のところ、電話は音楽 CD ほどの音質を必要としません。電話先の相手の声を聞き取るにはこれで十分なのです。

　ステレオの音データを取り扱う音楽 CD は、データ量が 1 秒あたり

1411200（44100Hz × 16bit × 2 チャンネル）bit になっています。一方、モノラルの音データを取り扱う電話は、データ量が 1 秒あたり 64000（8000Hz × 8bit × 1 チャンネル）bit になっています。すなわち、電話のデータ量は音楽 CD のおよそ 1/20 程度にすぎません。できる限り通信にかかるコストを削減するため、音声の了解度を損なわない程度にサンプリングの精度を落としているのが電話の特徴になっています。

図 1.8 と図 1.9 に、さまざまなメディアの標本化周波数と量子化精度を示します。AM ラジオ、FM ラジオ、アナログ放送のテレビは、いずれもアナログ信号のまま音を取り扱っていますが、ここでは比較のためディジタル信号に変換した場合の換算値を示しています。

最近は技術の進歩にともない、44.1kHz 以上の標本化周波数も珍しくなくなってきました。たとえば、アナログ放送に取って代わったディジタル放送のテレビは、標本化周波数が 48kHz になっており、音楽 CD よりも高音質になっています。

また、音楽制作の現場では、さまざまな処理にともなう音質の劣化を見込んで、できる限り高音質の音をサンプリングすることが理想とされています。標本化周波数 192kHz、量子化精度 24bit の「DVD-Audio」は現時点で最も高音質の規格になっており、音楽制作における音のサンプリングにも利用されています。

1.5 WAVEファイル

音データをコンピュータに記録するための標準フォーマットとして一般的に利用されているのが「WAVE ファイル」です。WAVE ファイルに記録された音データは、「Windows Media Player」など、さまざまなアプリケーションから再生することができます。

図 1.10 に示すように、WAVE ファイルは「chunk（チャンク）」と呼ばれるブロックを単位として音データを記録しています。

WAVE ファイルそのものは「RIFF（Resource Interchange File Format）チャンク」と呼ばれるブロックになっています。そのなかに、「fmt（フォーマッ

```
192k  ┌ DVD-Audio
      │
      │
 48k  ├ ディジタル放送のテレビ
44.1k ├ 音楽CD
 32k  ├ FMラジオ，アナログ放送のテレビ
      │
 16k  ├ AMラジオ
  8k  └ 電話
```

図 1.8　標本化周波数（単位：Hz）

```
24 ┌ DVD-Audio
   │
16 ├ 音楽CD
   │
 8 └ 電話
```

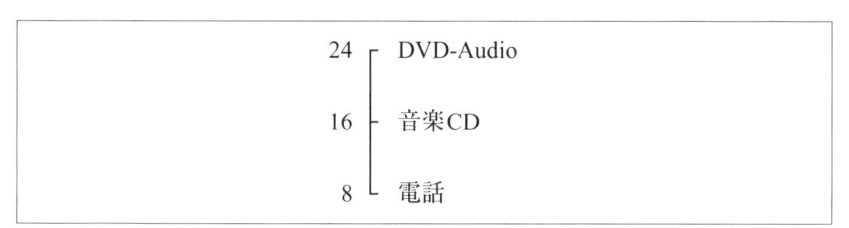

図 1.9　量子化精度（単位：bit）

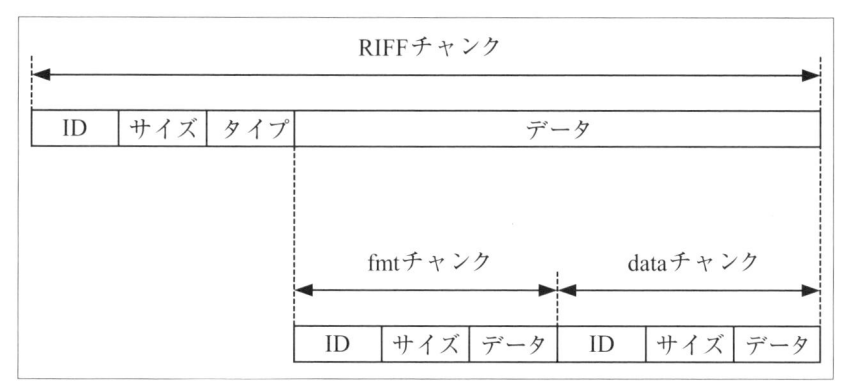

図 1.10　WAVE ファイルの基本構造

表 1.1　WAVE ファイルのパラメータ

パラメータ	サイズ（byte）	内容
riff_chunk_ID	4	'R' 'I' 'F' 'F'
riff_chunk_size	4	36 + data_chunk_size
file_format_type	4	'W' 'A' 'V' 'E'
fmt_chunk_ID	4	'f' 'm' 't' ' '
fmt_chunk_size	4	16
wave_format_type	2	PCM は 1
channel	2	モノラルは 1，ステレオは 2
samples_per_sec	4	標本化周波数
bytes_per_sec	4	block_size * samples_per_sec
block_size	2	bits_per_sample * channel / 8
bits_per_sample	2	量子化精度
data_chunk_ID	4	'd' 'a' 't' 'a'
data_chunk_size	4	音データの長さ * channel
data	data_chunk_size	音データ

ト）チャンク」と「data（データ）チャンク」という2つのチャンクを格納するのが WAVE ファイルの基本構造になっています。fmt チャンクには標本化周波数や量子化精度など音データに関する情報が記述されます。また、data チャンクには音データそのものが記録されます。

それぞれのチャンクの先頭には、チャンクの ID とサイズが記述されます。いずれも 4byte の情報になっており、これら 8byte を除いた残りがそれぞれのチャンクのサイズになります。

表 1.1 に、WAVE ファイルのパラメータをまとめてみました。それぞれのパラメータの意味は以下のとおりです。

- wave_format_type は音データの形式を表しており、PCM の場合は 1 になります。サンプリングされたディジタル信号の音データを、専門用語で「PCM（Pulse Code Modulation）」と呼びます。
- channel はモノラルでは 1、ステレオでは 2 になります。
- samples_per_sec は Hz を単位とする標本化周波数です。音楽 CD の場合は 44100、電話の場合は 8000 になります。

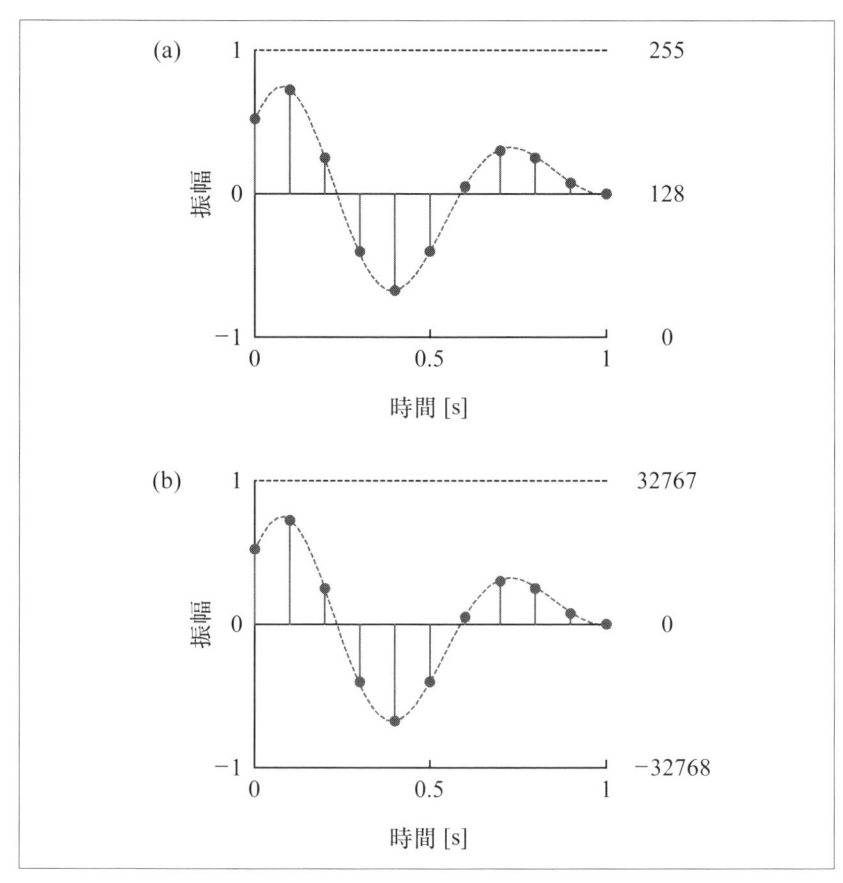

図 1.11 音データの振幅の範囲：(a) 量子化精度が 8bit の場合、(b) 量子化精度が 16bit の場合

- bytes_per_sec は 1 秒間の音データを記録するのに必要なデータ量を byte 単位で表したものです。block_size と samples_per_sec をかけ合わせたものとして定義されます。
- block_size は 1 時刻の音データを記録するのに必要なデータ量を byte 単位で表したものです。1byte は 8bit に等しいため、block_size は 8bit モノラルでは 1、8bit ステレオでは 2、16bit モノラルでは 2、16bit ステレオでは 4 になります。

第 1 章　サウンドプログラミングの基礎知識

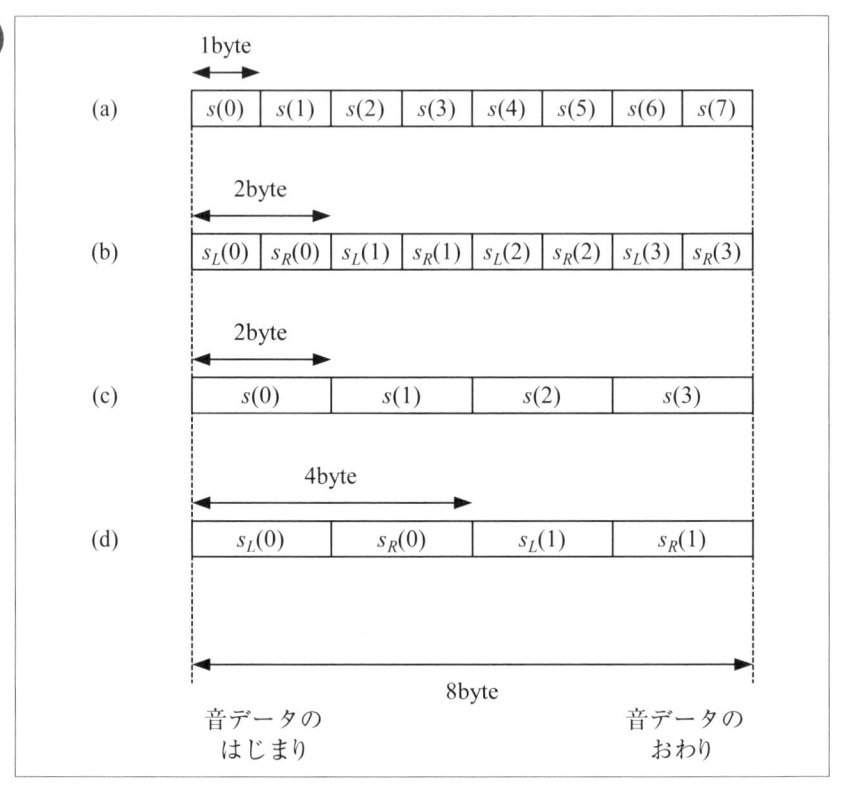

図 1.12　音データの記録順序：(a) 8bit モノラル、(b) 8bit ステレオ、(c) 16bit モノラル、(d) 16bit ステレオ

- bits_per_sample は bit を単位とする量子化精度です。8bit の場合は 8、16bit の場合は 16 になります。

data チャンクには音データそのものが記録されます。図 1.11 に示すように、量子化精度が 8bit の場合は、最小値が 0、オフセットが 128、最大値が 255 の音データが記録されることになります。一方、量子化精度が 16bit の場合は、最小値が −32768、オフセットが 0、最大値が 32767 の音データが記録されることになります。

モノラルの場合は 1 チャンネルの音データが時間の経過にしたがって順番

どおりに記録されるだけですが、ステレオの場合はLチャンネルとRチャンネルの音データが交互に記録されることになります。図1.12に示すように、dataチャンクに8byteの音データを記録する場合、8bitモノラルでは、時刻0から7まで合計8時刻の音データが記録されることになります。一方、16bitステレオでは、時刻0から1まで合計2時刻の音データが記録されることになります。

なお、チャンクのサイズは偶数byteにしなければならない決まりになっています。たとえば、8bitモノラルでは、音データの長さが奇数の場合、dataチャンクのサイズが奇数byteになってしまいますが、こうした場合はdataチャンクの最後に0の音データをつけ加えて、dataチャンクのサイズを偶数byteにする必要があります。

1.6 C言語によるサウンドプログラミング

本書では、Windows環境で動作する「Borland C++ Compiler 5.5」というコンパイラを利用して、C言語によるサウンドプログラミングに挑戦してみることにします。

Borland C++ Compiler 5.5は、エンバカデロ・テクノロジーズ社が提供しているフリーのC/C++言語コンパイラです。http://www.embarcadero.com/jp/products/cbuilder/free-compilerからfreecommandlinetools2.exeをダウンロードし、このファイルをダブルクリックすると、Borland C++ Compiler 5.5をインストールすることができます。続いて、readme.txtにしたがって環境設定を行う必要がありますが、くわしくは本書のサポートサイト（http://floor13.sakura.ne.jp）をご覧ください。

実際にプログラムをコンパイルしてみましょう。本書のサポートサイトからchapter01.zipをダウンロードし、「ローカルディスク(C:)」のなかに解凍したフォルダをコピーしてください。なお、次章以降についても、プログラムの準備はすべて同じ手順になります。

次に、「スタート」→「すべてのプログラム」→「アクセサリ」→「コマンドプロンプト」を順に選択し、コマンドプロンプトを起動します。ex1_1.

第1章　サウンドプログラミングの基礎知識

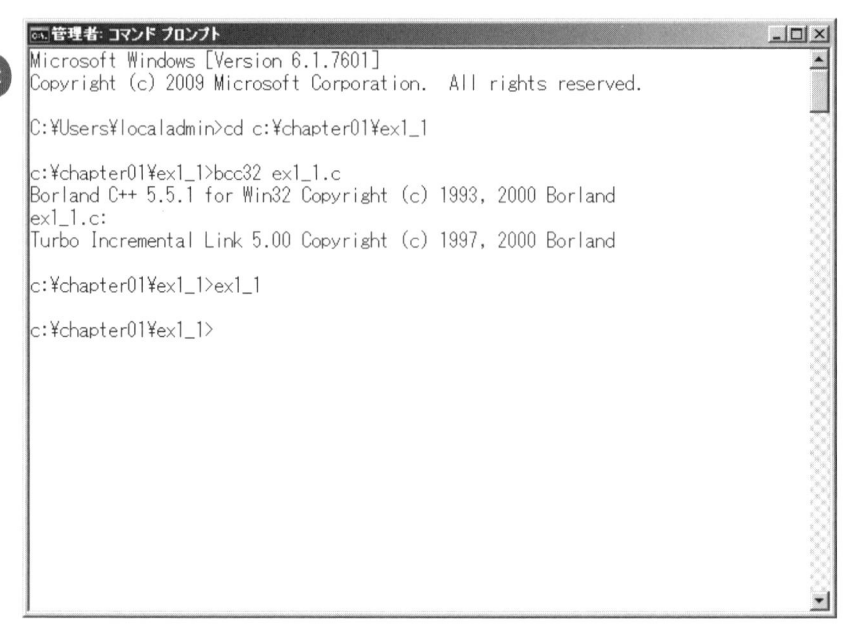

```
管理者: コマンド プロンプト                                    _ | □ | ×
Microsoft Windows [Version 6.1.7601]
Copyright (c) 2009 Microsoft Corporation.  All rights reserved.

C:\Users\localadmin>cd c:\chapter01\ex1_1

c:\chapter01\ex1_1>bcc32 ex1_1.c
Borland C++ 5.5.1 for Win32 Copyright (c) 1993, 2000 Borland
ex1_1.c:
Turbo Incremental Link 5.00 Copyright (c) 1997, 2000 Borland

c:\chapter01\ex1_1>ex1_1

c:\chapter01\ex1_1>
```

図 1.13　Borland C++ Compiler 5.5 によるプログラムのコンパイルと実行

c をコンパイルするため、コマンドプロンプトに次のように入力してください。

```
> cd c:\chapter01\ex1_1 ⏎
> bcc32 ex1_1.c ⏎
```

図 1.13 に示すようなメッセージが表示されれば、ex1_1.c は問題なくコンパイルされたことになり、ex1_1.exe という実行ファイルが生成されます。ex1_1.exe を実行するため、コマンドプロンプトに次のように入力してください。

```
> ex1_1 ⏎
```

ex1_1.exe を実行すると、ex1_1 フォルダに b.wav が生成されます。この実行ファイルは、a.wav の音データを読み取り、その内容をコピーして b.wav

に書き出すものになっています。

　実際にこれらの WAVE ファイルを聞いてみましょう。「スタート」→「すべてのプログラム」→「Windows Media Player」を順に選択し、Windows Media Player を起動してください。次に、Windows Media Player のメニューから「ファイル」→「開く」を選択し、ex1_1 フォルダの a.wav と b.wav をそれぞれ聞き比べてみましょう。どちらもまったく同じ音になっていることがおわかりいただけるでしょうか。

　プログラムの動作が確認できたところで、改めて ex1_1.c の内容について調べてみることにしましょう。リスト 1.1 に ex1_1.c を示します。

　ex1_1.c は、MONO_PCM 型の構造体によってモノラルの音データを取り

リスト 1.1　ex1_1.c

```c
#include <stdio.h>
#include <stdlib.h>
#include "wave.h"

int main(void)
{
    MONO_PCM pcm0, pcm1;
    int n;

    wave_read_16bit_mono(&pcm0, "a.wav"); /* 音データの入力 */

    pcm1.fs = pcm0.fs; /* 標本化周波数 */
    pcm1.bits = pcm0.bits; /* 量子化精度 */
    pcm1.length = pcm0.length; /* 音データの長さ */
    pcm1.s = calloc(pcm1.length, sizeof(double)); /* 音データ */

    for (n = 0; n < pcm1.length; n++)
    {
        pcm1.s[n] = pcm0.s[n]; /* 音データのコピー */
    }

    wave_write_16bit_mono(&pcm1, "b.wav"); /* 音データの出力 */

    free(pcm0.s);
    free(pcm1.s);

    return 0;
}
```

リスト 1.2　MONO_PCM 構造体

```
typedef struct
{
    int fs; /* 標本化周波数 */
    int bits; /* 量子化精度 */
    int length; /* 音データの長さ */
    double *s; /* 音データ */
} MONO_PCM;
```

扱っています。この構造体は、音データの標本化周波数、量子化精度、長さを格納するための変数と、音データそのものを格納するための 1 次元配列によって定義されています。リスト 1.2 に MONO_PCM 構造体を示します。

　ex1_1.c は、wave_read_16bit_mono 関数と wave_write_16bit_mono 関数を使って、16bit モノラルの音データを読み書きしています。図 1.14 に示すように、ex1_1.c は、wave_read_16bit_mono 関数を使って a.wav から読み取った音データを pcm0 構造体に格納し、続いて pcm1 構造体にコピーした音データを wave_write_16bit_mono 関数を使って b.wav に書き出しています。

　MONO_PCM 型の構造体とともに、これらの関数を定義しているのが wave.h です。実は、wave.h には、モノラルだけでなくステレオの音データにも対応できるように、STEREO_PCM 型の構造体とともに、いくつかの関数が定義されています。表 1.2 に wave.h に定義されている関数をまとめてみました。サポートサイトの ex1_2.c は、wave_read_16bit_stereo 関数と

表 1.2　音データを読み書きする関数

関数	内容
wave_read_8bit_mono wave_write_8bit_mono	8bit モノラルの音データの読み書き
wave_read_8bit_stereo wave_write_8bit_stereo	8bit ステレオの音データの読み書き
wave_read_16bit_mono wave_write_16bit_mono	16bit モノラルの音データの読み書き
wave_read_16bit_stereo wave_write_16bit_stereo	16bit ステレオの音データの読み書き

wave_write_16bit_stereo 関数を使って、16bit ステレオの音データをコピーするプログラムになっています。

こうした音データの取り扱いで注意しなければならないのは「オーバーフロー」の問題です。図 1.11 に示すように、音データの振幅の範囲は量子化精度によって決まり、8bit の場合は 0 から 255 まで、16bit の場合は −32768 から 32767 までの値をとります。C 言語では、こうした音データを、8bit の

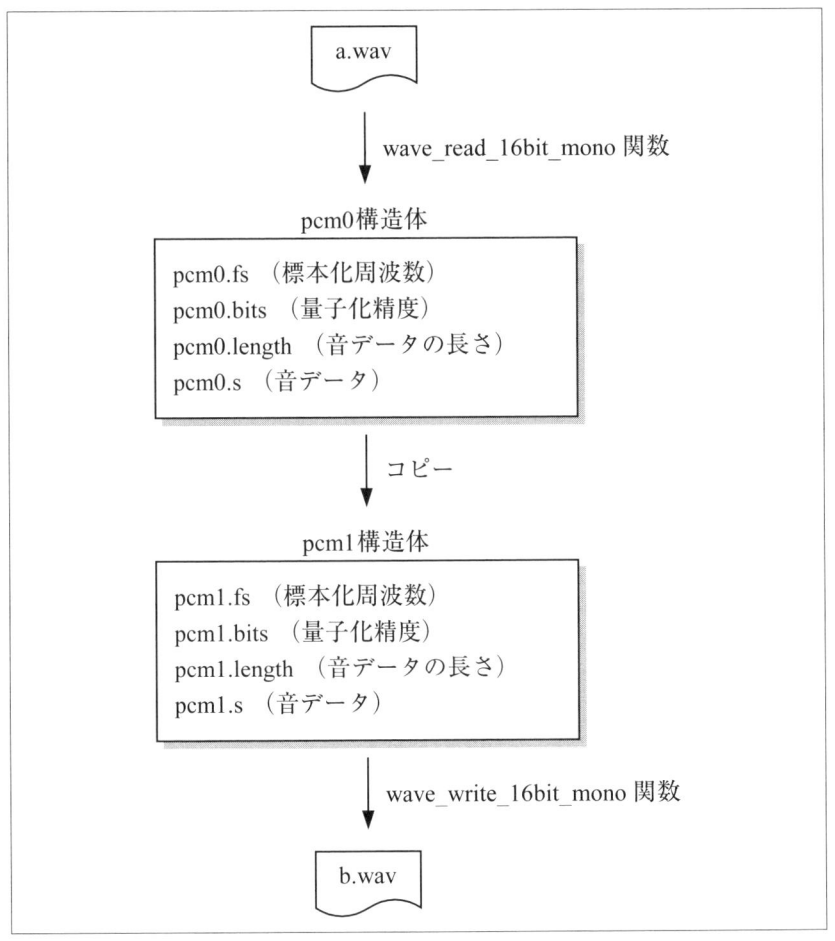

```
                        a.wav
                          │
                          │ wave_read_16bit_mono 関数
                          ▼
                       pcm0構造体
         ┌──────────────────────────────┐
         │ pcm0.fs    （標本化周波数）    │
         │ pcm0.bits  （量子化精度）      │
         │ pcm0.length（音データの長さ）  │
         │ pcm0.s     （音データ）        │
         └──────────────────────────────┘
                          │
                          │ コピー
                          ▼
                       pcm1構造体
         ┌──────────────────────────────┐
         │ pcm1.fs    （標本化周波数）    │
         │ pcm1.bits  （量子化精度）      │
         │ pcm1.length（音データの長さ）  │
         │ pcm1.s     （音データ）        │
         └──────────────────────────────┘
                          │
                          │ wave_write_16bit_mono 関数
                          ▼
                        b.wav
```

図 1.14　16bit モノラルの音データの読み書き

場合は unsigned char 型、16bit の場合は short 型のデータとして取り扱うことになりますが、その際、これらのデータ型が取り扱う値の範囲を超えないように注意しなければなりません。

たとえば、16bit の音データを short 型のデータとして取り扱う場合を考えてみましょう。図 1.15 に示すように、実は short 型のデータは、正の最大値である 32767 を上回ると負の値、負の最小値である −32768 を下回ると正の値に逆転してしまうことに注意してください。32767 は short 型では 0x7FFF と表現されますが、それよりも 1 だけ上回った 0x8000 は 32768 には

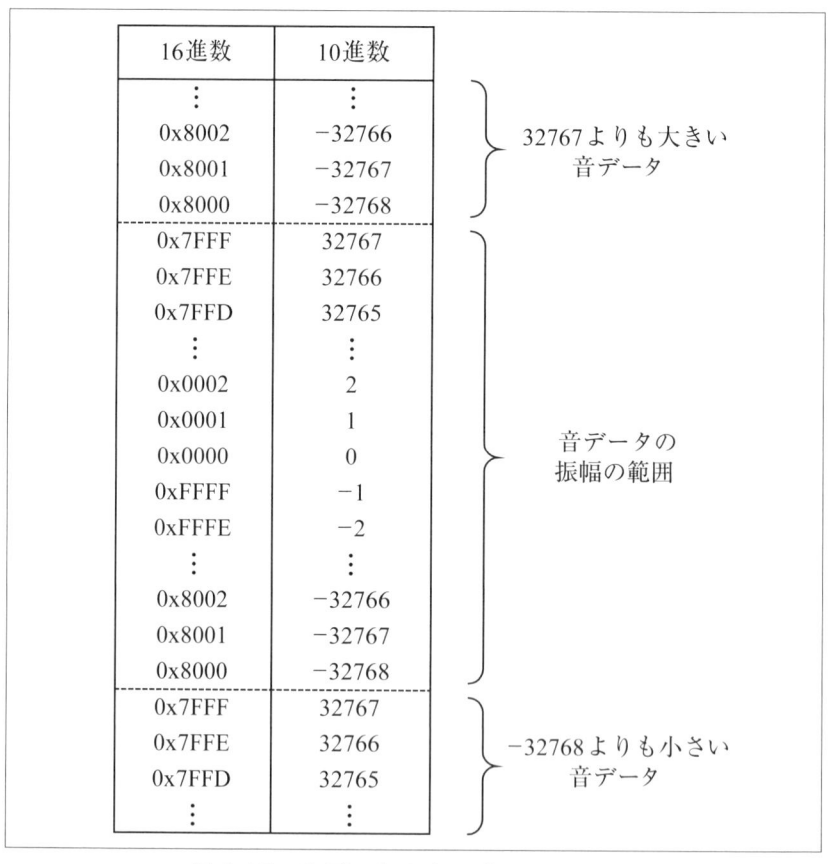

16進数	10進数	
⋮	⋮	
0x8002	−32766	32767 よりも大きい音データ
0x8001	−32767	
0x8000	−32768	
0x7FFF	32767	音データの振幅の範囲
0x7FFE	32766	
0x7FFD	32765	
⋮	⋮	
0x0002	2	
0x0001	1	
0x0000	0	
0xFFFF	−1	
0xFFFE	−2	
⋮	⋮	
0x8002	−32766	
0x8001	−32767	
0x8000	−32768	
0x7FFF	32767	−32768 よりも小さい音データ
0x7FFE	32766	
0x7FFD	32765	
⋮	⋮	

図 1.15　音データのオーバーフロー

ならず−32768になってしまいます。同様に、−32768はshort型では0x8000と表現されますが、それよりも1だけ下回った0x7FFFは−32769にはならず32767になってしまいます。

図1.16に示すように、こうしたオーバーフローが発生すると波形は大きく変化してしまいます。そのため、音データにさまざまな処理をほどこす際

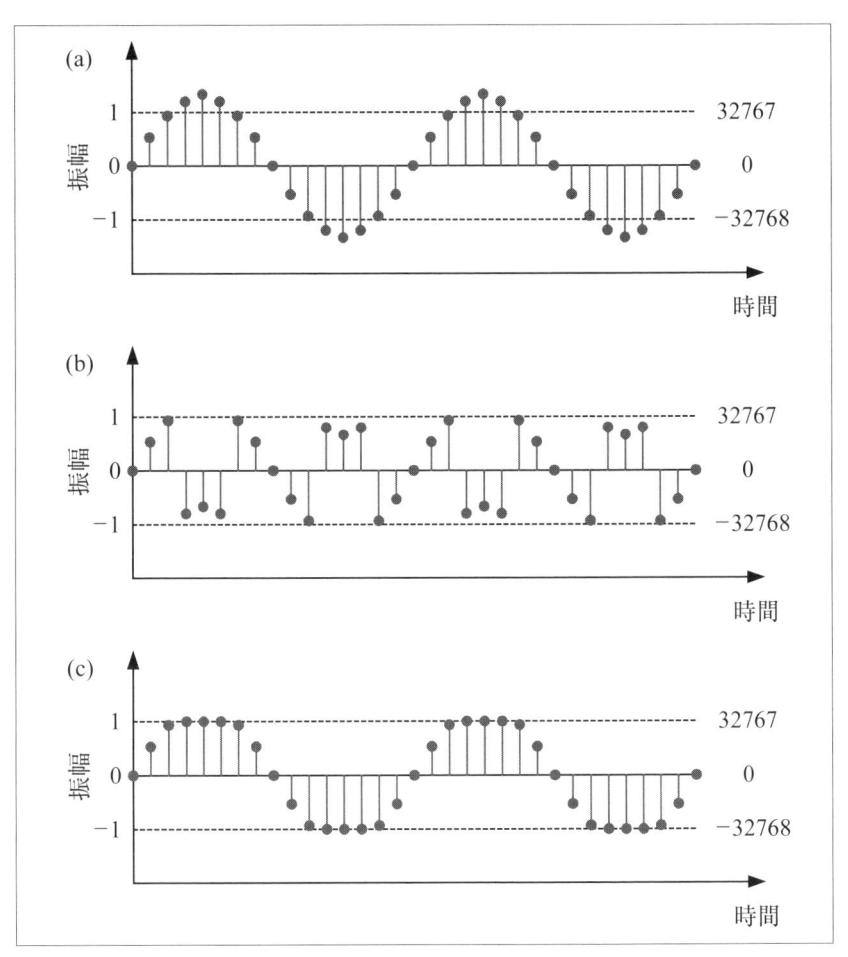

図1.16　音データのオーバーフローとクリッピング：（a）本来の音データ、（b）振幅のオーバーフロー、（c）振幅のクリッピング

は、オーバーフローが発生しないように十分に注意しなければなりません。ただし、やむを得ずオーバーフローが発生してしまう場合は、波形の変化をできる限り抑えるため、32767 を上限、−32768 を下限として音データの振幅を打ち切る「クリッピング」を行うことが次善の策になります。本書のプログラムは、WAVE ファイルに音データを書き出す際、クリッピングを行うことでオーバーフローが発生しないように配慮しています。

　もちろん、WAVE ファイルの音データを読み書きする際は、unsigned char 型や short 型のデータとして音データを取り扱うことになりますが、音データにさまざまな処理をほどこす際は、丸め誤差の影響を考慮して、double 型のデータとして音データを取り扱うほうが簡単です。こうした理由から、本書のプログラムは、−1 以上 1 未満の double 型のデータにキャストして音データを取り扱っています。

COLUMN 1
サウンドレコーダー

　音の記録、すなわち録音といえば、一昔前はテープレコーダーを使うことが一般的でした。しかし、昨今はコンピュータを使うことがあたり前になってきています。

　図 1.17 に示すように、Windows 環境では、付属ソフトウェアの「サウンドレコーダー」を使って録音ができるようになっています。サウンドレコーダーを使って録音した音データは WAVE ファイルに保存されます。ただし、基本的な WAVE ファイルとは少しだけ異なり、**表 1.3** に示すように、サウンドレコーダーの WAVE ファイルには、fmt チャンクと data チャンクの間に「fact（ファクト）チャンク」と呼ばれるオプションのチャンクが追加されます。fact チャンクには、録音した音データの長さが記述されます。

　このように、WAVE ファイルの構造はアプリケーションによって異なる場合があります。特殊な WAVE ファイルを取り扱うプログラムを作る場合は、こうしたオプションのチャンクの有無に注意する必要があります。

図 1.17　サウンドレコーダー

表 1.3 サウンドレコーダーの WAVE ファイル

パラメータ	サイズ（byte）	内容
riff_chunk_ID	4	'R' 'I' 'F' 'F'
riff_chunk_size	4	48 + data_chunk_size
file_format_type	4	'W' 'A' 'V' 'E'
fmt_chunk_ID	4	'f' 'm' 't' ' '
fmt_chunk_size	4	16
wave_format_type	2	PCM は 1
channel	2	モノラルは 1，ステレオは 2
samples_per_sec	4	標本化周波数
bytes_per_sec	4	block_size * samples_per_sec
block_size	2	bits_per_sample * channel / 8
bits_per_sample	2	量子化精度
fact_chunk_ID	4	'f' 'a' 'c' 't'
fact_chunk_size	4	4
sample_length	4	音データの長さ
data_chunk_ID	4	'd' 'a' 't' 'a'
data_chunk_size	4	音データの長さ * channel
data	data_chunk_size	音データ

第2章

サイン波を鳴らしてみよう

あらゆる音のなかで最も単純なものとして位置づけられているのがサイン波の音です。本章では、サウンドプログラミングの基本として、波形と周波数特性という2つの視点からサイン波の特徴について勉強してみることにしましょう。

2.1 サイン波

「サイン波（正弦波）」は、「三角関数」の 1 つである「サイン関数（正弦関数）」によって定義される波形です。図 2.1 に示すように、山と谷がなめらかに周期的に繰り返すのがサイン波の特徴になっています。

標本化周波数を f_s とすると、ディジタル信号のサイン波は、次のように時間 n を変数とする関数として定義できます。

$$s(n) = a \sin\left(\frac{2\pi f_0 n}{f_s}\right) \quad (0 \leq n \leq N-1) \tag{2.1}$$

ここで、a はサイン波の振幅を表しており、この大小によって「音の大きさ」は変化します。また、f_0 はサイン波の周波数を表しており、この大小によって「音の高さ」は変化します。なお、N は音の長さを表しています。

C 言語でサイン波を生成するには、math.h に定義されている sin 関数を利用するのが便利です。リスト 2.1 の ex2_1.c は、f_s を 44.1kHz、a を 0.1、f_0 を 500Hz、N を 44100 としてサイン波を生成するプログラムになっています。標本化周期は標本化周波数の逆数として定義されるため、このサイン波の音の長さは 1 秒（=1/44100Hz × 44100）になります。

このプログラムを実行すると ex2_1.wav が生成されます。この WAVE ファイルを再生すると、コンピュータのスピーカーから「ピー」という笛のような音が聞こえてきますが、これがサイン波の音にほかなりません。

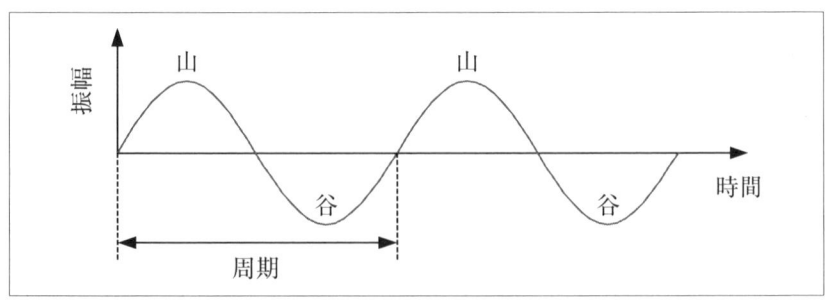

図 2.1　サイン波

2.1 サイン波

リスト2.1　ex2_1.c

```c
#include <stdio.h>
#include <stdlib.h>
#include <math.h>
#include "wave.h"

int main(void)
{
    MONO_PCM pcm;
    int n;
    double a, f0;
    
    pcm.fs = 44100; /* 標本化周波数 */
    pcm.bits = 16; /* 量子化精度 */
    pcm.length = pcm.fs * 1; /* 音データの長さ */
    pcm.s = calloc(pcm.length, sizeof(double)); /* 音データ */
    
    a = 0.1; /* 振幅 */
    f0 = 500.0; /* 周波数 */
    
    /* サイン波 */
    for (n = 0; n < pcm.length; n++)
    {
        pcm.s[n] = a * sin(2.0 * M_PI * f0 * n / pcm.fs);
    }
    
    wave_write_16bit_mono(&pcm, "ex2_1.wav");
    
    free(pcm.s);
    
    return 0;
}
```

　サイン関数と聞くと、高校の数学でさんざん苦労させられたことを思い出す方も多いかもしれません。しかし、難しそうなイメージとは裏腹に、実はサイン波の音はあらゆる音のなかで最も単純なものとして位置づけられています。サイン波について勉強することはサウンドプログラミングの基本といえるでしょう。

2.2 波形と周波数特性

サイン波の周期を t_0、周波数を f_0 とすると、両者の関係は次のように定義できます。

$$f_0 = \frac{1}{t_0} \tag{2.2}$$

このように、サイン波の周期と周波数はお互いに逆数の関係にあります。すなわち、周期を大きくすれば周波数は小さくなり、周波数を大きくすれば周期は小さくなります。

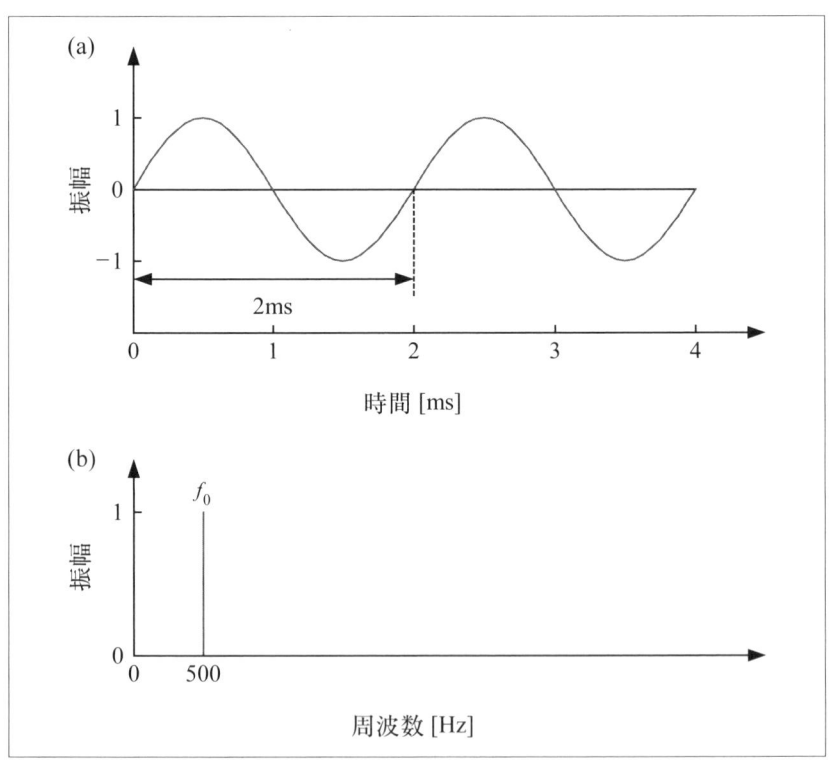

図 2.2　サイン波（振幅 1、周波数 500Hz）：(a) 波形、(b) 周波数特性

サイン波を表示するには、高校の数学で勉強したように、横軸を時間、縦軸を振幅として、波形そのものをグラフにするのが一般的です。ただし、音について勉強するのであれば、波形だけでなく「周波数特性」にも慣れておく必要があります。周波数特性は、横軸を周波数、縦軸を振幅として、波形に含まれるサイン波の配合比率をグラフにしたものになっています。

図 2.2 は、振幅 1、周波数 500Hz のサイン波を表示したものになっています。波形を観察すると、このサイン波の振幅は 1、周期は周波数 500Hz の逆数、すなわち 0.002s（=2ms）になっていることがわかります。一方、周波数特性を観察すると、このサイン波は、周波数 500Hz における振幅 1 の縦線によって表されることがわかります。

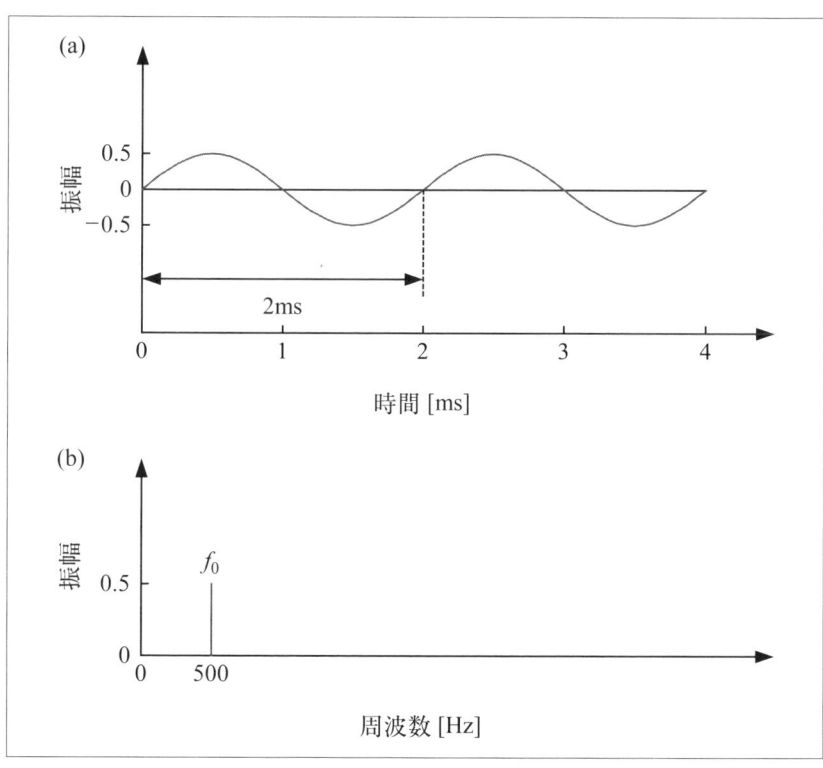

図 2.3　サイン波（振幅 0.5、周波数 500Hz）：(a) 波形、(b) 周波数特性

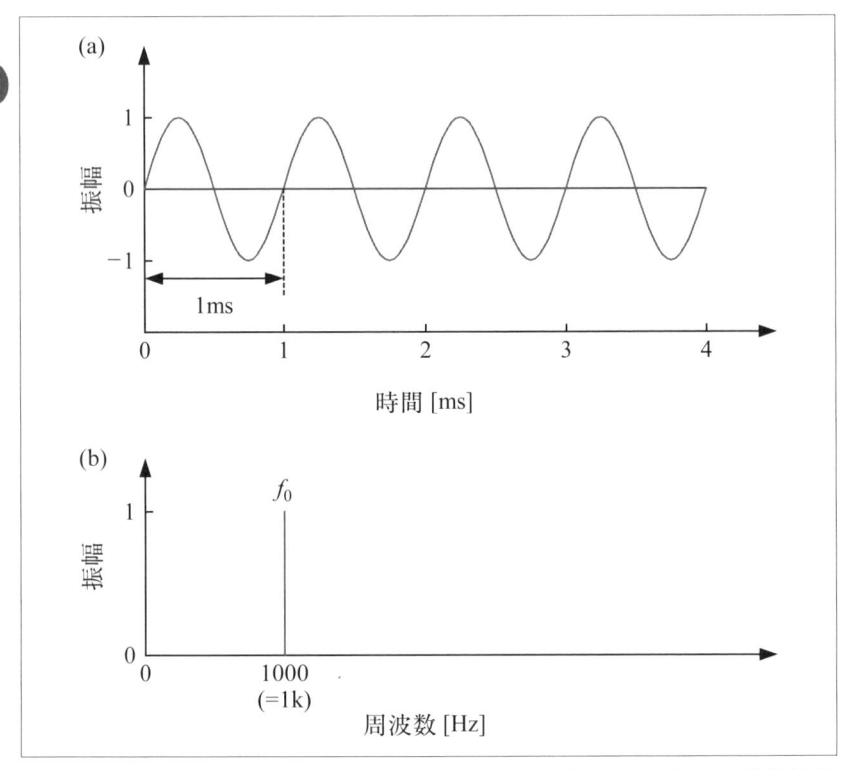

図 2.4　サイン波（振幅 1、周波数 1000Hz）：(a) 波形、(b) 周波数特性

　図 2.3 は、振幅 0.5、周波数 500Hz のサイン波、図 2.4 は、振幅 1、周波数 1000Hz（=1kHz）のサイン波をそれぞれ表示したものになっています。波形と周波数特性のどちらからも振幅や周波数といったサイン波の特徴を読み取れることがおわかりいただけるでしょうか。

　サイン波の音は、たった 1 つの成分しか含まない純粋な音であるため「純音」と呼ばれます。サイン波の音があらゆる音のなかで最も単純なものとして位置づけられているのは、サイン波の周波数特性があらゆる音のなかで最も単純なものになっているからにほかなりません。

　波形と周波数特性は、音を観察するための 2 つの異なる視点になっています。実は、人間の聴覚は、波形を周波数特性に変換し、周波数特性の視点か

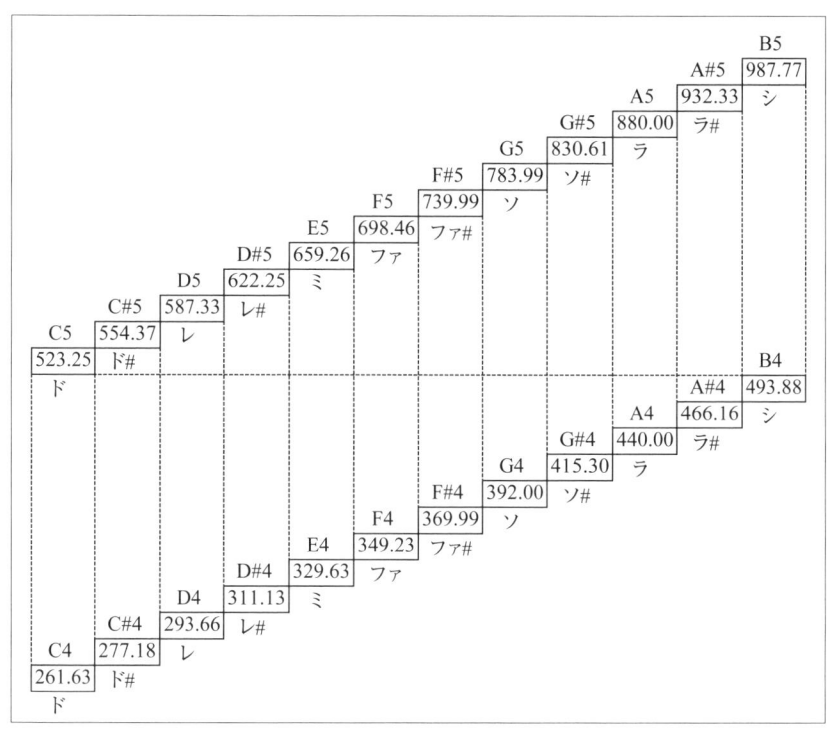

図 2.5　12 平均律音階（単位：Hz）

ら音を聞いていることがわかっています。そのため、人間には音がどのように聞こえているのか理解するには、波形だけでなく周波数特性を観察することが重要なポイントになります。

2.3　12 平均律音階

　周波数しだいでサイン波はどのような高さの音にもなりますが、「音階」を考慮して音の高さをコントロールすると、サイン波を使って音楽を演奏することができます。
　一般的な音楽は「12 平均律音階」にしたがって演奏されます。12 平均律音階は、1 オクターブあたり 12 個の音の高さから構成されており、隣り合っ

た音の高さの比率は $2^{1/12}$（$\cong 1.0595$）倍、音の高さが 1 オクターブ高くなると周波数はちょうど 2 倍になります。

図 2.5 に示すように、12 平均律音階におけるそれぞれの音の高さは、音名を表すアルファベットと音域を表す数字の組み合わせによって表されます。たとえば、「A」は「ラ」の音を表しますが、440Hz は A4、それよりも音域が 1 オクターブ高い 880Hz は A5 になります。

サポートサイトの ex2_2.c は、サイン波による「ドレミファソラシド」のフレーズを生成するプログラムです。これは、C4 から C5 まで 8 個の音を順番に並べたフレーズを生成するプログラムになっています。

COLUMN 2
フェード処理

　図2.6（a）に示すように、音が急激に始まったり終わったりすると、「プチッ」という耳障りな雑音が発生します。こうした「クリックノイズ」を取り除くには、図2.6（b）に示すように、はじまりについては単調増加、おわりについては単調減少させることで、音がゆるやかに変化するように「フェード処理」を行う必要があります。サポートサイトのex2_2.cは、音の高さが切り替わる瞬間にクリックノイズが発生しないように、10msの単調増加と単調減少によってフェード処理を行っています。

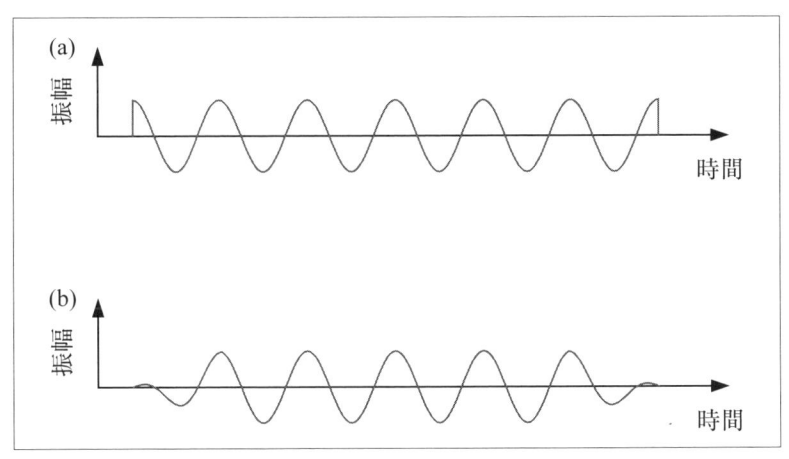

図2.6　フェード処理：（a）フェード処理前の音データ、（b）フェード処理後の音データ

第**3**章

サイン波を重ね合わせてみよう

そのままでは単純なサイン波も、重ね合わせることで複雑な波形に変化します。本章では、サイン波を重ね合わせることで作り出すことができるいくつかの基本的な波形について勉強してみることにしましょう。

3.1 サイン波の重ね合わせ

たった1つの周波数成分しか含まないサイン波の音は、実は音のなかでは特殊なものにすぎません。私たちが日ごろ耳にする音は、ほとんどの場合、複数の周波数成分を含んでおり、複数のサイン波を重ね合わせたものになっています。

図 3.1 に示すように、複数のサイン波を重ね合わせると波形は複雑に変化します。もちろん、どのような波形になるかはサイン波の組み合わせしだ

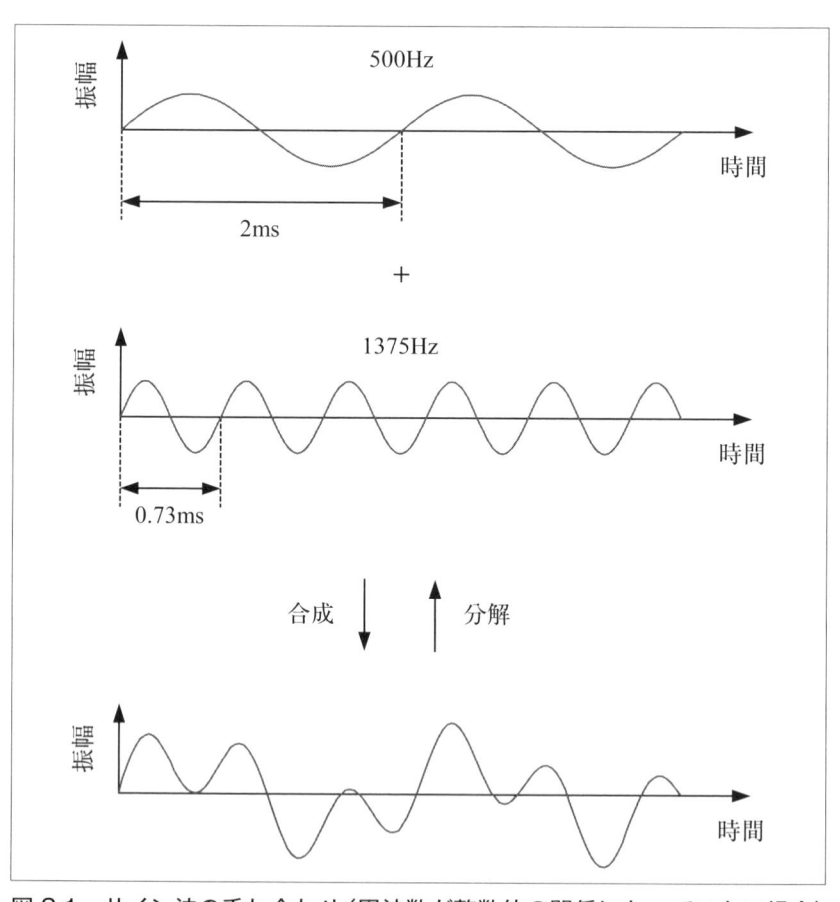

図 3.1 サイン波の重ね合わせ（周波数が整数倍の関係になっていない場合）

いですが、図 3.2 に示すように、周波数が整数倍の関係になっているサイン波を重ね合わせると波形は周期的になります。

こうした波形の周期を「基本周期」、その逆数を「基本周波数」と呼びます。基本周期を t_0、基本周波数を f_0 とすると、両者の関係は次のように定義できます。

$$f_0 = \frac{1}{t_0} \tag{3.1}$$

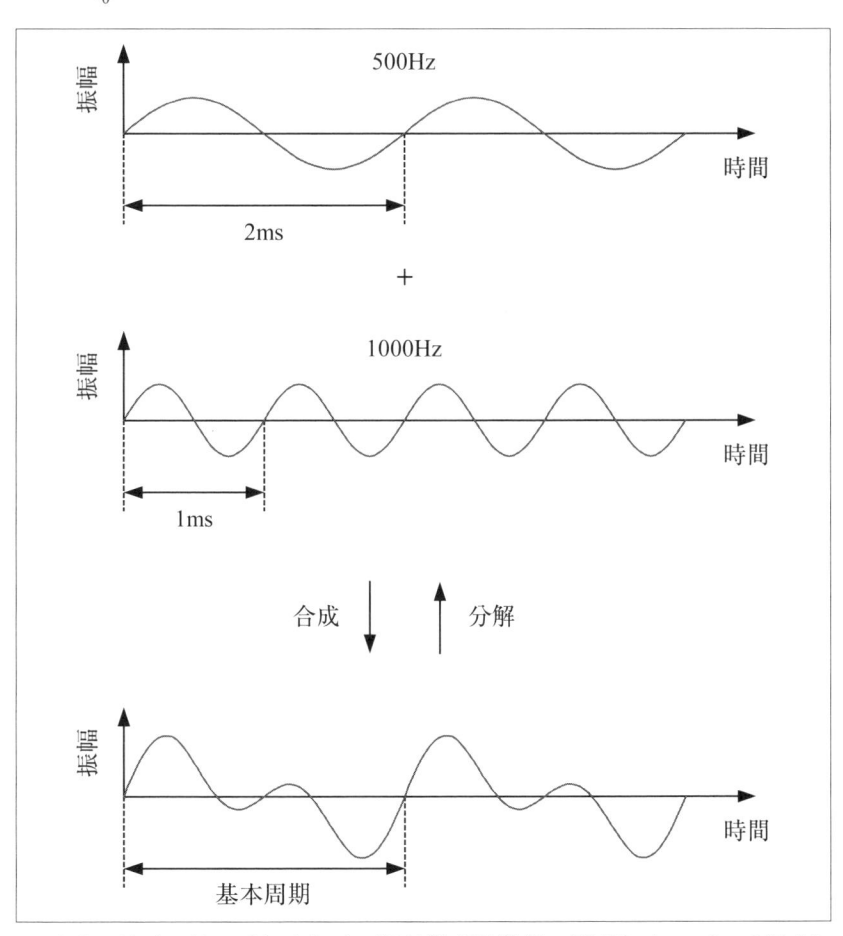

図 3.2 サイン波の重ね合わせ（周波数が整数倍の関係になっている場合）

図3.3 サイン波の周波数特性

基本周波数のサイン波を「基本音」、その整数倍の周波数のサイン波を「倍音」と呼びます。基本周波数を f_0 とすると、i 番目の倍音の周波数 h_i は次のように定義できます。

$$h_i = if_0 \quad (i \geq 2) \tag{3.2}$$

図3.3に示すように、たった1つの周波数成分しか含まないサイン波の周波数特性は、1本の縦線によって表されることになります。一方、図3.4に示すように、複数のサイン波を重ね合わせた波形の周波数特性は、複数の縦線によって表されることになります。それぞれの縦線は波形に含まれる1つひとつのサイン波に対応しています。

第2章で説明したように、サイン波の音は、たった1つの周波数成分しか含まない純粋な音であることから「純音」と呼ばれます。一方、複数のサイン波を重ね合わせた音は、複数の周波数成分を含んでいることから「複合音」と呼ばれます。そのなかでも周波数特性が倍音構造を示す音は波形が周期的になるため「周期的複合音」と呼ばれます。

実は、基本音は「音の高さ」、倍音は「音色」に対応することが複合音の重要な特徴になっています。サウンドプログラミングにおけるポイントの1つとしてぜひ覚えておきましょう。

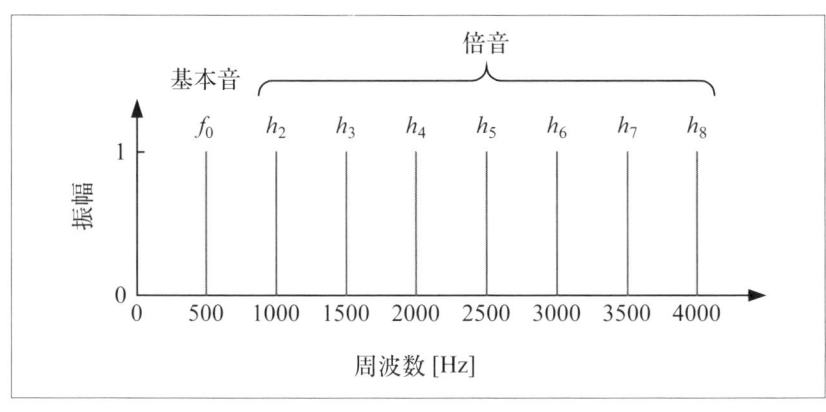

図 3.4　周期的複合音の周波数特性

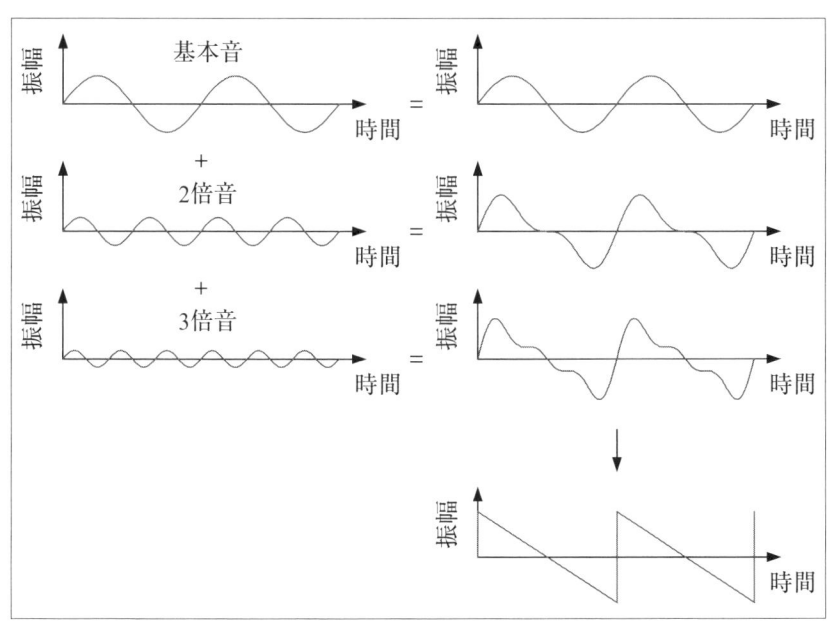

図 3.5　サイン波の重ね合わせによるノコギリ波の合成

3.2 ノコギリ波

複合音の波形のなかには、その外見から名前がつけられたものがあります。その1つが「ノコギリ波」です。

式 (3.3) のように倍音を重ね合わせていくと、図 3.5 に示すように、しだいにエッジのはっきりした「ノコギリ波」になっていきます。

$$s(n) = \sin\left(\frac{2\pi f_0 n}{f_s}\right) + \frac{1}{2}\sin\left(\frac{2\pi h_2 n}{f_s}\right) + \frac{1}{3}\sin\left(\frac{2\pi h_3 n}{f_s}\right) + \cdots + \frac{1}{i}\sin\left(\frac{2\pi h_i n}{f_s}\right)$$

(3.3)

図 3.6 に示すように、周波数が高くなるにつれて倍音の振幅がしだいに

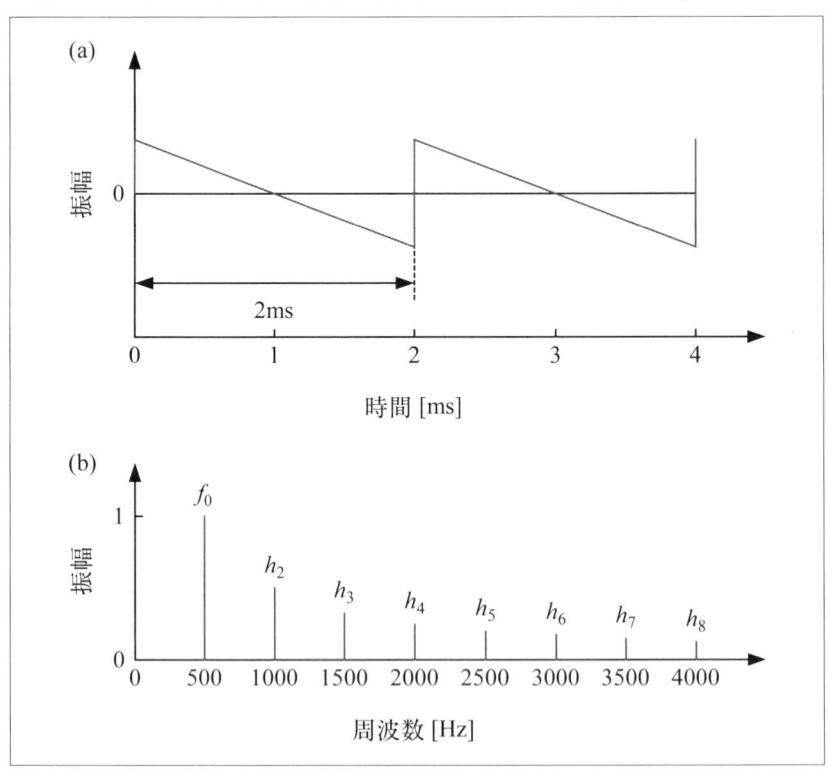

図 3.6 ノコギリ波：(a) 波形、(b) 周波数特性

3.2 ノコギリ波

小さくなっていくのがノコギリ波の特徴になっています。

リスト 3.1 の ex3_1.c は、基本周波数 500Hz のノコギリ波を生成するプログラムです。ノコギリ波は複数の周波数成分を含んでいるため、サイン波と

リスト 3.1　ex3_1.c

```c
#include <stdio.h>
#include <stdlib.h>
#include <math.h>
#include "wave.h"

int main(void)
{
    MONO_PCM pcm;
    int n, i;
    double f0, gain;

    pcm.fs = 44100; /* 標本化周波数 */
    pcm.bits = 16; /* 量子化精度 */
    pcm.length = pcm.fs * 1; /* 音データの長さ */
    pcm.s = calloc(pcm.length, sizeof(double)); /* 音データ */

    f0 = 500.0; /* 基本周波数 */

    /* ノコギリ波 */
    for (i = 1; i <= 44; i++)
    {
        for (n = 0; n < pcm.length; n++)
        {
            pcm.s[n] += 1.0 / i * sin(2.0 * M_PI * i * f0 * n / pcm.fs);
        }
    }

    gain = 0.1; /* ゲイン */

    for (n = 0; n < pcm.length; n++)
    {
        pcm.s[n] *= gain;
    }

    wave_write_16bit_mono(&pcm, "ex3_1.wav");

    free(pcm.s);

    return 0;
}
```

は異なる音色に聞こえることがおわかりいただけるでしょうか。サイン波と比べて音色が明るく聞こえることがノコギリ波の特徴になっています。

3.3 矩形波

式（3.4）のように倍音を重ね合わせていくと、図3.7に示すように、しだいにエッジのはっきりした「矩形波」になっていきます。

$$s(n) = \sin\left(\frac{2\pi f_0 n}{f_s}\right) + \frac{1}{3}\sin\left(\frac{2\pi h_3 n}{f_s}\right) + \frac{1}{5}\sin\left(\frac{2\pi h_5 n}{f_s}\right) + \cdots + \frac{1}{i}\sin\left(\frac{2\pi h_i n}{f_s}\right) \tag{3.4}$$

矩形波は奇数次の倍音しか含んでいないことに注意してください。図3.8に示すように、ノコギリ波の周波数特性から偶数次の倍音を取り除いたものが矩形波の周波数特性になります。

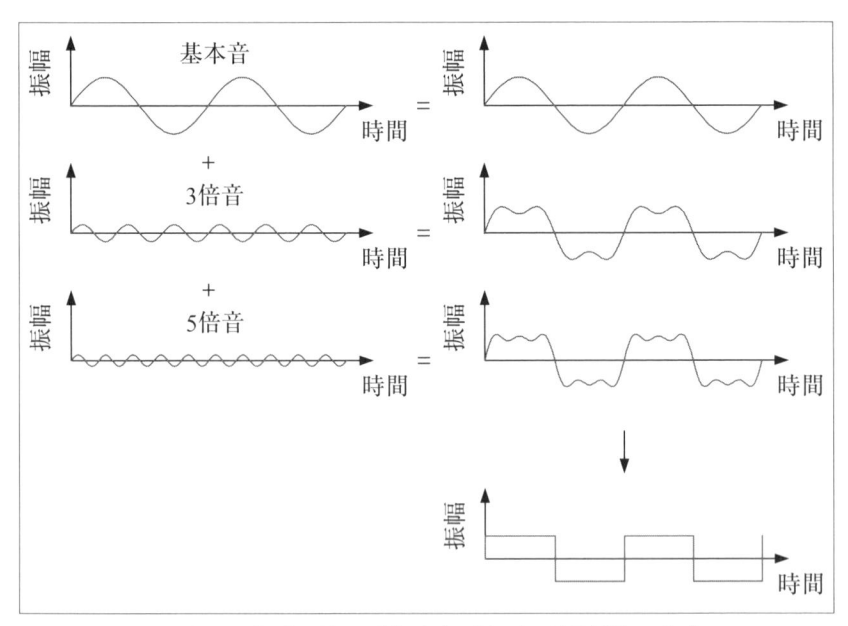

図3.7 サイン波の重ね合わせによる矩形波の合成

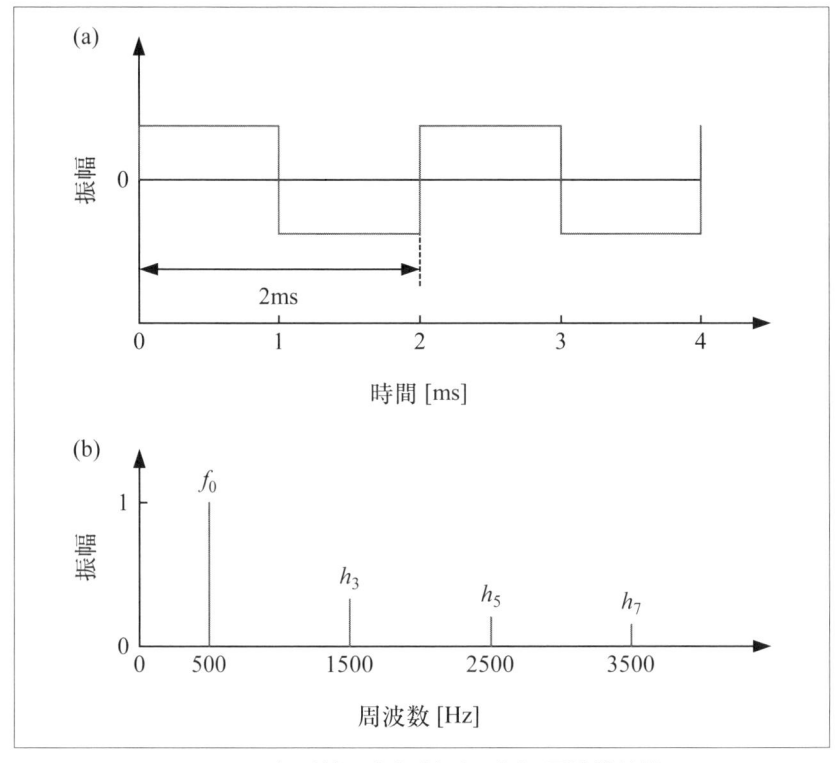

図 3.8 矩形波：(a) 波形、(b) 周波数特性

　サポートサイトの ex3_2.c は、基本周波数 500Hz の矩形波を生成するプログラムです。矩形波は複数の周波数成分を含んでいるため、サイン波とは異なる音色に聞こえることがおわかりいただけるでしょうか。サイン波と比べて音色が明るく聞こえることが矩形波の特徴になっています。

　ただし、音色が明るくなるとはいえ、矩形波の音色はノコギリ波とは異なっていることに注意してください。ノコギリ波のようにすべての倍音を含む音とは異なり、矩形波のように奇数次の倍音しか含まない音はうつろな音色に聞こえることが特徴になっています。

3.4 三角波

式 (3.5) のように倍音を重ね合わせていくと、図 3.9 に示すように、しだいにエッジのはっきりした「三角波」になっていきます。

$$s(n) = \sin\left(\frac{2\pi f_0 n}{f_s}\right) - \frac{1}{3^2}\sin\left(\frac{2\pi h_3 n}{f_s}\right) + \frac{1}{5^2}\sin\left(\frac{2\pi h_5 n}{f_s}\right) - \cdots + \sin\left(\frac{\pi i}{2}\right)\frac{1}{i^2}\sin\left(\frac{2\pi h_i n}{f_s}\right)$$

(3.5)

矩形波と同様、三角波は奇数次の倍音しか含んでいないことに注意してください。図 3.10 に示すように、周波数が高くなるにつれて倍音の振幅が急激に小さくなっていくのが三角波の特徴になっています。

サポートサイトの ex3_3.c は、基本周波数 500Hz の三角波を生成するプログラムです。矩形波ほど倍音が目立たないため、矩形波と比べて音色がおと

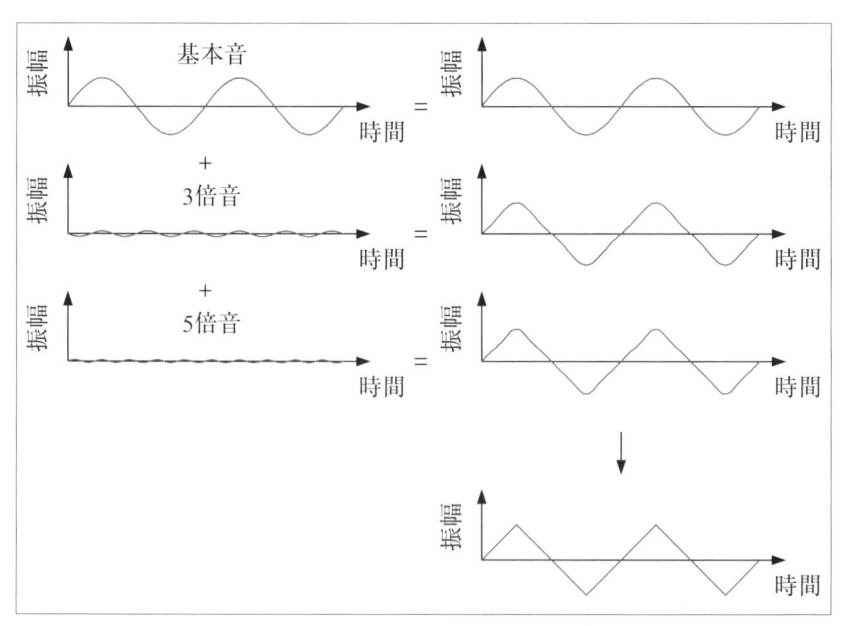

図 3.9 サイン波の重ね合わせによる三角波の合成

なしく聞こえることが三角波の特徴になっています。

3.5 位相

第 2 章で説明したように、サイン波は振幅と周波数によって定義できます。しかし、実はサイン波を厳密に定義するには、振幅と周波数だけでなく「位相」と呼ばれる特徴を考慮する必要があります。位相を θ とすると、サイン波は次のように定義できます。

$$s(n) = a \sin\left(\frac{2\pi f_0 n}{f_s} + \theta\right) \quad (0 \le n \le N-1) \tag{3.6}$$

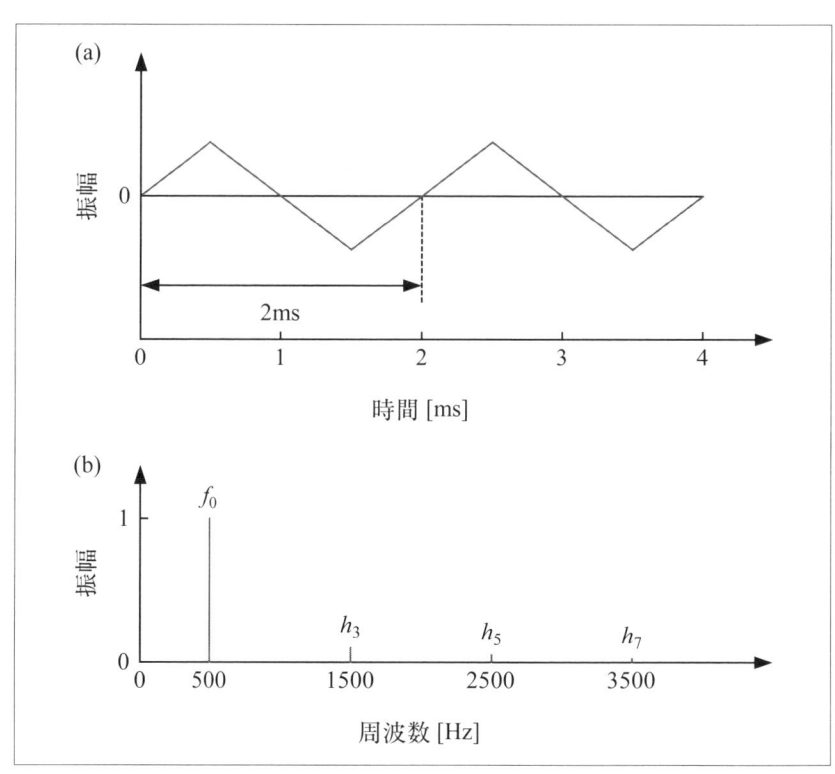

図 3.10　三角波：(a) 波形、(b) 周波数特性

図3.11に示すように、位相はサイン波が原点を通過するタイミングを表しています。位相は0から2πまでの値をとります。θが0のとき、式（3.6）は通常のサイン波の定義そのものになります。θを大きくしていくとサイン波が原点を通過するタイミングがしだいにずれていき、θがπのとき、波形はちょうど上下が逆転し、通常のサイン波の「逆位相」の状態になります。

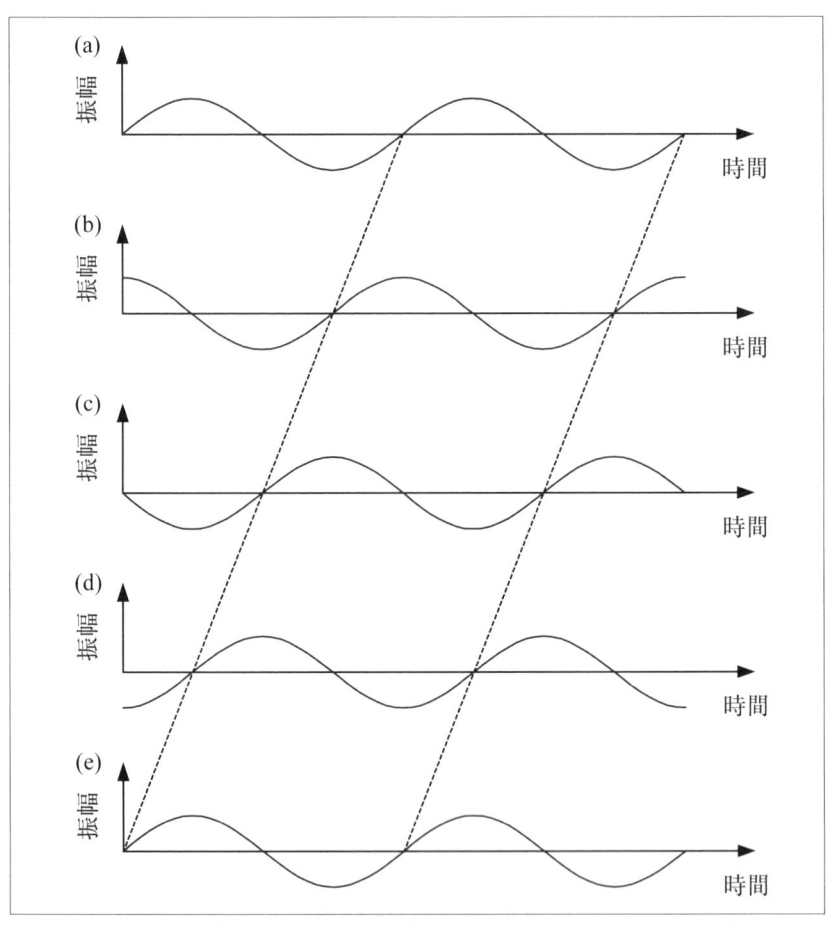

図3.11　位相：(a)　$\theta=0$（サイン波）、(b)　$\theta=\pi/2$（コサイン波）、
　　　　　(c)　$\theta=\pi$（逆位相）、(d)　$\theta=3\pi/2$、(e)　$\theta=2\pi$（サイン波）

さらに θ を大きくしていくと、θ が 2π のとき、式（3.6）は通常のサイン波の定義に戻ります。

θ が $\pi/2$ のとき、式（3.6）は「コサイン波（余弦波）」の定義になります。コサイン波は、位相こそずれてはいますが、波形そのものはサイン波とまったく同じです。高校の数学で勉強した「コサイン関数（余弦関数）」を使うと、コサイン波は次のように定義できます。

$$s(n) = a\sin\left(\frac{2\pi f_0 n}{f_s} + \frac{\pi}{2}\right) = a\cos\left(\frac{2\pi f_0 n}{f_s}\right) \quad (0 \leq n \leq N-1) \tag{3.7}$$

位相を考慮すると、サイン波の重ね合わせのバリエーションが広がり、通常のサイン波を重ね合わせたものとは異なる波形を作り出すことができます。たとえば、式（3.8）に示すように、サイン波の代わりにコサイン波を重ね合わせると図3.12の波形が得られます。

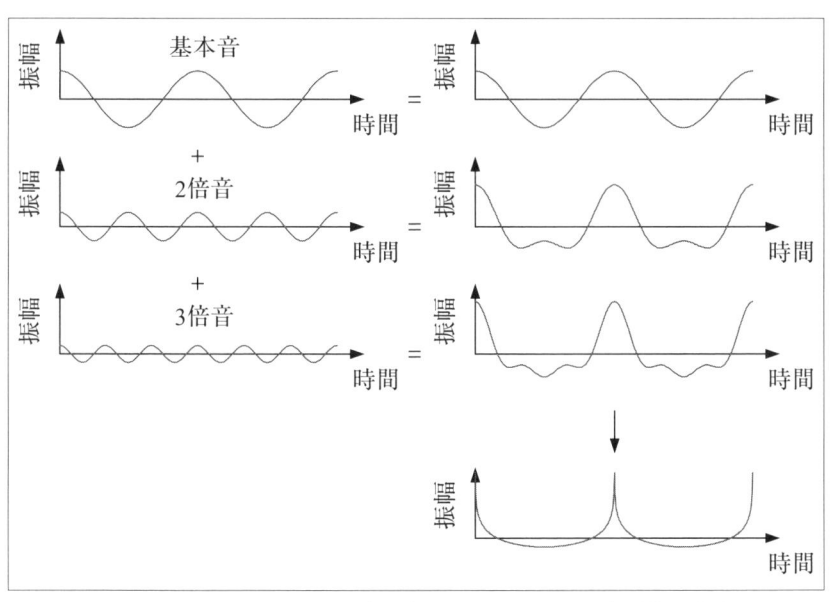

図3.12 コサイン波の重ね合わせによるノコギリ波の合成

$$s(n) = \cos\left(\frac{2\pi f_0 n}{f_s}\right) + \frac{1}{2}\cos\left(\frac{2\pi h_2 n}{f_s}\right) + \frac{1}{3}\cos\left(\frac{2\pi h_3 n}{f_s}\right) + \cdots + \frac{1}{i}\cos\left(\frac{2\pi h_i n}{f_s}\right)$$

(3.8)

図 3.13 に示すように、この波形の倍音の配合比率はノコギリ波とまったく同じですが、位相をずらしてサイン波を重ね合わせているため、ノコギリ波とはまったく異なる波形になります。

ただし、波形が変化したからといって音色も変化するとは限りません。サポートサイトの ex3_4.c を実行してみると、サイン波の代わりにコサイン波を重ね合わせても、通常のノコギリ波とまったく同じ音色に聞こえることが

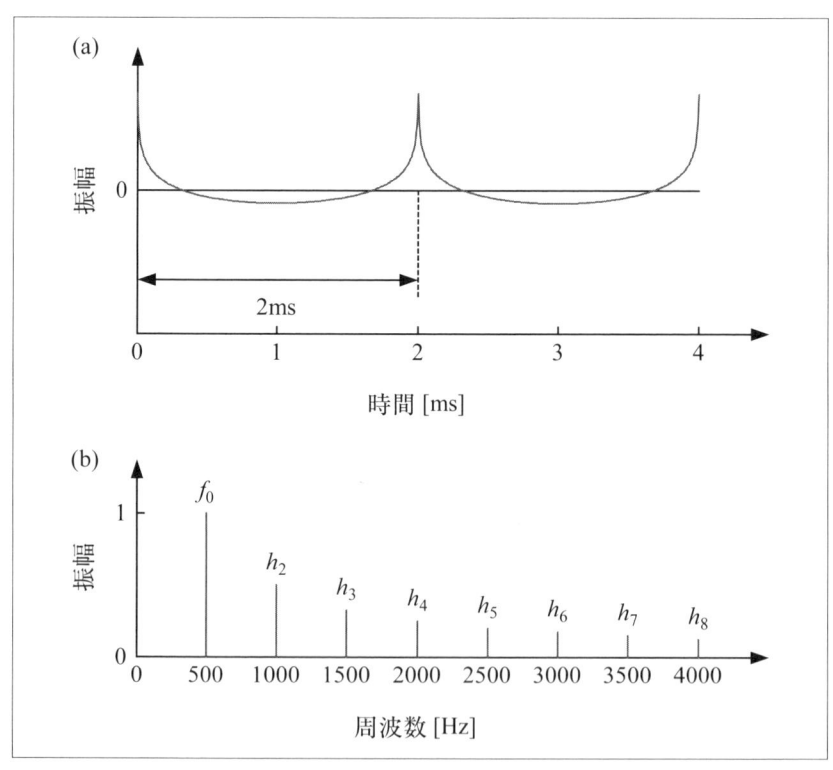

図 3.13 コサイン波の重ね合わせによるノコギリ波：(a) 波形、(b) 周波数特性

おわかりいただけるのではないかと思います。

実は、周期的複合音の場合、倍音の位相の違いは音色にほとんど影響しないことがわかっています。人間の聴覚は、波形そのものではなく、波形を周波数特性に変換し、倍音の配合比率を割り出すことで音色を知覚していると考えられています。そのため、人間には音がどのように聞こえているのか理解するには、波形だけでなく周波数特性を観察することが重要なポイントになります。

3.6 白色雑音

ノコギリ波や矩形波のように、周波数が整数倍の関係にあるサイン波を重ね合わせると周期的な波形になりますが、こうした倍音構造を無視してサイン波を重ね合わせると非周期的な波形になります。

その代表例が、図 3.14 に示す「白色雑音」です。白色雑音は、あらゆる周波数のサイン波を、位相をランダムにして重ね合わせたものになっています。実は、光の場合、周波数は色に対応しており、あらゆる周波数の光を混ぜ合わせると白色になることが知られていますが、これが白色雑音の名前の由来になっています。

サポートサイトの ex3_5.c は、サイン波の重ね合わせによって白色雑音を生成するプログラムです。周期的な音とは異なり、白色雑音は倍音構造を示さないため基本音を定義できません。そのため、音の高さを定義できないことが白色雑音の特徴になっています。

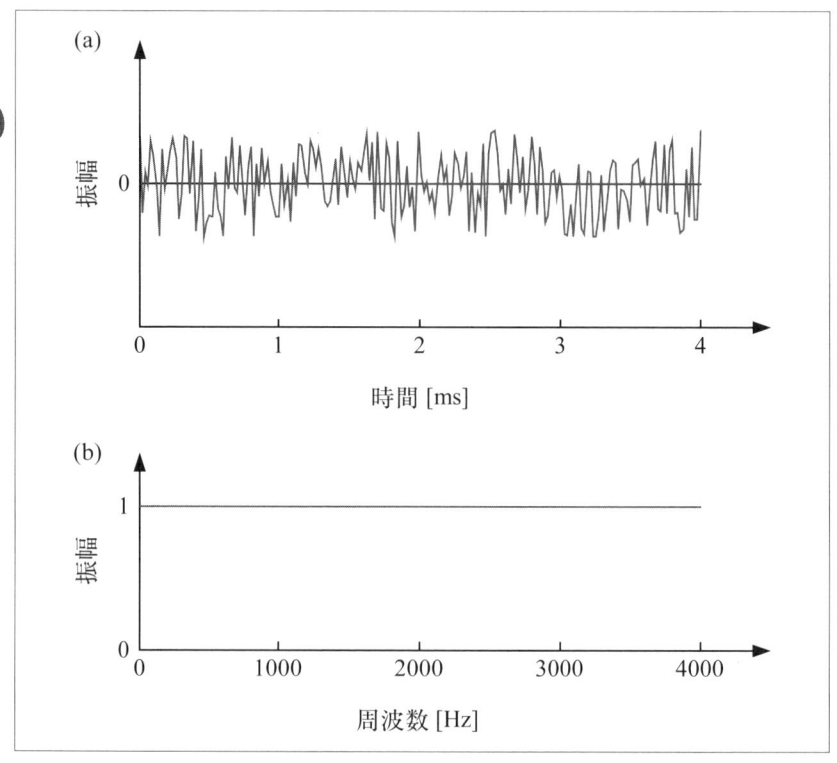

図 3.14 白色雑音：(a) 波形、(b) 周波数特性

COLUMN 3
音の三要素

「音の大きさ」、「音の高さ」、「音色」を「音の三要素」と呼びます。図 3.15 に示すように、これらは音の心理的な特徴を表しており、それぞれ、「音圧」、「基本周波数」、「周波数特性」という音の物理的な特徴に対応しています。

音の三要素をコントロールし、思いどおりの音を作り出すことが、音響合成の目標にほかなりません。そのなかでもとくに重要になるのが音色のコントロールです。本書でも説明するように、これまでにさまざまな音作りのテクニックが考案されてきましたが、音色のコントロールは難しく、いまだに研究の途上にあるといって過言ではありません。新しいアプローチを模索することが、依然として音響合成の重要な課題になっています。

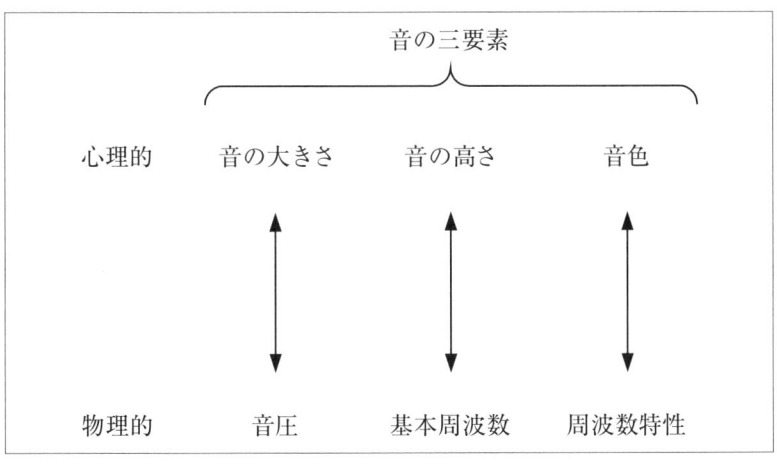

図 3.15　音の三要素

第4章

周波数特性を
分析してみよう

　音の特徴を理解するには、波形だけでなく周波数特性を観察することが重要なポイントになります。本章では、サウンドプログラミングの重要なテクニックとして、波形から周波数特性を割り出す周波数分析について勉強してみることにしましょう。

4.1 周波数分析

　第3章ではいくつかの基本的な波形を例にとって説明しましたが、実は、どんなに複雑な波形であっても大小さまざまなサイン波の重ね合わせによって合成できることが数学的に保証されています。これを「重ね合わせの原理」と呼びます。

　波形に含まれるサイン波の配合比率を表す周波数特性は、言ってみればサイン波を基本単位として波形を作り出すための設計図にほかなりません。すなわち、周波数特性を観察することは、音の特徴を理解するのに役立つだけでなく、サイン波を重ね合わせて音を作り出すための重要な手がかりを与えてくれることになります。

　第3章で説明したように、単純な波形のなかにはすでに周波数特性がわかっているものもあります。しかし、複雑な波形の場合、一見しただけでは周波数特性がわからないことがほとんどです。このような場合、「周波数分析」と呼ばれるテクニックが役立ちます。周波数分析は波形から周波数特性を割り出すための手法であり、サウンドプログラミングの重要なテクニックとなっています。

4.2 フーリエ変換

　コンピュータの普及とともに周波数分析のツールとして一般的に利用されるようになってきたのが「フーリエ変換」です。

　本来、フーリエ変換は、すべての時刻で値をとるアナログ信号の周波数特性を調べるための数学的手法として考案されたもので、その逆変換である「逆フーリエ変換」とともに次のように定義されます。

$$X(f) = \int_{-\infty}^{\infty} x(t) \exp(-j2\pi ft) dt \quad (-\infty \leq f \leq \infty) \tag{4.1}$$

$$x(t) = \int_{-\infty}^{\infty} X(f) \exp(j2\pi ft) df \quad (-\infty \leq t \leq \infty) \tag{4.2}$$

ここで、$x(t)$ は時間 t を変数とするアナログ信号の波形、$X(f)$ は周波数 f を変数とする $x(t)$ の周波数特性を表しています。

このように、アナログ信号のフーリエ変換では、$x(t)$ と $X(f)$ のどちらも無限長の連続信号になりますが、コンピュータはこうしたアナログ信号をそのままの状態では取り扱うことができません。コンピュータを使ってフーリエ変換を計算するには、式（4.3）と式（4.4）の関係にしたがって、t と f をそれぞれ 0 から $N-1$ までの整数 n と k に置き換えた「離散フーリエ変換（DFT：Discrete Fourier Transform）」を適用する必要があります。ここで、t_s は標本化周期、f_s は標本化周波数を表しています。

$$t = nt_s \quad (0 \leq n \leq N-1) \tag{4.3}$$

$$f = \frac{kf_s}{N} \quad (0 \leq k \leq N-1) \tag{4.4}$$

DFT は、その逆変換である「逆離散フーリエ変換（IDFT：Inverse Discrete Fourier Transform）」とともに次のように定義されます。

$$X(k) = \sum_{n=0}^{N-1} x(n) \exp\left(\frac{-j2\pi kn}{N}\right) \quad (0 \leq k \leq N-1) \tag{4.5}$$

$$x(n) = \frac{1}{N} \sum_{k=0}^{N-1} X(k) \exp\left(\frac{j2\pi kn}{N}\right) \quad (0 \leq n \leq N-1) \tag{4.6}$$

ここで、$x(n)$ は時間 n を変数とするディジタル信号の波形、$X(k)$ は周波数 k を変数とする $x(n)$ の周波数特性を表しています。

音の場合、$x(n)$ は実数になります。一方、$X(k)$ は複素数になることに注意してください。図 4.1 に示すように、$X(k)$ は次のように極座標形式で表すことができます。

$$X(k) = a(k) \exp(j\theta(k)) \tag{4.7}$$

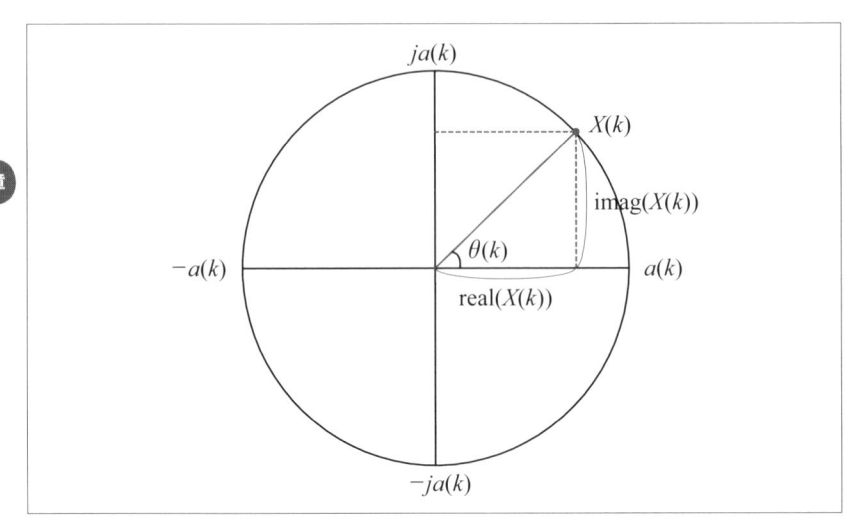

図 4.1　極座標形式による複素数の表現

$$\begin{cases} a(k) = |X(k)| = \sqrt{\text{real}(X(k))^2 + \text{imag}(X(k))^2} \\ \theta(k) = \arg(X(k)) = \tan^{-1}\left(\dfrac{\text{imag}(X(k))}{\text{real}(X(k))}\right) \end{cases} \quad (4.8)$$

式（4.7）を式（4.6）に代入し、$x(n)$ が実数であることを考慮すると次のようになります。

$$x(n) = \frac{1}{N}\sum_{k=0}^{N-1} a(k)\cos\left(\frac{2\pi k n}{N} + \theta(k)\right) \quad (0 \le n \le N-1) \quad (4.9)$$

式（4.9）は、N 個のコサイン波を重ね合わせると $x(n)$ が合成できることを意味しています。第 3 章で説明したように、コサイン波はサイン波の一種です。すなわち、式（4.9）はサイン波の重ね合わせによってあらゆる波形を合成できることを保証した重ね合わせの原理そのものにほかなりません。$a(k)$ と $\theta(k)$ は周波数 k のコサイン波の振幅と位相を表しており、$a(k)$ は「振幅周波数特性」、$\theta(k)$ は「位相周波数特性」と呼ばれます。

実際に、サイン波の DFT を計算してみましょう。第 2 章で説明したように、

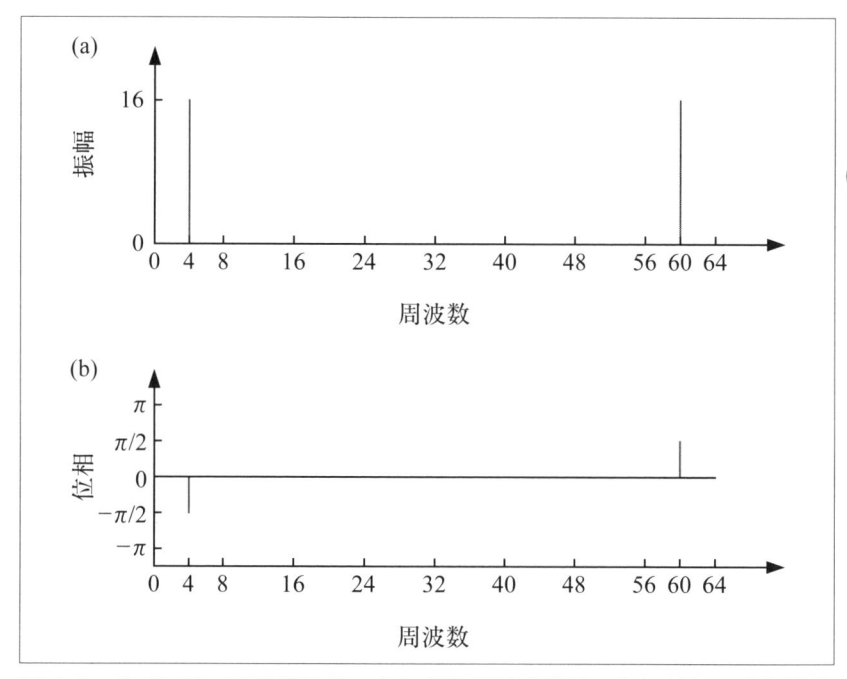

図 4.2　サイン波の周波数特性：(a) 振幅周波数特性、(b) 位相周波数特性

サイン波は次のように定義できます。

$$x(n) = a \sin\left(\frac{2\pi f_0 n}{f_s}\right) \quad (0 \leq n \leq N-1) \tag{4.10}$$

具体例として、a を 0.5、f_0 を 500Hz、f_s を 8kHz、N を 64 とすると、式 (4.10) は次のようになります。

$$x(n) = 0.5 \sin\left(\frac{2\pi \cdot 500 \cdot n}{8000}\right) \quad (0 \leq n \leq 63) \tag{4.11}$$

リスト 4.1 の ex4_1.c は、この波形の DFT を計算するプログラムです。図 4.2 に、このプログラムによって求めた振幅周波数特性と位相周波数特性を示します。この図に示すように、$a(k)$ は $k=4$ と $k=60$ のとき 16 になり、

リスト 4.1　ex4_1.c

```c
#include <stdio.h>
#include <stdlib.h>
#include <math.h>
#include "wave.h"


int main(void)
{
    MONO_PCM pcm;
    int n, k, N;
    double *x_real, *x_imag, *X_real, *X_imag, W_real, W_imag;
    
    wave_read_16bit_mono(&pcm, "sine_500hz.wav");
    
    N = 64; /* DFTのサイズ */
    
    x_real = calloc(N, sizeof(double));
    x_imag = calloc(N, sizeof(double));
    X_real = calloc(N, sizeof(double));
    X_imag = calloc(N, sizeof(double));
    
    /* 波形 */
    for (n = 0; n < N; n++)
    {
        x_real[n] = pcm.s[n]; /* x(n)の実数部 */
        x_imag[n] = 0.0; /* x(n)の虚数部 */
    }
    
    /* DFT */
    for (k = 0; k < N; k++)
    {
        for (n = 0; n < N; n++)
        {
            W_real = cos(2.0 * M_PI * k * n / N);
            W_imag = -sin(2.0 * M_PI * k * n / N);
            /* X(k)の実数部 */
            X_real[k] += W_real * x_real[n] - W_imag * x_imag[n];
            /* X(k)の虚数部 */
            X_imag[k] += W_real * x_imag[n] + W_imag * x_real[n];
        }
    }
    
    /* 周波数特性 */
    for (k = 0; k < N; k++)
    {
        printf("X(%d) = %f+j%f\n", k, X_real[k], X_imag[k]);
```

```
    }
    free(pcm.s);
    free(x_real);
    free(x_imag);
    free(X_real);
    free(X_imag);

    return 0;
}
```

そのほかはすべて 0 になります。また、$\theta(k)$ は $k=4$ のとき $-\pi/2$、$k=60$ のとき $\pi/2$ になり、そのほかはすべて 0 になります。

この結果にもとづいて IDFT を計算してみましょう。$a(k)$ と $\theta(k)$ を式(4.9)に代入すると次のようになります。

$$x(n) = 0.25\cos\left(\frac{8\pi n}{64} - \frac{\pi}{2}\right) + 0.25\cos\left(\frac{2(64-4)\pi n}{64} + \frac{\pi}{2}\right) \quad (0 \leq n \leq 63)$$
(4.12)

式（4.12）を整理すると次のようになります。

$$x(n) = 0.25\cos\left(\frac{\pi n}{8} - \frac{\pi}{2}\right) + 0.25\cos\left(2\pi n - \frac{\pi n}{8} + \frac{\pi}{2}\right) \quad (0 \leq n \leq 63) \quad (4.13)$$

ここで、三角関数の公式を適用して式（4.13）を整理すると次のようになります。

$$\begin{aligned} x(n) &= 0.25\sin\left(\frac{\pi n}{8}\right) + 0.25\sin\left(\frac{\pi n}{8}\right) \quad (0 \leq n \leq 63) \\ &= 0.5\sin\left(\frac{\pi n}{8}\right) \quad (0 \leq n \leq 63) \\ &= 0.5\sin\left(\frac{2\pi \cdot 500 \cdot n}{8000}\right) \quad (0 \leq n \leq 63) \end{aligned}$$
(4.14)

第 4 章　周波数特性を分析してみよう

このように、DFT によって求めた振幅周波数特性と位相周波数特性にもとづいて IDFT を計算すると、本来の波形を求めることができます。波形から周波数特性を求めるのが DFT の役割、逆に、周波数特性から波形を求めるのが IDFT の役割であることをぜひ覚えておきましょう。

ところで、図 4.2 に示すように、DFT によって求めた周波数特性は、$N/2$ を中心として、振幅周波数特性は線対称、位相周波数特性は点対称になるという特徴があります。式（4.4）の関係から、k が $N/2$ のとき f は $f_s/2$ になりますが、実は、標本化周波数の 1/2 よりも大きい周波数成分が標本化周波数の 1/2 以下の周波数成分の鏡像になることが DFT の重要な特徴になっています。もちろん、鏡像はコピーにすぎないため、DFT によって求めた周波数特性を観察する場合は、標本化周波数の 1/2 よりも大きい周波数成分は無視しても問題なく、標本化周波数の 1/2 以下の周波数成分だけに着目すれば十分です。図 4.3 は、以上を考慮し、標本化周波数の 1/2 以下の周波数成分

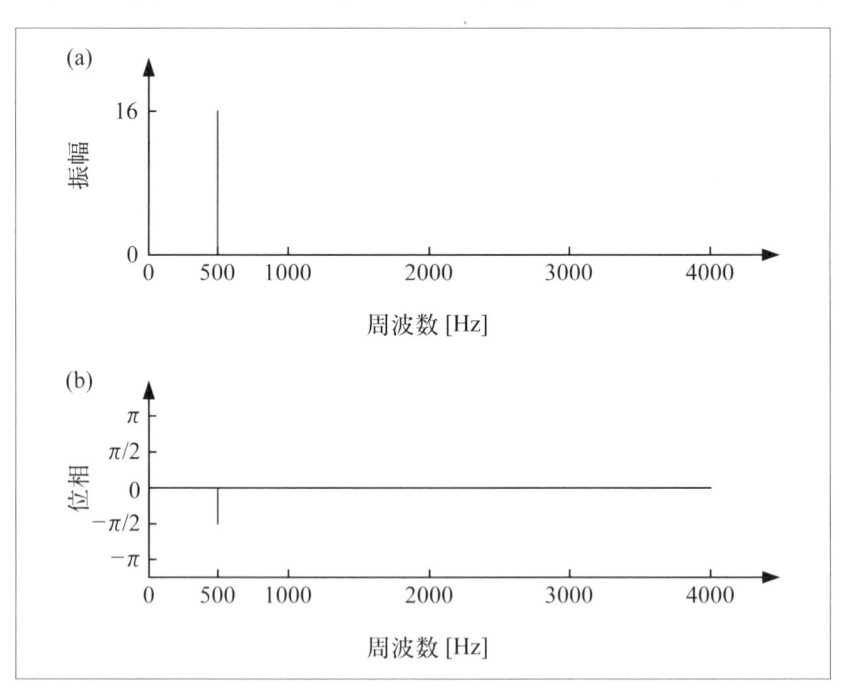

図 4.3　サイン波の周波数特性：(a) 振幅周波数特性、(b) 位相周波数特性

だけを表示したサイン波の周波数特性になっています。なお、グラフの横軸は、式（4.4）の関係にしたがって実際の周波数に換算したものになっています。

このように、周波数特性を表示する場合は、厳密には振幅周波数特性と位相周波数特性のどちらも表示する必要があります。しかし、第3章で説明したように、一般に人間の聴覚は位相の違いに鈍感です。そのため、音の場合、位相周波数特性は無視されることが多く、周波数特性といえば振幅周波数特性だけを表示することが暗黙の了解とされてきた経緯があります。本書もこの慣例にならい、以降、周波数特性については振幅周波数特性だけを表示することにします。

4.3 窓関数

DFTによる周波数分析では、波形の一部をNサンプルだけ取り出して周波数特性を計算することになりますが、実は、こうしたNサンプルの波形が周期Nの周期信号であると仮定しているのがDFTの特徴になっています。

図4.4（a）に示すように、アナログ信号に対するフーリエ変換は、波形$x(t)$と周波数特性$X(f)$のどちらも連続信号になっています。

ここで、アナログ信号$x(t)$をディジタル信号$x(n)$に変換すると、図4.4（b）に示すように、$X(f)$は周期f_sの周期信号になります。こうしたディジタル信号に対するフーリエ変換は、その逆変換とともに次のように定義されます。

$$X(f) = \sum_{n=-\infty}^{\infty} x(n) \exp\left(\frac{-j2\pi f n}{f_s}\right) \quad (-f_s/2 \leq f < f_s/2) \tag{4.15}$$

$$x(n) = \int_{-f_s/2}^{f_s/2} X(f) \exp\left(\frac{j2\pi f n}{f_s}\right) df \quad (-\infty \leq n \leq \infty) \tag{4.16}$$

もちろん、本来、ディジタル信号に対するフーリエ変換はこうした定義によって計算されるべきですが、$X(f)$が連続信号になってしまうため、コンピュータでは取り扱うことができません。

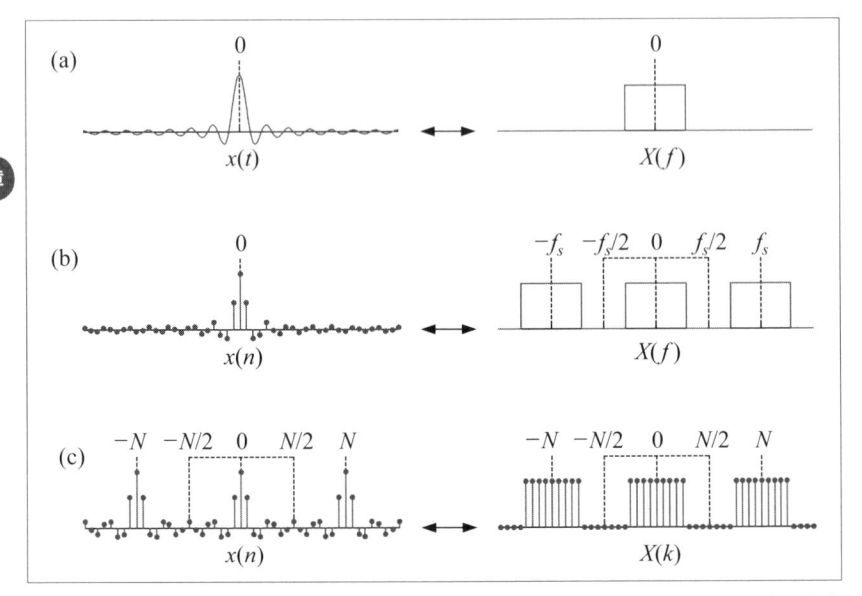

図 4.4 フーリエ変換の性質：(a) アナログ信号に対するフーリエ変換、(b) ディジタル信号に対するフーリエ変換、(b) DFT

そのため、コンピュータを使ってフーリエ変換を計算するには、図 4.4（c）に示すように、$x(n)$ が周期 N の周期信号であると仮定している DFT を適用することになります。DFT の周波数特性 $X(k)$ は標本化周波数 f_s を N で等分割した周波数にのみ値を持つ離散信号になるため、コンピュータで取り扱うことができます。なお、$x(n)$ と同様、$X(k)$ も周期 N の周期信号になります。

DFT による周波数分析はこうした仮定を前提にしているため、N の設定しだいでは周波数分析の精度が低下してしまう場合があります。たとえば、サイン波の DFT の場合、N がサイン波の周期の整数倍になっていれば、図 4.5（a）に示すように、一本の縦線で表されるサイン波の周波数特性を正しく求めることができます。しかし、N がサイン波の周期の整数倍になっていなければ、本来のサイン波とは異なる不連続点を持つ波形に対して DFT を計算することになるため、図 4.5（b）に示すように、サイン波の周波数のまわりに本来は存在しないはずの周波数成分が出現し、周波数分析の精度は低下してしまいます。

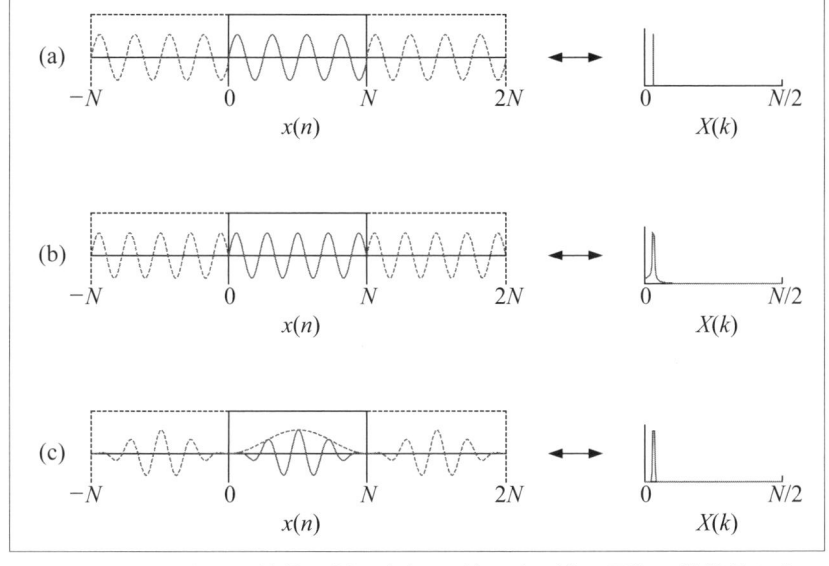

図 4.5　DFT による周波数分析：(a) N がサイン波の周期の整数倍になる場合、(b) N がサイン波の周期の整数倍にならない場合、(c) 窓関数による周波数分析

　こうした問題を改善するために利用されているのが「窓関数」です。波形に釣鐘状の窓関数をかけると、波形の繰り返しによって発生する不連続点をあいまいにすることができ、図 4.5 (c) に示すように、周波数特性の広がりを抑えることができます。

　窓関数にはいくつかの種類がありますが、図 4.5 (c) では、「ハニング窓」と呼ばれる窓関数を適用しています。ハニング窓は次のように定義されます。

- N が偶数のとき

$$w(n) = \begin{cases} 0.5 - 0.5\cos\left(\dfrac{2\pi n}{N}\right) & (0 \leq n \leq N-1) \\ 0 & (\text{otherwise}) \end{cases} \qquad (4.17)$$

- N が奇数のとき

$$w(n) = \begin{cases} 0.5 - 0.5\cos\left(\dfrac{2\pi(n+0.5)}{N}\right) & (0 \leq n \leq N-1) \\ 0 & (\text{otherwise}) \end{cases} \quad (4.18)$$

サポートサイトの ex4_2.c は、ハニング窓を適用して周波数分析を行うプログラムです。このプログラムにインクルードされている window_function.h は、Hanning_window 関数を定義したヘッダファイルになっています。

4.4 楽器音の周波数分析

オルガンの A4 音とピアノの A4 音について、それぞれ周波数分析を行っ

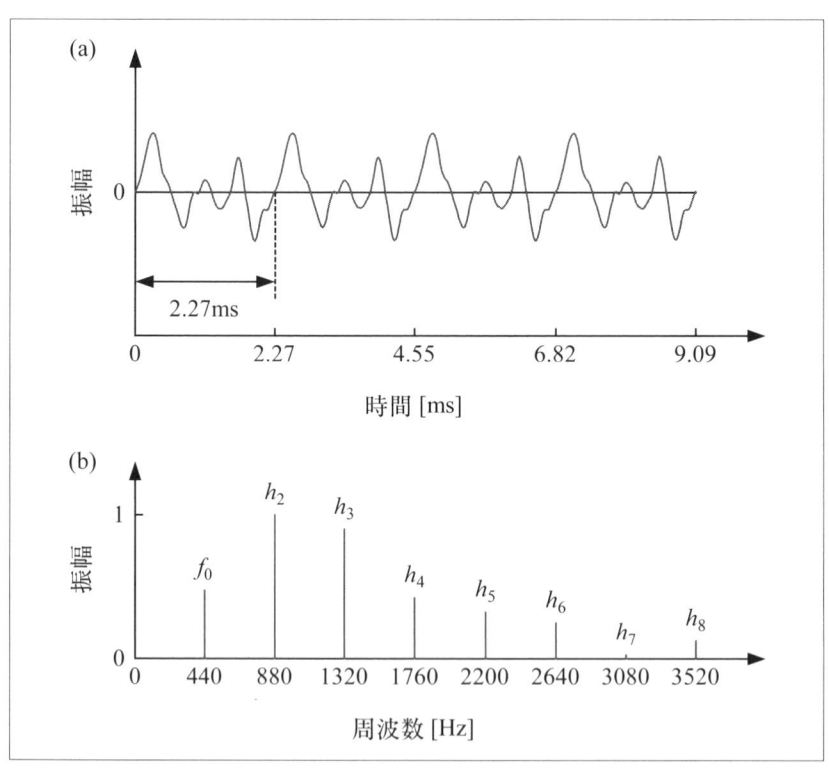

図 4.6 オルガンの A4 音：(a) 波形、(b) 周波数特性

た結果を図 4.6 と図 4.7 に示します。

第 2 章で説明したように、A4 音の高さは 440Hz です。そのため、波形を観察すると、どちらも基本周期は 2.27ms（=1/440Hz）になっていることがわかります。また、周波数特性を観察すると、どちらも基本周波数は 440Hz になっていることがわかります。このように、音の高さが同じであれば、楽器の種類を問わず基本周期と基本周波数はそれぞれ同じになります。

ただし、音の高さが同じであっても、楽器の種類によって倍音の配合比率は異なることに注意してください。ピアノに比べてオルガンには倍音が多く含まれており明るい音色に聞こえます。倍音の配合比率の違いが、こうした楽器の音色の違いを生み出しているのです。

なお、振幅が小さすぎて周波数特性が観察しづらい場合、振幅の対数をとっ

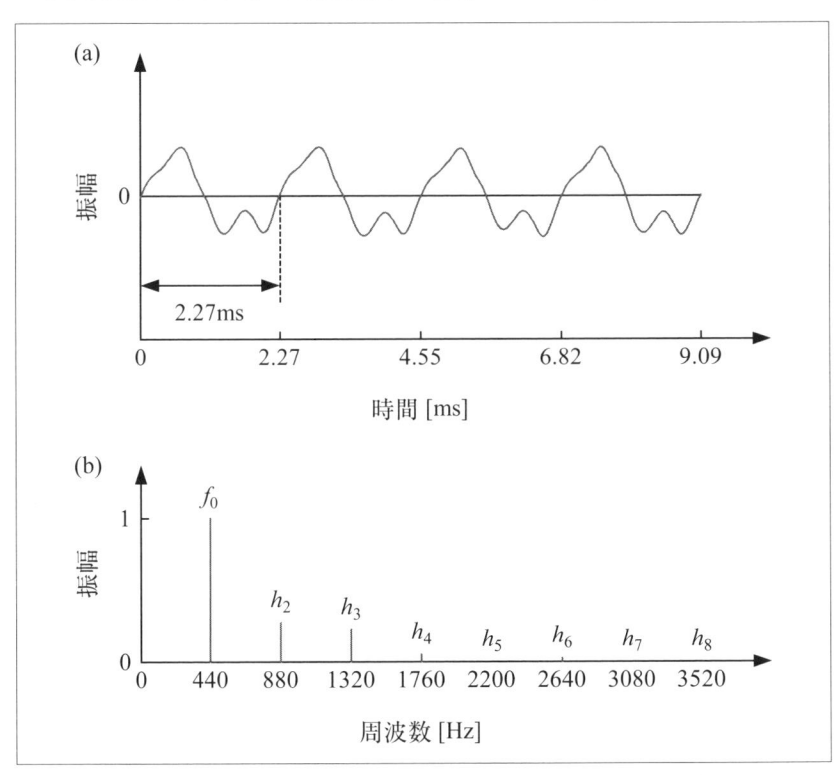

図 4.7 ピアノの A4 音：(a) 波形、(b) 周波数特性

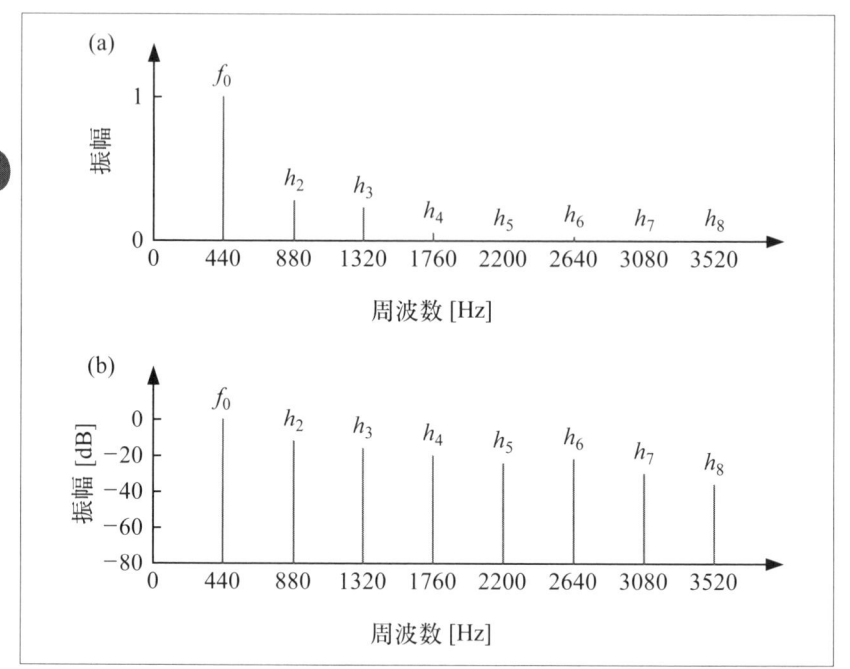

図 4.8 ピアノの A4 音の周波数特性：(a) 通常のグラフ、(b) デシベルのグラフ

て周波数特性を見やすくするのが一般的です。とくに、次のように対数をとった場合、振幅の単位は「dB（デシベル）」になります。

$$20\log_{10}(\|X(k)\|) \tag{4.19}$$

図 4.8 に示すように、デシベルのグラフで周波数特性を表示すると、通常のグラフでは小さすぎて見ることのできない周波数成分もはっきりと観察できるようになります。

4.5 スペクトログラム

DFT によって求めることができるのは、あくまでも分析区間のなかにある波形の周波数特性にすぎません。時間の経過とともに変化する音の場合、

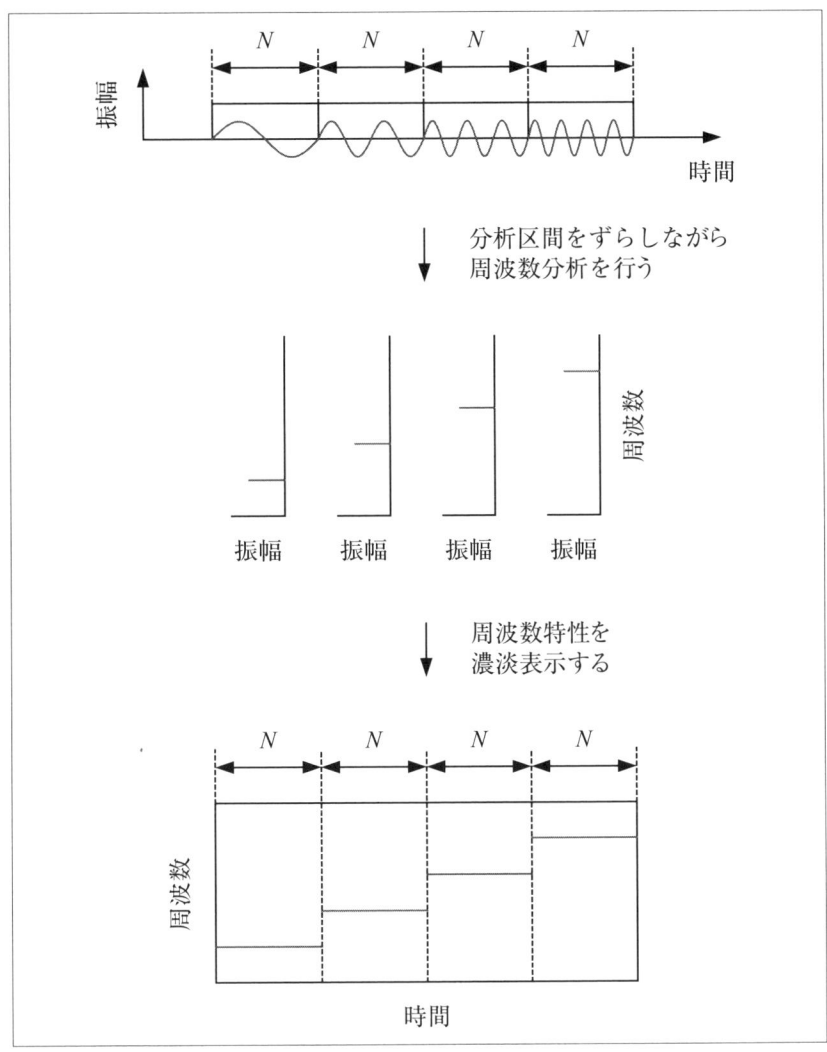

図 4.9　スペクトログラムの表示

　周波数特性は刻一刻と変化するため、周波数特性の時間変化を調べるには、分析区間を少しずつずらしながら周波数分析を繰り返す必要があります。
　こうした周波数特性の時間変化を観察するのに利用されているのが「スペ

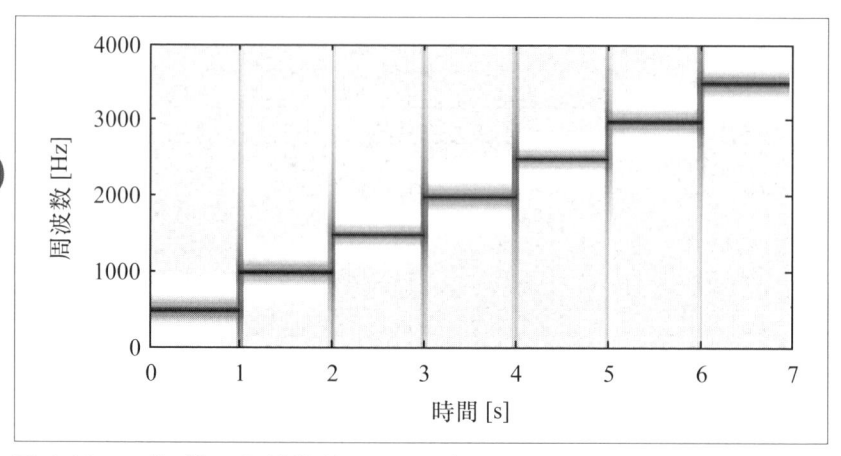

図 4.10　1 秒ごとに周波数が 500Hz ずつ大きくなるサイン波のスペクトログラム

クトログラム」です。図 4.9 に示すように、スペクトログラムは、分析区間を少しずつずらしながら周波数分析を行い、横軸を時間、縦軸を周波数として周波数特性を濃淡表示したものになっています。

図 4.10 は、1 秒ごとに周波数が 500Hz ずつ大きくなるサイン波のスペクトログラムです。サイン波の周波数が時間の経過とともに変化していく様子がおわかりいただけるでしょうか。

オルガンの A4 音とピアノの A4 音について、音が鳴り始めてから鳴り終わるまでのスペクトログラムを図 4.11 と図 4.12 に示します。図 4.11 に示すように、オルガンは音が鳴り終わるまで周波数特性がほとんど変化しません。一方、図 4.12 に示すように、ピアノは音が鳴り始めたときは倍音が多く含まれていますが、しだいに倍音が減衰していきます。こうした周波数特性の時間変化は、それぞれの楽器の音色を特徴づける重要なポイントになっています。

4.6　高速フーリエ変換

N サンプルの DFT は N^2 回の乗算と $N(N-1)$ 回の加算を必要とします。す

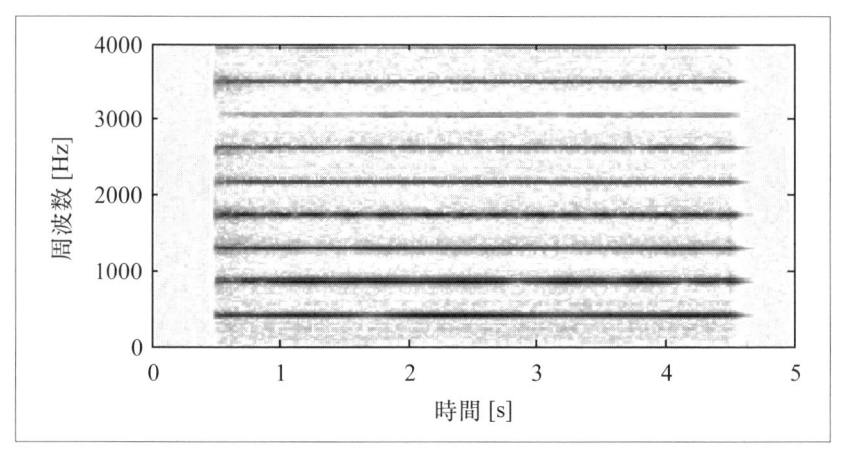

図 4.11　オルガンの A4 音のスペクトログラム

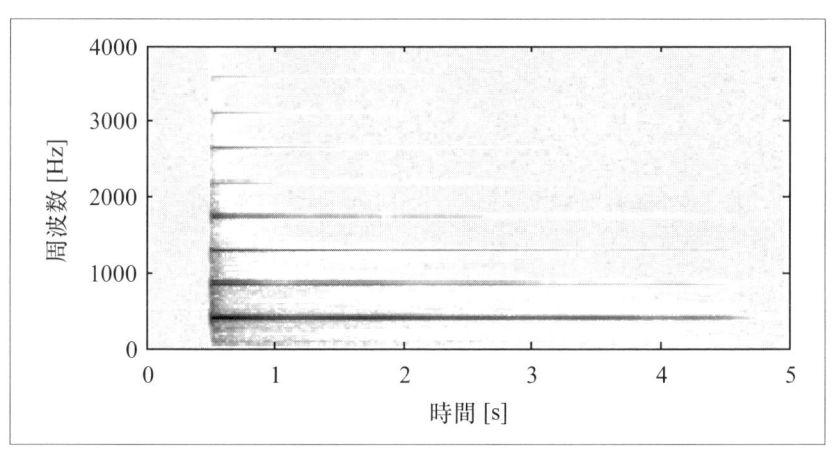

図 4.12　ピアノの A4 音のスペクトログラム

なわち、DFT は N^2 のオーダーの計算を必要とするため、N を大きくすると計算量が爆発的に増加してしまいます。

こうした問題を解決するために考案されたのが「高速フーリエ変換（FFT: Fast Fourier Transform）」です。N が 2 のべき乗のとき、FFT はその名前のとおり DFT を高速に計算することができます。

ここでは、$N=8$ の DFT を例にとって、FFT のアルゴリズムを調べてみる

ことにしましょう。$N=8$ の DFT を行列計算の形式で書き表すと次のようになります

$$\begin{bmatrix} X(0) \\ X(1) \\ X(2) \\ X(3) \\ X(4) \\ X(5) \\ X(6) \\ X(7) \end{bmatrix} = \begin{bmatrix} W_8^0 & W_8^0 & W_8^0 & W_8^0 & W_8^0 & W_8^0 & W_8^0 & W_8^0 \\ W_8^0 & W_8^1 & W_8^2 & W_8^3 & W_8^4 & W_8^5 & W_8^6 & W_8^7 \\ W_8^0 & W_8^2 & W_8^4 & W_8^6 & W_8^8 & W_8^{10} & W_8^{12} & W_8^{14} \\ W_8^0 & W_8^3 & W_8^6 & W_8^9 & W_8^{12} & W_8^{15} & W_8^{18} & W_8^{21} \\ W_8^0 & W_8^4 & W_8^8 & W_8^{12} & W_8^{16} & W_8^{20} & W_8^{24} & W_8^{28} \\ W_8^0 & W_8^5 & W_8^{10} & W_8^{15} & W_8^{20} & W_8^{25} & W_8^{30} & W_8^{35} \\ W_8^0 & W_8^6 & W_8^{12} & W_8^{18} & W_8^{24} & W_8^{30} & W_8^{36} & W_8^{42} \\ W_8^0 & W_8^7 & W_8^{14} & W_8^{21} & W_8^{28} & W_8^{35} & W_8^{42} & W_8^{49} \end{bmatrix} \begin{bmatrix} x(0) \\ x(1) \\ x(2) \\ x(3) \\ x(4) \\ x(5) \\ x(6) \\ x(7) \end{bmatrix} \quad (4.20)$$

ただし、W_8 は次のように定義されます。

$$W_8 = \exp\left(\frac{-j2\pi}{8}\right) \quad (4.21)$$

ここで、次の関係を考慮すると、式(4.20)は式(4.23)のように書き換えることができます。

$$W_N^m = W_N^{m(\bmod N)} \quad (4.22)$$

ただし、$m(\bmod N)$ は、m を N で割ったときの余りです。

$$\begin{bmatrix} X(0) \\ X(1) \\ X(2) \\ X(3) \\ X(4) \\ X(5) \\ X(6) \\ X(7) \end{bmatrix} = \begin{bmatrix} W_8^0 & W_8^0 & W_8^0 & W_8^0 & W_8^0 & W_8^0 & W_8^0 & W_8^0 \\ W_8^0 & W_8^1 & W_8^2 & W_8^3 & W_8^4 & W_8^5 & W_8^6 & W_8^7 \\ W_8^0 & W_8^2 & W_8^4 & W_8^6 & W_8^0 & W_8^2 & W_8^4 & W_8^6 \\ W_8^0 & W_8^3 & W_8^6 & W_8^9 & W_8^4 & W_8^7 & W_8^{10} & W_8^{13} \\ W_8^0 & W_8^4 & W_8^8 & W_8^{12} & W_8^0 & W_8^4 & W_8^8 & W_8^{12} \\ W_8^0 & W_8^5 & W_8^{10} & W_8^{15} & W_8^4 & W_8^9 & W_8^{14} & W_8^{19} \\ W_8^0 & W_8^6 & W_8^{12} & W_8^{18} & W_8^0 & W_8^6 & W_8^{12} & W_8^{18} \\ W_8^0 & W_8^7 & W_8^{14} & W_8^{21} & W_8^4 & W_8^{11} & W_8^{18} & W_8^{25} \end{bmatrix} \begin{bmatrix} x(0) \\ x(1) \\ x(2) \\ x(3) \\ x(4) \\ x(5) \\ x(6) \\ x(7) \end{bmatrix} \quad (4.23)$$

式（4.23）を次のように並び替えます。

$$\begin{bmatrix} X(0) \\ X(4) \\ X(2) \\ X(6) \\ X(1) \\ X(5) \\ X(3) \\ X(7) \end{bmatrix} = \begin{bmatrix} W_8^0 & W_8^0 & W_8^0 & W_8^0 & W_8^0 & W_8^0 & W_8^0 & W_8^0 \\ W_8^0 & W_8^4 & W_8^8 & W_8^{12} & W_8^0 & W_8^4 & W_8^8 & W_8^{12} \\ W_8^0 & W_8^2 & W_8^4 & W_8^6 & W_8^0 & W_8^2 & W_8^4 & W_8^6 \\ W_8^0 & W_8^6 & W_8^{12} & W_8^{18} & W_8^0 & W_8^6 & W_8^{12} & W_8^{18} \\ W_8^0 & W_8^1 & W_8^2 & W_8^3 & W_8^4 & W_8^5 & W_8^6 & W_8^7 \\ W_8^0 & W_8^5 & W_8^{10} & W_8^{15} & W_8^4 & W_8^9 & W_8^{14} & W_8^{19} \\ W_8^0 & W_8^3 & W_8^6 & W_8^9 & W_8^4 & W_8^7 & W_8^{10} & W_8^{13} \\ W_8^0 & W_8^7 & W_8^{14} & W_8^{21} & W_8^4 & W_8^{11} & W_8^{18} & W_8^{25} \end{bmatrix} \begin{bmatrix} x(0) \\ x(1) \\ x(2) \\ x(3) \\ x(4) \\ x(5) \\ x(6) \\ x(7) \end{bmatrix} \quad (4.24)$$

ここで、次の関係を考慮すると、式（4.24）は式（4.26）のように書き換えることができます。

$$\begin{cases} W_8^0 = 1 \\ W_8^4 = -1 \end{cases} \quad (4.25)$$

$$\begin{bmatrix} X(0) \\ X(4) \\ X(2) \\ X(6) \\ X(1) \\ X(5) \\ X(3) \\ X(7) \end{bmatrix} = \begin{bmatrix} W_8^0 & W_8^0 & W_8^0 & W_8^0 & 0 & 0 & 0 & 0 \\ W_8^0 & W_8^4 & W_8^8 & W_8^{12} & 0 & 0 & 0 & 0 \\ W_8^0 & W_8^2 & W_8^4 & W_8^6 & 0 & 0 & 0 & 0 \\ W_8^0 & W_8^6 & W_8^{12} & W_8^{18} & 0 & 0 & 0 & 0 \\ 0 & 0 & 0 & 0 & W_8^0 & W_8^0 & W_8^0 & W_8^0 \\ 0 & 0 & 0 & 0 & W_8^0 & W_8^4 & W_8^8 & W_8^{12} \\ 0 & 0 & 0 & 0 & W_8^0 & W_8^2 & W_8^4 & W_8^6 \\ 0 & 0 & 0 & 0 & W_8^0 & W_8^6 & W_8^{12} & W_8^{18} \end{bmatrix} \begin{bmatrix} x_1(0) \\ x_1(1) \\ x_1(2) \\ x_1(3) \\ x_1(4) \\ x_1(5) \\ x_1(6) \\ x_1(7) \end{bmatrix} \quad (4.26)$$

ただし、次のように定義します。

$$\begin{bmatrix} x_1(0) \\ x_1(1) \\ x_1(2) \\ x_1(3) \\ x_1(4) \\ x_1(5) \\ x_1(6) \\ x_1(7) \end{bmatrix} = \begin{bmatrix} x(0)+x(4) \\ x(1)+x(5) \\ x(2)+x(6) \\ x(3)+x(7) \\ W_8^0(x(0)-x(4)) \\ W_8^1(x(1)-x(5)) \\ W_8^2(x(2)-x(6)) \\ W_8^3(x(3)-x(7)) \end{bmatrix} \tag{4.27}$$

ここで、次の関係を考慮すると、式（4.26）は式（4.29）のように書き換えることができます。

$$W_N^m = W_{N/2}^{m/2} \tag{4.28}$$

$$\begin{bmatrix} X(0) \\ X(4) \\ X(2) \\ X(6) \\ X(1) \\ X(5) \\ X(3) \\ X(7) \end{bmatrix} = \begin{bmatrix} W_4^0 & W_4^0 & W_4^0 & W_4^0 & 0 & 0 & 0 & 0 \\ W_4^0 & W_4^2 & W_4^4 & W_4^6 & 0 & 0 & 0 & 0 \\ W_4^0 & W_4^1 & W_4^2 & W_4^3 & 0 & 0 & 0 & 0 \\ W_4^0 & W_4^3 & W_4^6 & W_4^9 & 0 & 0 & 0 & 0 \\ 0 & 0 & 0 & 0 & W_4^0 & W_4^0 & W_4^0 & W_4^0 \\ 0 & 0 & 0 & 0 & W_4^0 & W_4^2 & W_4^4 & W_4^6 \\ 0 & 0 & 0 & 0 & W_4^0 & W_4^1 & W_4^2 & W_4^3 \\ 0 & 0 & 0 & 0 & W_4^0 & W_4^3 & W_4^6 & W_4^9 \end{bmatrix} \begin{bmatrix} x_1(0) \\ x_1(1) \\ x_1(2) \\ x_1(3) \\ x_1(4) \\ x_1(5) \\ x_1(6) \\ x_1(7) \end{bmatrix} \tag{4.29}$$

式（4.29）は、$N=4$ の DFT を 2 回計算することで $N=8$ の DFT が計算できることを意味しています。本来、$N=8$ の DFT は乗算と加算を合わせた計算回数が 120 回になっています。一方、$N=4$ の DFT は計算回数が 28 回にすぎず、たとえ $N=4$ の DFT を 2 回計算することになっても計算回数は 56 回にしかなりません。すなわち、この場合は、$N=8$ の DFT をそのまま計算するよりも高速な計算が可能になります。

FFT はこうした置き換えを繰り返すことで、$N=8$ の DFT を最終的に $N=2$ の DFT に帰着させています。もう一度、式（4.26）に戻って考えてみましょう。式（4.22）と式（4.25）を考慮すると、式（4.26）は式（4.30）のように

4.6 高速フーリエ変換

書き換えることができます。

$$
\begin{bmatrix} X(0) \\ X(4) \\ X(2) \\ X(6) \\ X(1) \\ X(5) \\ X(3) \\ X(7) \end{bmatrix} = \begin{bmatrix} W_8^0 & W_8^0 & 0 & 0 & 0 & 0 & 0 & 0 \\ W_8^0 & W_8^4 & 0 & 0 & 0 & 0 & 0 & 0 \\ 0 & 0 & W_8^0 & W_8^0 & 0 & 0 & 0 & 0 \\ 0 & 0 & W_8^0 & W_8^4 & 0 & 0 & 0 & 0 \\ 0 & 0 & 0 & 0 & W_8^0 & W_8^0 & 0 & 0 \\ 0 & 0 & 0 & 0 & W_8^0 & W_8^4 & 0 & 0 \\ 0 & 0 & 0 & 0 & 0 & 0 & W_8^0 & W_8^0 \\ 0 & 0 & 0 & 0 & 0 & 0 & W_8^0 & W_8^4 \end{bmatrix} \begin{bmatrix} x_2(0) \\ x_2(1) \\ x_2(2) \\ x_2(3) \\ x_2(4) \\ x_2(5) \\ x_2(6) \\ x_2(7) \end{bmatrix} \quad (4.30)
$$

ただし、次のように定義します。

$$
\begin{bmatrix} x_2(0) \\ x_2(1) \\ x_2(2) \\ x_2(3) \\ x_2(4) \\ x_2(5) \\ x_2(6) \\ x_2(7) \end{bmatrix} = \begin{bmatrix} x_1(0) + x_1(2) \\ x_1(1) + x_1(3) \\ W_8^0 (x_1(0) - x_1(2)) \\ W_8^2 (x_1(1) - x_1(3)) \\ x_1(4) + x_1(6) \\ x_1(5) + x_1(7) \\ W_8^0 (x_1(4) - x_1(6)) \\ W_8^2 (x_1(5) - x_1(7)) \end{bmatrix} \quad (4.31)
$$

ここで、式（4.28）を考慮すると、式（4.30）は式（4.32）のように書き換えることができます。

$$
\begin{bmatrix} X(0) \\ X(4) \\ X(2) \\ X(6) \\ X(1) \\ X(5) \\ X(3) \\ X(7) \end{bmatrix} = \begin{bmatrix} W_2^0 & W_2^0 & 0 & 0 & 0 & 0 & 0 & 0 \\ W_2^0 & W_2^1 & 0 & 0 & 0 & 0 & 0 & 0 \\ 0 & 0 & W_2^0 & W_2^0 & 0 & 0 & 0 & 0 \\ 0 & 0 & W_2^0 & W_2^1 & 0 & 0 & 0 & 0 \\ 0 & 0 & 0 & 0 & W_2^0 & W_2^0 & 0 & 0 \\ 0 & 0 & 0 & 0 & W_2^0 & W_2^1 & 0 & 0 \\ 0 & 0 & 0 & 0 & 0 & 0 & W_2^0 & W_2^0 \\ 0 & 0 & 0 & 0 & 0 & 0 & W_2^0 & W_2^1 \end{bmatrix} \begin{bmatrix} x_2(0) \\ x_2(1) \\ x_2(2) \\ x_2(3) \\ x_2(4) \\ x_2(5) \\ x_2(6) \\ x_2(7) \end{bmatrix} \quad (4.32)
$$

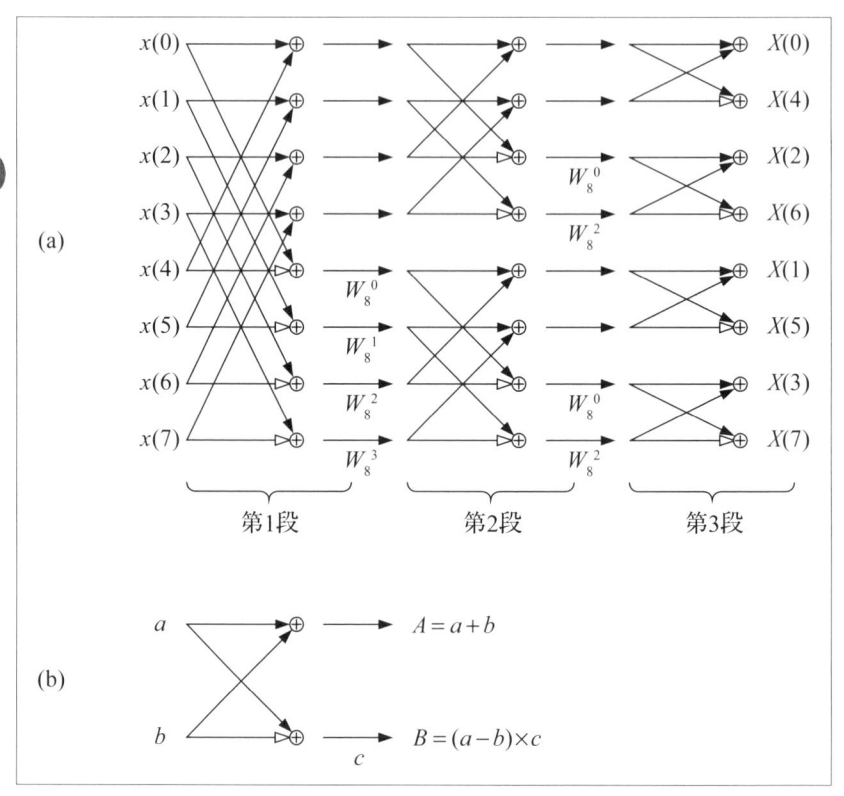

第4章 周波数特性を分析してみよう

図4.13 FFTのアルゴリズム：(a) $N=8$ の FFT、(b) バタフライ計算

　式（4.32）は、$N=2$ の DFT を 4 回計算することで $N=8$ の DFT が計算できることを意味しています。$N=2$ の DFT は計算回数が 6 回にすぎず、たとえ $N=2$ の DFT を 4 回計算することになっても計算回数は 24 回にしかなりません。すなわち、この場合は、$N=8$ の DFT をそのまま計算するよりも高速な計算が可能になります。

　なお、式（4.25）の関係を考慮すると、式（4.30）は単純な足し算と引き算によって計算できることになり、結果として、式（4.33）のように書き換えることができます。

4.6 高速フーリエ変換

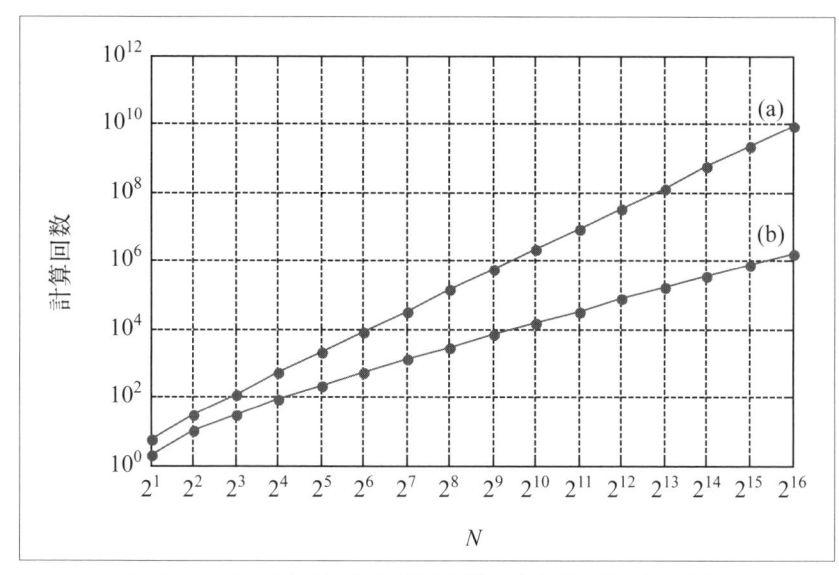

図 4.14　DFT と FFT の計算回数：(a) DFT、(b) FFT

$$\begin{bmatrix} X(0) \\ X(4) \\ X(2) \\ X(6) \\ X(1) \\ X(5) \\ X(3) \\ X(7) \end{bmatrix} = \begin{bmatrix} x_2(0) + x_2(1) \\ x_2(0) - x_2(1) \\ x_2(2) + x_2(3) \\ x_2(2) - x_2(3) \\ x_2(4) + x_2(5) \\ x_2(4) - x_2(5) \\ x_2(6) + x_2(7) \\ x_2(6) - x_2(7) \end{bmatrix} \tag{4.33}$$

以上のアルゴリズムをダイアグラムにしたものが図 4.13 (a) です。このダイアグラムは、図 4.13 (b) の計算を基本要素にしています。この計算は、その形が蝶に似ていることから、「バタフライ計算」と呼ばれます。

図 4.13 (a) に示すように、N サンプルの FFT は $\log_2 N$ 段で計算することができます。最後の段以外は $N/2$ 回の乗算と N 回の加算、最後の段は N 回の加算になっているため、N サンプルの FFT は $(N/2)(\log_2 N - 1)$ 回の乗算と $N \log_2 N$ 回の加算しか必要としません。このように、計算のオーダーが

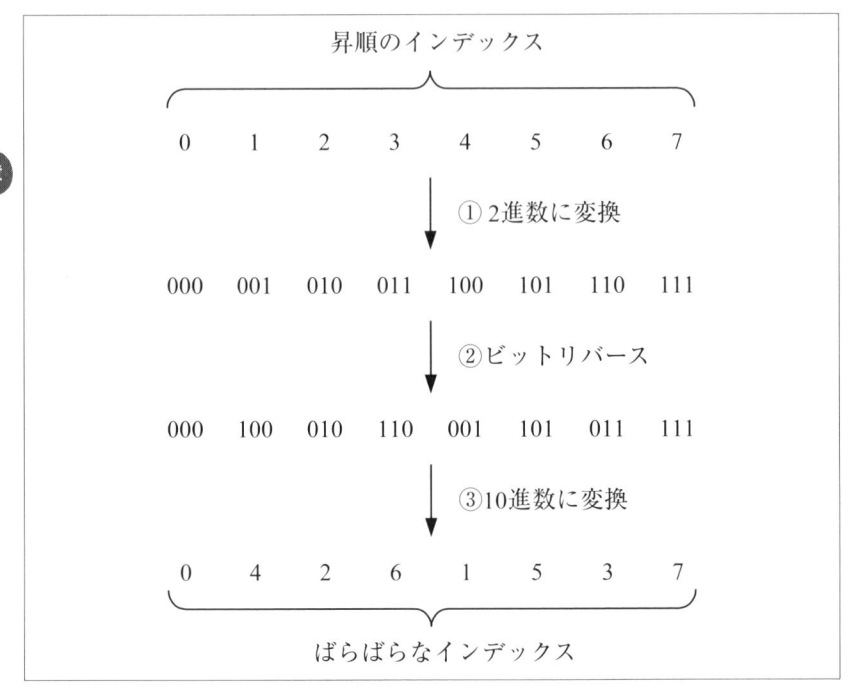

第4章　周波数特性を分析してみよう

```
            昇順のインデックス
     ┌─────────────────────────┐
     0    1    2    3    4    5    6    7
                    │
                    │ ①2進数に変換
                    ▼
    000  001  010  011  100  101  110  111
                    │
                    │ ②ビットリバース
                    ▼
    000  100  010  110  001  101  011  111
                    │
                    │ ③10進数に変換
                    ▼
     0    4    2    6    1    5    3    7
     └─────────────────────────┘
            ばらばらなインデックス
```

図 4.15　ビットリバース

$N\log_2 N$ になっているため、図 4.14 に示すように、N が大きくなるにつれて、DFT よりもがぜん FFT が有利になっていきます。

　なお、ここでは FFT のアルゴリズムについて説明してみましたが、IDFT を高速に計算する「逆高速フーリエ変換（IFFT：Inverse Fast Fourier Transform）」のアルゴリズムも基本的に FFT と同じものになっており、FFT の若干の変更によって計算することができます。

　ところで、式 (4.24) のような並び替えを行うことになるため、FFT によって計算された $X(k)$ はインデックスがばらばらになってしまうという問題があります。こうしたインデックスを昇順に戻す方法として知られているのが「ビットリバース」と呼ばれるテクニックです。図 4.15 に示すように、10 進数のインデックスを $\log_2 N$ 桁の 2 進数に変換し、ビットの並びを逆順にした後、再び 10 進数に変換すると、ばらばらなインデックスを昇順のインデッ

4.6 高速フーリエ変換

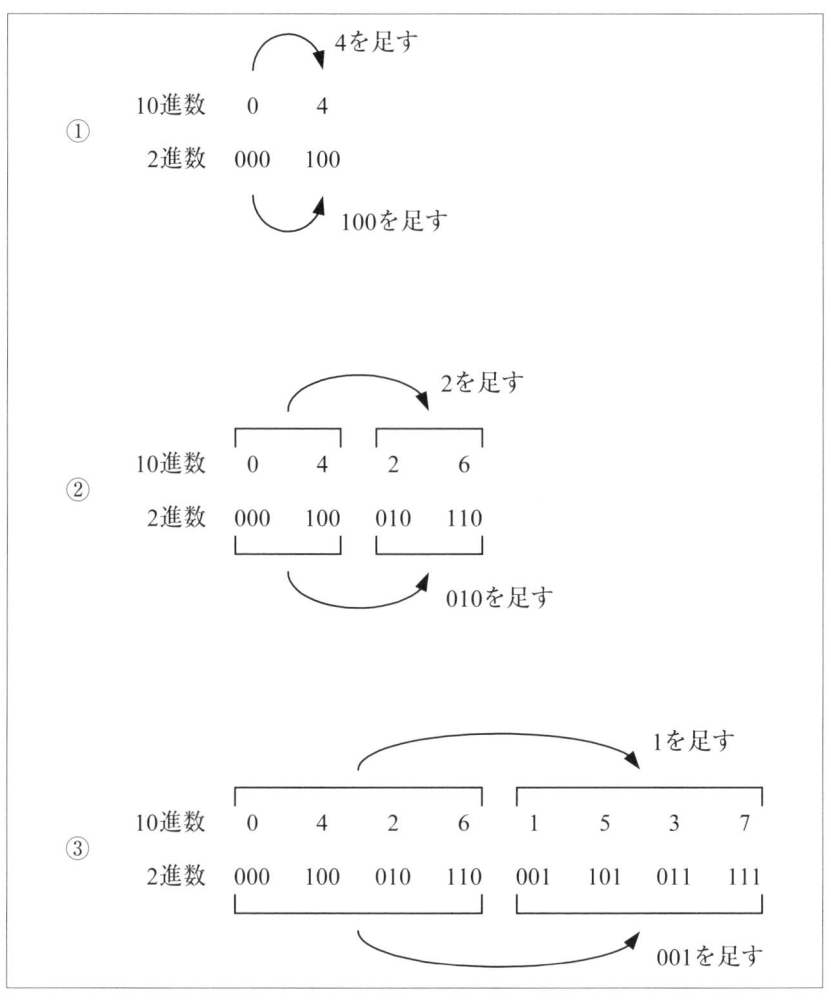

図 4.16 インデックスの並び替えのためのテーブルの作成

クスに対応づけることができます。なお、実際のプログラムではインデックスの並び替えのためにテーブルを作成することが一般的です。こうしたテーブルを作成するための1つの方法を図 4.16 に示します。

リスト 4.2 の ex4_3.c は、FFT を適用して周波数分析を行うプログラムです。このプログラムにインクルードされている fft.h は、FFT 関数と IFFT 関

数を定義したヘッダファイルになっています。リスト 4.3 に FFT 関数を示します。

リスト 4.2　ex4_3.c

```c
#include <stdio.h>
#include <stdlib.h>
#include <math.h>
#include "wave.h"
#include "fft.h"

int main(void)
{
    MONO_PCM pcm;
    int n, k, N;
    double *x_real, *x_imag;
    
    wave_read_16bit_mono(&pcm, "sine_500hz.wav");
    
    N = 64; /* DFTのサイズ */
    
    x_real = calloc(N, sizeof(double));
    x_imag = calloc(N, sizeof(double));
    
    /* 波形 */
    for (n = 0; n < N; n++)
    {
        x_real[n] = pcm.s[n]; /* x(n)の実数部 */
        x_imag[n] = 0.0; /* x(n)の虚数部 */
    }
    
    FFT(x_real, x_imag, N); /* FFTの計算結果はx_realとx_imagに上書きされる */
    
    /* 周波数特性 */
    for (k = 0; k < N; k++)
    {
        printf("X(%d) = %f+j%f\n", k, x_real[k], x_imag[k]);
    }
    
    free(pcm.s);
    free(x_real);
    free(x_imag);
    
    return 0;
}
```

リスト 4.3　FFT 関数

```c
void FFT(double x_real[], double x_imag[], int N)
{
    int i, j, k, n, m, r, stage, number_of_stage, *index;
    double a_real, a_imag, b_real, b_imag, c_real, c_imag, real, imag;

    number_of_stage = log2(N); /* FFTの段数 */

    /* バタフライ計算 */
    for (stage = 1; stage <= number_of_stage; stage++)
    {
        for (i = 0; i < pow2(stage - 1); i++)
        {
            for (j = 0; j < pow2(number_of_stage - stage); j++)
            {
                n = pow2(number_of_stage - stage + 1) * i + j;
                m = pow2(number_of_stage - stage) + n;
                r = pow2(stage - 1) * j;
                a_real = x_real[n];
                a_imag = x_imag[n];
                b_real = x_real[m];
                b_imag = x_imag[m];
                c_real = cos((2.0 * M_PI * r) / N);
                c_imag = -sin((2.0 * M_PI * r) / N);
                if (stage < number_of_stage)
                {
                    x_real[n] = a_real + b_real;
                    x_imag[n] = a_imag + b_imag;
                    x_real[m] = (a_real - b_real) * c_real -
                                (a_imag - b_imag) * c_imag;
                    x_imag[m] = (a_imag - b_imag) * c_real +
                                (a_real - b_real) * c_imag;
                }
                else
                {
                    x_real[n] = a_real + b_real;
                    x_imag[n] = a_imag + b_imag;
                    x_real[m] = a_real - b_real;
                    x_imag[m] = a_imag - b_imag;
                }
            }
        }
    }

    /* インデックスの並び替えのためのテーブルの作成 */
    index = calloc(N, sizeof(int));
    for (stage = 1; stage <= number_of_stage; stage++)
```

```c
    {
        for (i = 0; i < pow2(stage - 1); i++)
        {
            index[pow2(stage - 1) + i] =
            index[i] + pow2(number_of_stage - stage);
        }
    }

    /* インデックスの並び替え */
    for (k = 0; k < N; k++)
    {
        if (index[k] > k)
        {
            real = x_real[index[k]];
            imag = x_imag[index[k]];
            x_real[index[k]] = x_real[k];
            x_imag[index[k]] = x_imag[k];
            x_real[k] = real;
            x_imag[k] = imag;
        }
    }

    free(index);
}
```

COLUMN 4

バーチャルピッチ

　フーリエ変換さながら人間の聴覚には波形を周波数特性に変換する仕組みが備わっており、周波数特性から基本音を割り出すことで音の高さを知覚していると考えられています。しかし、人間の聴覚にはこうした仕組みでは説明できない現象もあります。

　サポートサイトのex4_4.cを実行して、基本音を含む音ex4_4a.wavと基本音を含まない音ex4_4b.wavを作ってみましょう。ex4_4a.wavと比べてex4_4b.wavは軽い音色に聞こえるものの、音の高さはどちらも同

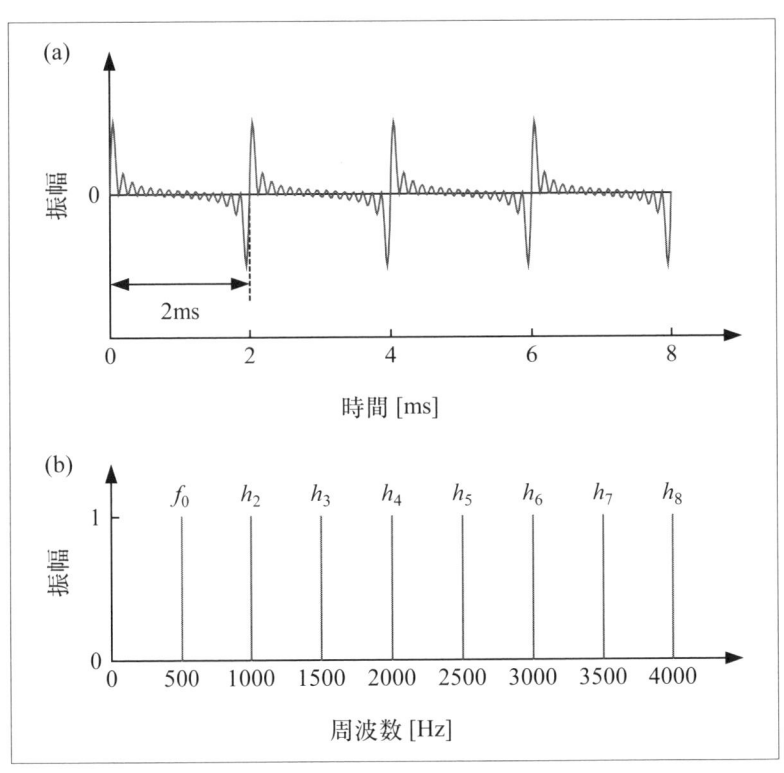

図 4.17　基本音を含む音

じに聞こえることがおわかりいただけるでしょうか。このように、基本音がなくても、まるで基本音があるかのように感じられる音の高さを「バーチャルピッチ」と呼びます。

バーチャルピッチは決して特殊な現象ではありません。実は、私たちの身近にある電話もバーチャルピッチの恩恵にあずかっています。通信の都合のため、音声の基本音が含まれる300Hz以下の周波数成分をカットして音声をやり取りするのが電話の仕組みになっていますが、こうした処理がほどこされていても私たちは相手の声の高さを間違うことはありません。まるで基本音を補うかのようにして音の高さを知覚するのが人間の聴覚の特徴になっています。

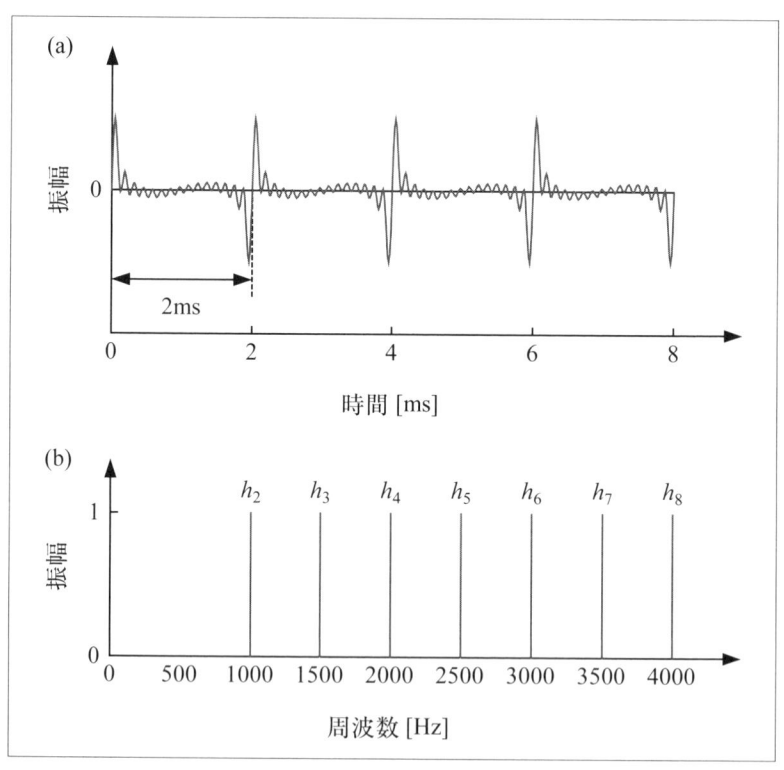

図4.18 基本音を含まない音

COLUMN4　バーチャルピッチ

　バーチャルピッチは、人間の聴覚には波形そのものから音の高さを割り出す仕組みが備わっているとする仮説によって説明することができます。図4.17と図4.18を比べてみると、基本音の有無に関わらず、どちらの波形も基本周期で繰り返していることがわかります。こうした波形の繰り返しを割り出すことで音の高さを知覚するのがバーチャルピッチの仕組みと考えられています。

　いずれにしても、波形と周波数特性という2つの視点から音の特徴を割り出しているのが人間の聴覚の仕組みといえるでしょう。もちろん、周波数特性を観察することは音の特徴を理解するための重要なポイントになりますが、波形そのものを観察することも音の特徴を理解するための手がかりを与えてくれることをぜひ覚えておきましょう。

第 **5** 章

加算合成
～足し算で音を作ってみよう

　音を作り出すテクニックのなかで最も基本的なものとして位置づけられているのが加算合成です。加算合成は、音の基本単位であるサイン波を1つひとつ重ね合わせ、足し算の発想で音を作り出します。本章では、こうした加算合成による音作りの仕組みについて勉強してみることにしましょう。

5.1 加算合成

どんなに複雑な波形であっても大小さまざまなサイン波の重ね合わせによって合成できることを保証するのが「重ね合わせの原理」です。こうした重ね合わせの原理にもとづいて音を作り出すテクニックが「加算合成」です。音の基本単位であるサイン波を1つひとつ重ね合わせ、足し算の発想で音を作り出す加算合成は、音を作り出すテクニックのなかで最も基本的なものとして位置づけられています。

ただし、最も基本的なテクニックだからといって、加算合成による音作りはかならずしも一般的というわけではありません。加算合成による音作りは、重ね合わせるサイン波の数によって音質が左右されることになりますが、サイン波の数が増えるとコントロールしなければならないパラメータの数もそれだけ増えることになります。あらゆる音を作り出すことができる強力なテクニックとはいえ、加算合成による音作りが敬遠されがちなのは、その自由度の高さの裏返しといえるかもしれません。

5.2 サイン波の重ね合わせ

加算合成による音作りは、次のように定義することができます。

$$s(n) = \sum_{i=0}^{I-1} a_i \sin\left(\frac{2\pi f_i n}{f_s} + \theta_i\right) \quad (0 \leq n \leq N-1) \tag{5.1}$$

ここで、a_i, f_i, θ_i は、それぞれ i 番目のサイン波の振幅、周波数、位相を表しています。図 5.1 に示すように、こうした3種類のパラメータによって生成されたサイン波を必要な数だけ重ね合わせるのが加算合成による音作りの仕組みにほかなりません。なお、ディジタル信号の周波数特性は、標本化周波数の 1/2 以下の周波数成分だけが意味を持つことになるため、サイン波の個数 I は標本化周波数によって決まることになります。

第3章で説明したように、周期的複合音の場合は、倍音の位相の違いが音色にほとんど影響しないため、式（5.1）は次のように書き換えることがで

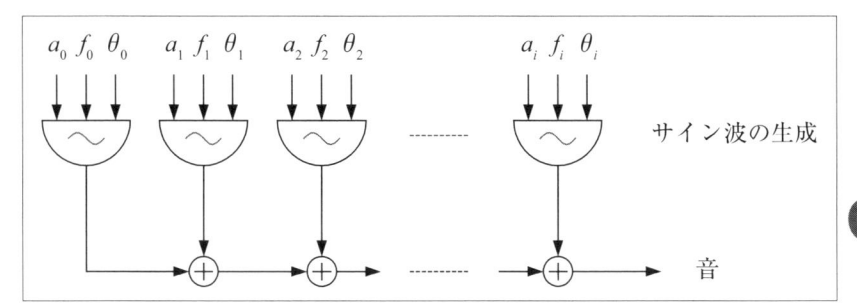

図 5.1　加算合成による音作り

きます。

$$s(n) = \sum_{i=0}^{I-1} a_i \sin\left(\frac{2\pi f_i n}{f_s}\right) \quad (0 \le n \le N-1) \tag{5.2}$$

ここで、周期的複合音の基本周波数を f_0 とすると、i 番目の倍音の周波数 h_i は次のように定義できます。

$$h_i = f_{i-1} = if_0 \quad (i \ge 2) \tag{5.3}$$

5.3　時間エンベロープ

第 4 章で説明したように、音色は周波数特性そのものだけでなく、周波数特性の時間変化にも左右されます。そのため、加算合成によって思いどおりの音色を作り出すには、重ね合わせるサイン波の時間変化を考慮することが重要なポイントになります。

周期的複合音の場合、倍音の振幅と周波数を次のように時間 n を変数とする関数として定義することで、周波数特性の時間変化をコントロールすることができます。

$$s(n) = \sum_{i=0}^{I-1} a_i(n) \sin\left(\frac{2\pi g_i(n)}{f_s}\right) \quad (0 \le n \le N-1) \tag{5.4}$$

ここで、倍音の振幅の時間変化は $a_i(n)$ によって表されます。また、倍音の周波数の時間変化は $g_i(n)$ の微分として定義される $f_i(n)$ によって表されます。こうした音の時間変化をコントロールする関数が「時間エンベロープ」にほかなりません。

実際に、振幅の時間エンベロープを変化させてみましょう。図 5.2 に示すように、時間の経過とともに直線的に変化する振幅の時間エンベロープは次のように定義できます。

$$a_i(n) = a_i(0) + \frac{(a_i(N-1) - a_i(0)) \cdot n}{N-1} \quad (0 \leq n \leq N-1) \tag{5.5}$$

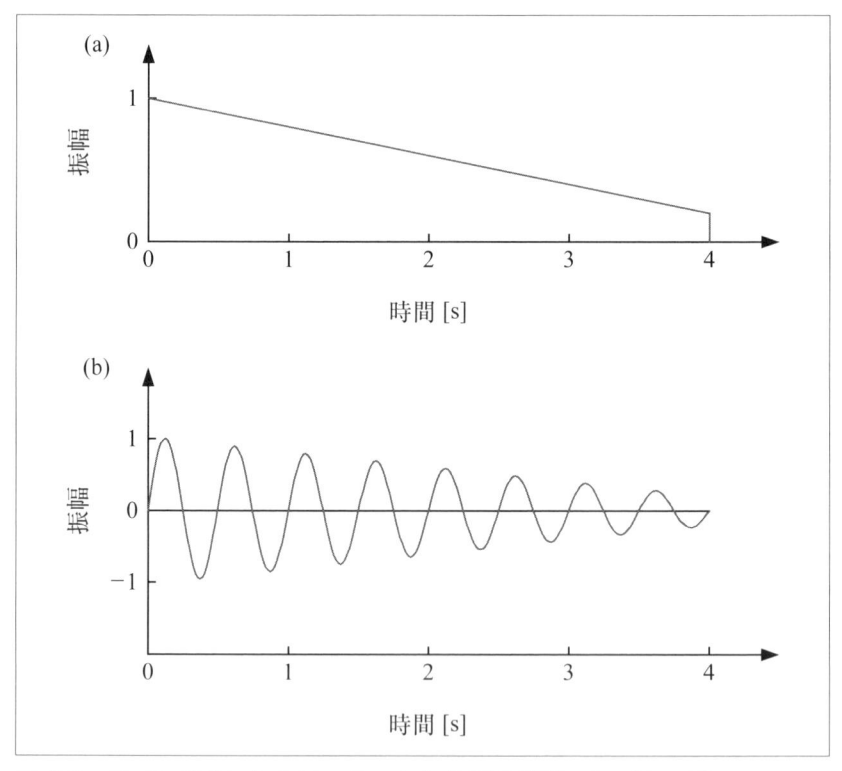

図 5.2　サイン波のコントロール：(a) 振幅の時間エンベロープ、(b) 振幅が変化するサイン波

5.3 時間エンベロープ

ここで、$a_i(0)$ は時刻 0 における振幅、$a_i(N-1)$ は時刻 $N-1$ における振幅を表しています。

リスト 5.1 の ex5_1.c は、振幅が 0.5 から 0 まで変化するサイン波を作り出すプログラムになっています。時間の経過とともに、音の大きさがしだいに変化していくことがおわかりいただけるでしょうか。

リスト 5.1　ex5_1.c

```c
#include <stdio.h>
#include <stdlib.h>
#include <math.h>
#include "wave.h"

int main(void)
{
    MONO_PCM pcm;
    int n;
    double *a0, f0;
    
    pcm.fs = 44100; /* 標本化周波数 */
    pcm.bits = 16; /* 量子化精度 */
    pcm.length = pcm.fs * 4; /* 音データの長さ */
    pcm.s = calloc(pcm.length, sizeof(double)); /* 音データ */
    
    a0 = calloc(pcm.length, sizeof(double));
    
    /* 振幅の時間エンベロープ */
    a0[0] = 0.5;
    a0[pcm.length - 1] = 0.0;
    for (n = 0; n < pcm.length; n++)
    {
        a0[n] = a0[0] + (a0[pcm.length - 1] - a0[0]) * n / (pcm.length - 1);
    }
    
    f0 = 500.0; /* 周波数 */
    
    for (n = 0; n < pcm.length; n++)
    {
        pcm.s[n] = a0[n] * sin(2.0 * M_PI * f0 * n / pcm.fs);
    }
    
    wave_write_16bit_mono(&pcm, "ex5_1.wav");
    
    free(pcm.s);
```

```
    free(a0);

    return 0;
}
```

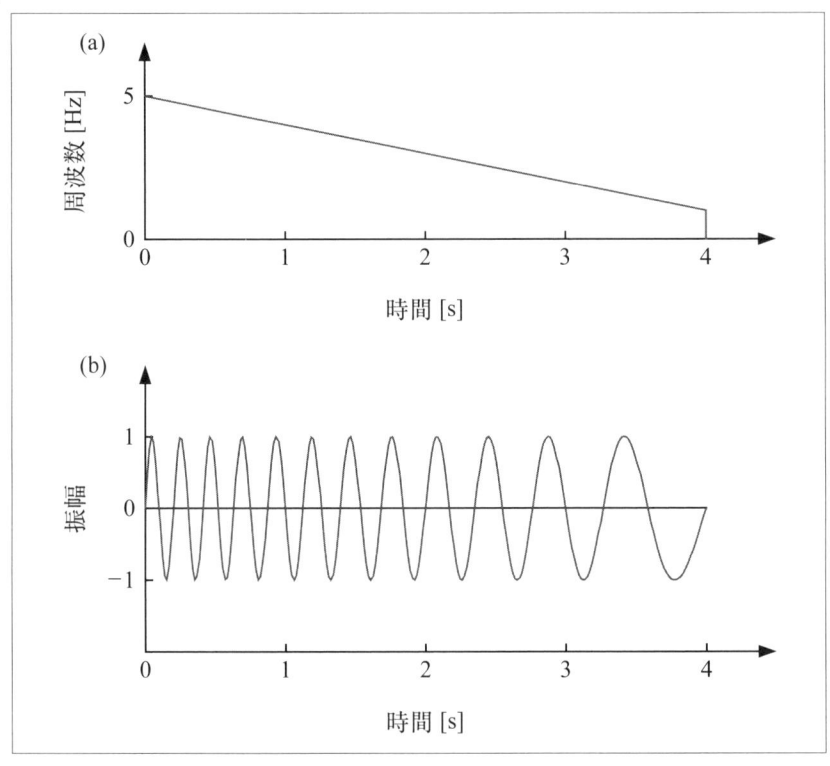

図 5.3 サイン波のコントロール：(a) 周波数の時間エンベロープ、
(b) 周波数が変化するサイン波

　次に、周波数の時間エンベロープを変化させてみましょう。図 5.3 に示すように、時間の経過とともに直線的に変化する周波数の時間エンベロープは次のように定義できます。

$$f_i(n) = f_i(0) + \frac{(f_i(N-1) - f_i(0)) \cdot n}{N-1} \quad (0 \leq n \leq N-1) \tag{5.6}$$

このとき、$f_i(n)$ の積分として定義される $g_i(n)$ は次のようになります。

$$g_i(n) = f_i(0)n + \frac{(f_i(N-1) - f_i(0)) \cdot n^2}{2(N-1)} \quad (0 \leq n \leq N-1) \tag{5.7}$$

ここで、$f_i(0)$ は時刻 0 における周波数、$f_i(N-1)$ は時刻 $N-1$ における周波数を表しています。

サポートサイトの ex5_2.c は、周波数が 2500Hz から 1500Hz まで変化するサイン波を作り出すプログラムになっています。時間の経過とともに、音の高さがしだいに変化していくことがおわかりいただけるでしょうか。

実は、音の高さがなめらかに変化する音を、専門用語で「チャープ音」と呼びます。チャープとは日本語で「鳥のさえずり」を意味します。ex5_2.c と同様、サポートサイトの ex5_3.c は、周波数が 2500Hz から 1500Hz まで変化するサイン波を作り出すプログラムになっていますが、音が短くなっており、まるで鳥のさえずりのように聞こえることがおわかりいただけるでしょうか。音の高さが急激に変化するのが鳥のさえずりの特徴で、これがチャープ音の名前の由来になっています。

5.4 オルガン

加算合成の具体例として、オルガンの音を作ってみましょう。第 4 章で説明したように、オルガンは音の時間変化がそれほど顕著ではないため、リスト 5.2 の ex5_4.c は、倍音の時間エンベロープを一定にしてオルガンの音を作り出しています。図 5.4 に、基本音から 5 倍音まで、それぞれの振幅の時間エンベロープを示します。

実は、加算合成のアイデアは実際のオルガンにも通じるものがあります。オルガンはパイプに空気を送り込むことで音を鳴らす一種の管楽器ですが、それぞれのパイプは単純な音色を作り出す笛にすぎません。こうしたパイプ

リスト 5.2　ex5_4.c

```c
#include <stdio.h>
#include <stdlib.h>
#include <math.h>
#include "wave.h"

int main(void)
{
    MONO_PCM pcm;
    int n;
    double *a0, *a1, *a2, *a3, *a4, *f0, *f1, *f2, *f3, *f4, gain;
    
    pcm.fs = 44100; /* 標本化周波数 */
    pcm.bits = 16; /* 量子化精度 */
    pcm.length = pcm.fs * 4; /* 音データの長さ */
    pcm.s = calloc(pcm.length, sizeof(double)); /* 音データ */
    
    a0 = calloc(pcm.length, sizeof(double));
    a1 = calloc(pcm.length, sizeof(double));
    a2 = calloc(pcm.length, sizeof(double));
    a3 = calloc(pcm.length, sizeof(double));
    a4 = calloc(pcm.length, sizeof(double));
    
    f0 = calloc(pcm.length, sizeof(double));
    f1 = calloc(pcm.length, sizeof(double));
    f2 = calloc(pcm.length, sizeof(double));
    f3 = calloc(pcm.length, sizeof(double));
    f4 = calloc(pcm.length, sizeof(double));
    
    /* 時間エンベロープ */
    for (n = 0; n < pcm.length; n++)
    {
        a0[n] = 0.5;
        a1[n] = 1.0;
        a2[n] = 0.7;
        a3[n] = 0.5;
        a4[n] = 0.3;
        
        f0[n] = 440;
        f1[n] = 880;
        f2[n] = 1320;
        f3[n] = 1760;
        f4[n] = 2200;
    }
```

5.4 オルガン

```c
/* 加算合成 */
for (n = 0; n < pcm.length; n++)
{
    pcm.s[n] += a0 [n] * sin(2.0 * M_PI * f0[n] * n / pcm.fs);
    pcm.s[n] += a1 [n] * sin(2.0 * M_PI * f1[n] * n / pcm.fs);
    pcm.s[n] += a2 [n] * sin(2.0 * M_PI * f2[n] * n / pcm.fs);
    pcm.s[n] += a3 [n] * sin(2.0 * M_PI * f3[n] * n / pcm.fs);
    pcm.s[n] += a4 [n] * sin(2.0 * M_PI * f4[n] * n / pcm.fs);
}

gain = 0.1; /* ゲイン */

for (n = 0; n < pcm.length; n++)
{
    pcm.s[n] *= gain;
}

/* フェード処理 */
for (n = 0; n < pcm.fs * 0.01; n++)
{
    pcm.s[n] *= (double)n / (pcm.fs * 0.01);
    pcm.s[pcm.length - n - 1] *= (double)n / (pcm.fs * 0.01);
}

wave_write_16bit_mono(&pcm, "ex5_4.wav");

free(pcm.s);
free(a0);
free(a1);
free(a2);
free(a3);
free(a4);
free(f0);
free(f1);
free(f2);
free(f3);
free(f4);

return 0;
}
```

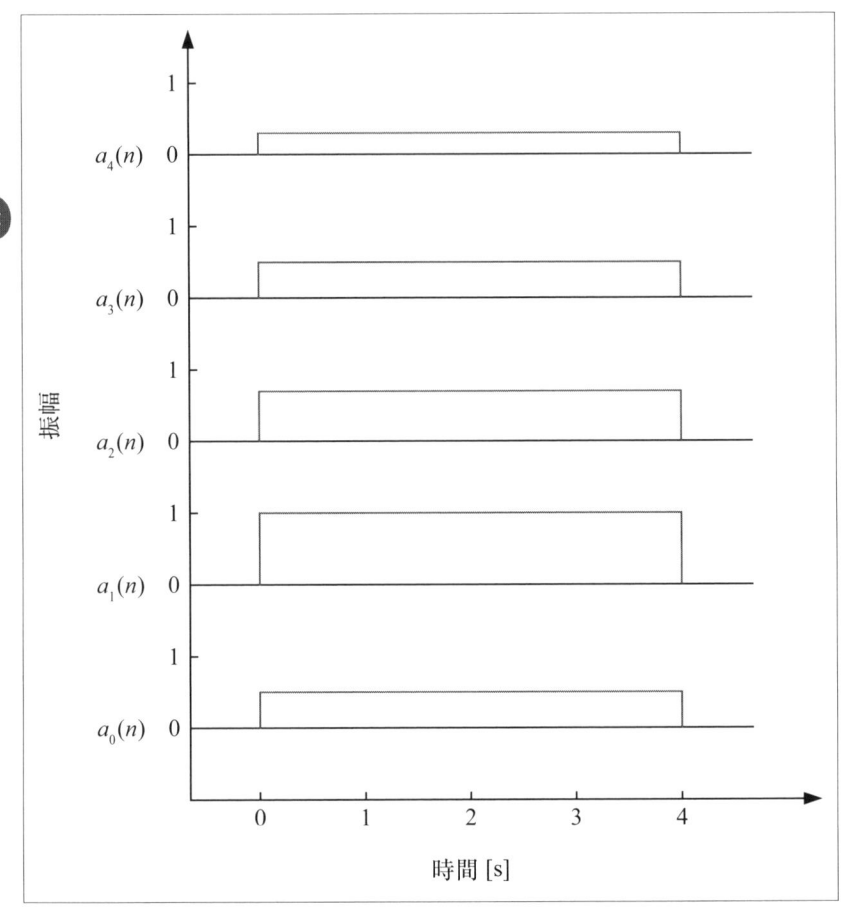

図 5.4　オルガンの時間エンベロープ

を組み合わせることによって倍音の配合比率をコントロールし、厚みのある音色を作り出すのがオルガンの仕組みになっています。

5.5 ピアノ

もう1つ、加算合成の具体例として、ピアノの音を作ってみましょう。どちらも鍵盤楽器とはいえ、オルガンとピアノでは音色が異なります。第4章

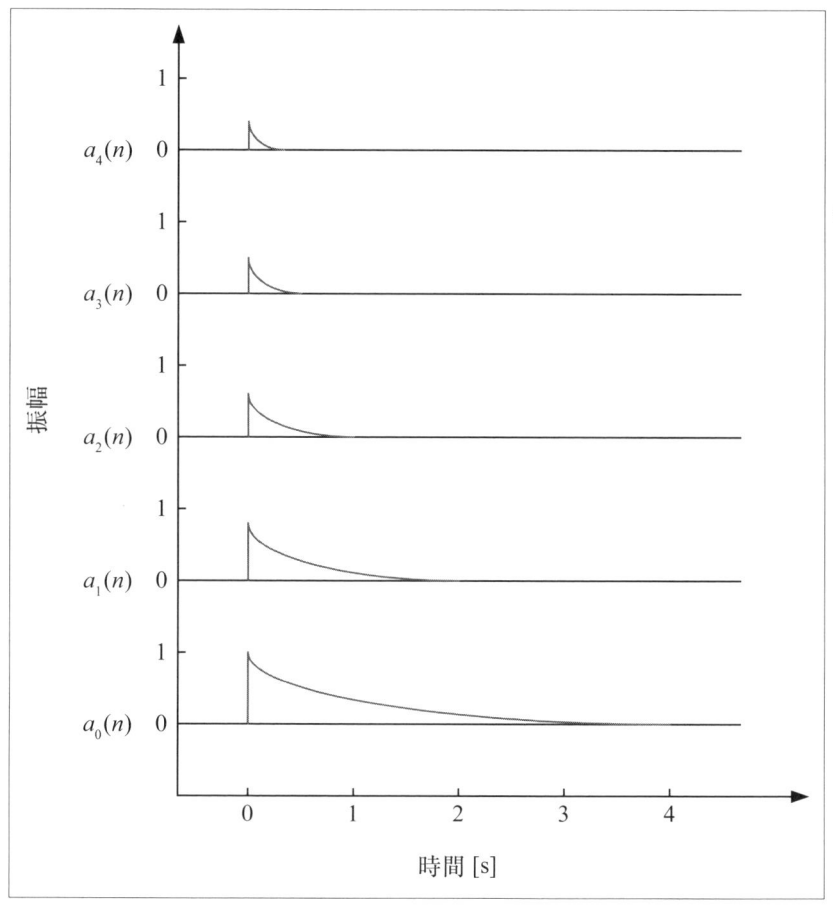

図 5.5　ピアノの時間エンベロープ

で説明したように、ピアノは音の時間変化がはっきりしています。ピアノは弦をたたくことで音を鳴らす一種の打楽器ですが、時間の経過とともに音の大きさがしだいに減衰していくのがピアノの特徴になっています。

　サポートサイトの ex5_5.c は、高域になるにつれて倍音の減衰するスピードが早くなるように時間エンベロープをコントロールしてピアノの音を作り出しています。図 5.5 に、基本音から 5 倍音まで、それぞれの振幅の時間エンベロープを示します。

第5章 加算合成 ～ 足し算で音を作ってみよう

このプログラムは、こうした時間エンベロープを次のように指数関数を使って定義しています。

$$a_i(n) = a_i(0) \exp\left(-\frac{5n}{\tau_i}\right) \quad (0 \leq n \leq N-1) \tag{5.8}$$

ここで、$a_i(0)$ は時刻 0 における倍音の振幅、τ_i は倍音の振幅が減衰しておおよそ 0 になるまでの時間を表しています。倍音が減衰するスピードは τ_i の大小によってコントロールすることができます。

COLUMN 5

分析合成

音作りで最も難しいのはパラメータのコントロールです。これは、多数のパラメータをコントロールしなければならない加算合成ではとくに大きな問題になります。

こうした問題を解決するために考案されたのが、実際の音から抽出したパラメータを使って音を再合成するというアイデアです。図5.6に示すように、周波数分析の結果をそのまま使って加算合成を行うと、本来とまったく同じ音を作り出すことができます。こうしたテクニックを利用すると、人間が1つひとつパラメータを決めなくてもコンピュータが自動的にパラメータを決めてくれるため、多数のパラメータを簡単にコントロールすることができます。このように、音を分析することで抽出したパラメータから音を再合成することを「分析合成」と呼びます。

人間の聴覚には音がどのように聞こえているのか調べるうえで、分析合成は重要なアプローチになっています。あるパラメータを取り除いて再合成した音が、本来の音と同じように聞こえるのであれば、そのパラ

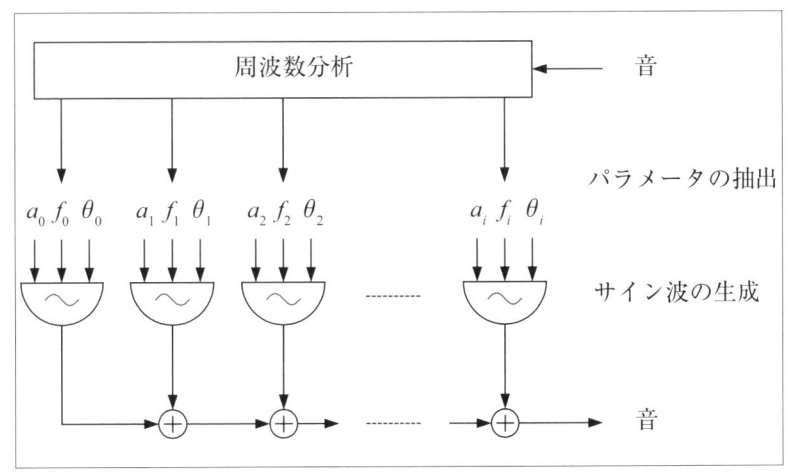

図5.6 分析合成

メータは音の知覚にとってそれほど重要ではないことがわかります。実は、こうしたパラメータを取り除くと音をコンパクトに表現できるため、携帯電話や音楽プレーヤーなど、音の圧縮がコストの削減につながるアプリケーションにとって分析合成は不可欠のテクニックとなっています。

第6章
周波数特性を加工してみよう

　周波数特性を加工し、音色をコントロールするためのツールとして利用されるのがフィルタです。本章では、サウンドプログラミングの重要なテクニックとして、ディジタルフィルタによる音の加工について勉強してみることにしましょう。

6.1 フィルタ

フィルタは、特定の帯域の周波数成分だけを選択的に通過させる「ふるい」です。サウンドプログラミングでは、フィルタは、周波数特性を加工し、音色をコントロールするためのツールとして利用されています。

図 6.1 に示すように、フィルタが通過させる帯域を「通過域」、フィルタが減衰させる帯域を「阻止域」と呼びます。基本的なフィルタは、低域の周波数成分を通過させる「低域通過フィルタ（LPF：Low-Pass Filter）」、高域の周波数成分を通過させる「高域通過フィルタ（HPF：High-Pass Filter）」、特定の帯域の周波数成分を通過させる「帯域通過フィルタ（BPF：Band-Pass Filter）」、特定の帯域の周波数成分を減衰させる「帯域阻止フィルタ（BEF：Band-Eliminate Filter）」の 4 種類に分類することができます。

音のフィルタリングは、一昔前はアナログ電子回路を組み合わせた「アナログフィルタ」を利用することが一般的でしたが、コンピュータの普及とと

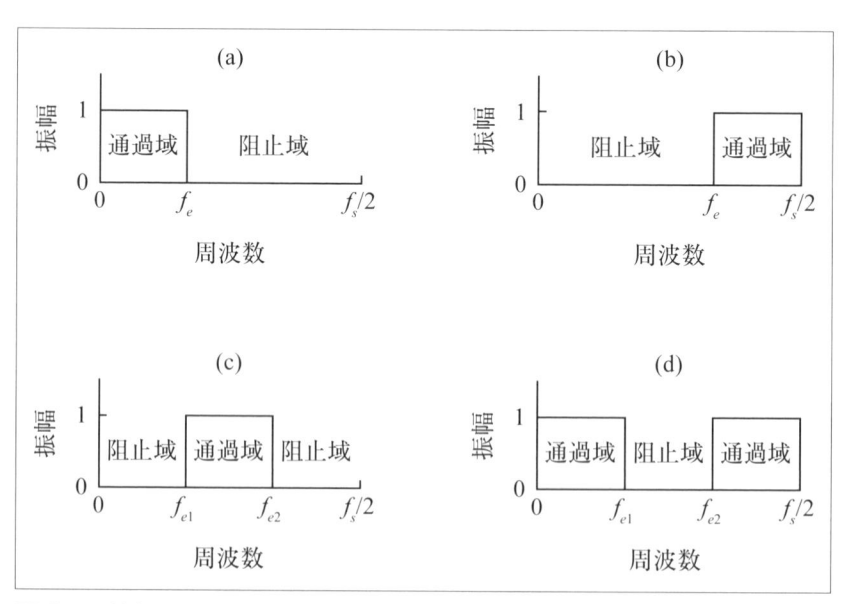

図 6.1 基本的な 4 種類のフィルタ：(a) LPF、(b) HPF、(c) BPF、(d) BEF

もに、プログラムしだいで自由自在に特性を変更できる「ディジタルフィルタ」を利用することがあたり前になってきています。本章では、サウンドプログラミングの重要なテクニックとして、ディジタルフィルタによる音の加工について勉強してみることにしましょう。

6.2 FIRフィルタ

ディジタルフィルタは、「乗算器」、「加算器」、「遅延器」という3種類の要素から構成されます。これらの組み合わせ方によって、ディジタルフィルタは「FIR（Finite Impulse Response）フィルタ」と「IIR（Infinite Impulse Response）フィルタ」の2種類に分類することができます。

まず、FIRフィルタの仕組みについて調べてみましょう。FIRフィルタは次のように定義されます。なお、この計算を専門用語で「たたみ込み」と呼びます。

$$y(n) = \sum_{m=0}^{J} b(m)x(n-m) \tag{6.1}$$

ここで、$x(n)$は入力信号、$y(n)$は出力信号、$b(m)$は乗算器にセットされるフィルタ係数、Jは遅延器の数を表しています。なお、フィルタ係数の数は$J+1$になることに注意してください。

最も簡単な例として、$b(0)$を1、$b(1)$を-1にしたFIRフィルタを図6.2に示します。これは、$x(n)$と$x(n-1)$の差を求めるフィルタで、「微分フィル

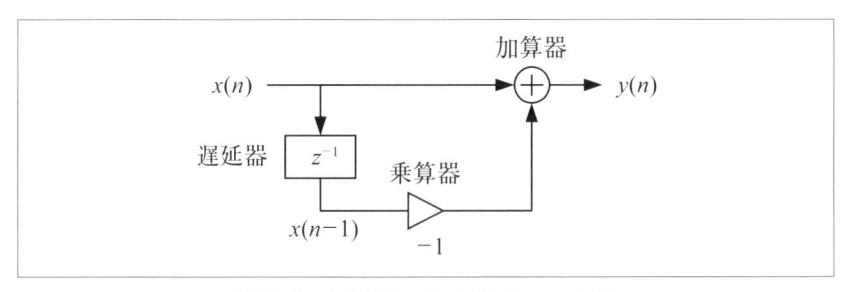

図6.2 FIRフィルタのブロック図

タ」と呼ばれています。このフィルタを式で表すと次のようになります。

$$y(n) = x(n) - x(n-1) \tag{6.2}$$

ディジタルフィルタの特性は「Z変換」と呼ばれる数学的手法によって調べることができます。$x(n)$ と $y(n)$ のZ変換は、それぞれ次のように定義されます。

$$X(z) = \sum_{n=-\infty}^{\infty} x(n) z^{-n} \tag{6.3}$$

$$Y(z) = \sum_{n=-\infty}^{\infty} y(n) z^{-n} \tag{6.4}$$

これらの定義を考慮して、実際に式（6.1）のZ変換を求めてみましょう。まず、式（6.1）を式（6.4）に代入してみます。

$$Y(z) = \sum_{n=-\infty}^{\infty} \sum_{m=0}^{J} b(m) x(n-m) z^{-n} \tag{6.5}$$

次にシグマ記号の計算の順番を入れ替えます。

$$Y(z) = \sum_{m=0}^{J} b(m) \sum_{n=-\infty}^{\infty} x(n-m) z^{-n} \tag{6.6}$$

式（6.6）は次のように書き換えることができます。

$$Y(z) = \sum_{m=0}^{J} b(m) \sum_{n=-\infty}^{\infty} x(n-m) z^{-n+m} z^{-m} \tag{6.7}$$

式（6.3）を考慮すると、式（6.7）は次のように書き換えることができます。

$$Y(z) = \sum_{m=0}^{J} b(m) X(z) z^{-m} \tag{6.8}$$

ここで、$b(m)$ は $0 \leq m \leq J$ で値を持ち、そのほかは0になることを考慮す

ると、式（6.8）は次のように書き換えることができます。

$$Y(z) = \sum_{m=-\infty}^{\infty} b(m) X(z) z^{-m} \tag{6.9}$$

一方、$b(m)$ の Z 変換は次のように定義されます。

$$B(z) = \sum_{m=-\infty}^{\infty} b(m) z^{-m} \tag{6.10}$$

したがって、式（6.9）は次のように書き換えることができます。

$$Y(z) = B(z) X(z) \tag{6.11}$$

式（6.11）は、入力信号の Z 変換 $X(z)$ とフィルタ係数の Z 変換 $B(z)$ をかけ合わせたものが出力信号の Z 変換 $Y(z)$ になることを意味しています。このように、z を変数として信号を表すと、入力信号とフィルタ係数の乗算として出力信号が定義されるのが FIR フィルタの重要な特徴になっています。

なお、入力信号を分母、出力信号を分子とした両者の比を「伝達関数」と呼びます。伝達関数は、フィルタによって信号がどのように変化するか定義したものになっており、FIR フィルタの伝達関数は次のように $B(z)$ そのものになります。

$$H(z) = \frac{Y(z)}{X(z)} = B(z) \tag{6.12}$$

実は、Z 変換はディジタル信号に対するフーリエ変換と密接に関係しています。f を周波数とし、$z \to \exp(j2\pi f)$ と置き換えると、式（6.3）、式（6.4）、式（6.10）はそれぞれ次のようになります。

$$X(f) = \sum_{n=-\infty}^{\infty} x(n) \exp(-j2\pi f n) \tag{6.13}$$

$$Y(f) = \sum_{n=-\infty}^{\infty} y(n) \exp(-j2\pi f n) \tag{6.14}$$

$$B(f) = \sum_{m=-\infty}^{\infty} b(m)\exp(-j2\pi fm) \tag{6.15}$$

これらの式は、f_s を1に正規化したディジタル信号に対するフーリエ変換にほかなりません。第4章で説明したように、ディジタル信号に対するフーリエ変換は、その逆変換とともに次のように定義されています。

$$X(f) = \sum_{n=-\infty}^{\infty} x(n)\exp\left(\frac{-j2\pi fn}{f_s}\right) \quad (-f_s/2 \leq f < f_s/2) \tag{6.16}$$

$$x(n) = \int_{-f_s/2}^{f_s/2} X(f)\exp\left(\frac{j2\pi fn}{f_s}\right)df \quad (-\infty \leq n \leq \infty) \tag{6.17}$$

以上を考慮すると、式（6.11）は次のように f を変数として表すことができます。

$$Y(f) = B(f)X(f) \tag{6.18}$$

式（6.18）は、入力信号の周波数特性 $X(f)$ とフィルタ係数の周波数特性 $B(f)$ をかけ合わせたものが出力信号の周波数特性 $Y(f)$ になることを意味しています。このように、入力信号の周波数特性をフィルタの周波数特性によって変化させることで、所望の周波数特性の出力信号を生成するのが FIR フィルタの仕組みにほかなりません。

実は、式（6.1）と式（6.18）は表裏一体の関係にあり、それぞれ時間領域と周波数領域という2つの異なる視点からフィルタリングをながめたものになっています。時間領域ではたたみ込み、周波数領域では乗算として定義されることが FIR フィルタの重要な特徴になっています。

所望の周波数特性の FIR フィルタを設計する方法として知られているのが「窓関数法」と呼ばれるテクニックです。ここでは具体的に LPF を例にとり、窓関数法によって FIR フィルタを設計してみることにしましょう。

通過域と阻止域の境を「エッジ周波数」と定義すると、理想的な LPF の周波数特性は、エッジ周波数より低域では1、それよりも高域では0になり

ます。すなわち、エッジ周波数を f_e とすると、理想的な LPF の周波数特性は次のように定義することができます。

$$B(f) = \begin{cases} 1 & (0 \leq |f| \leq f_e) \\ 0 & (f_e < |f| \leq 1/2) \end{cases} \tag{6.19}$$

この周波数特性からフィルタ係数を求めるには、ディジタル信号に対する逆フーリエ変換を利用します。式 (6.19) を $X(f)$ の代わりに式 (6.17) に代入し、n を m に書き換え、f_s を 1 に正規化すると、次のようになります。

$$b(m) = \int_{-f_e}^{f_e} \exp(j2\pi f m) df \quad (-\infty \leq m \leq \infty) \tag{6.20}$$

式 (6.20) を計算すると、理想的な LPF のフィルタ係数は次のようになります。

$$b(m) = 2f_e \mathrm{sinc}(2\pi f_e m) \quad (-\infty \leq m \leq \infty) \tag{6.21}$$

ただし、$\mathrm{sinc}(x)$ は「シンク関数」と呼ばれ、次のように定義されます。

$$\mathrm{sinc}(x) = \begin{cases} 1 & (x = 0) \\ \dfrac{\sin(x)}{x} & (\text{otherwise}) \end{cases} \tag{6.22}$$

シンク関数は $-\infty$ から $+\infty$ にわたって定義されるため、理想的な LPF はフィルタ係数の数が無限になります。もちろん、こうしたフィルタはコンピュータでは取り扱うことができないため、図 6.3 に示すように、フィルタ係数の数を有限に打ち切る必要があります。このとき、窓関数を使ってフィルタを打ち切ることが窓関数法の名前の由来になっています。

フィルタの打ち切りは 0 を中心として対称に行います。ただし、このままではフィルタ係数のインデックスが負数から始まってしまうため、C 言語のプログラムでフィルタを取り扱う場合、配列にフィルタ係数を格納するには、図 6.3 に示すように、フィルタ係数のインデックスを 0 から始まり J で終わるように書き換える必要があります。

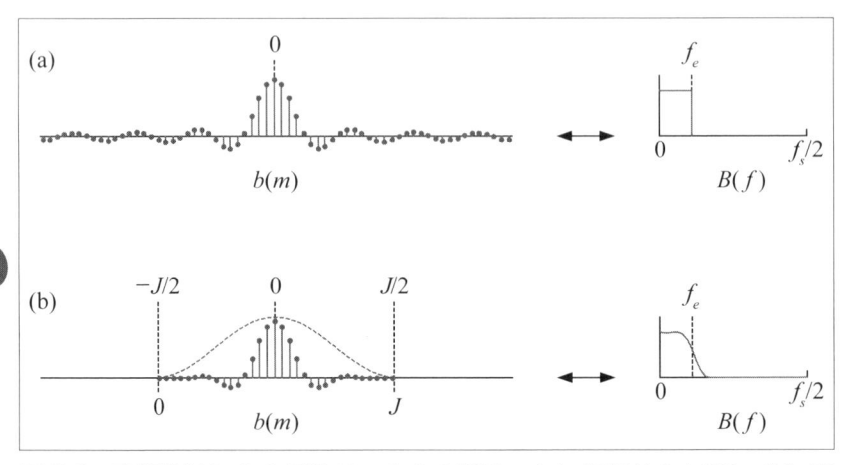

図 6.3 窓関数法による FIR フィルタの設計：(a) 理想的な LPF、(b) 窓関数によるフィルタの打ち切り

　もっとも、こうしたフィルタの打ち切りは副作用をもたらすことに注意する必要があります。理想的な LPF はエッジ周波数を境にして通過域と阻止域をはっきりと分離することができますが、フィルタを打ち切ると、図 6.3 に示すように、通過域と阻止域の境がぼやけてしまいます。すなわち、図 6.4 に示すように、実際のフィルタは、エッジ周波数を中心として通過域と阻止域の間に δ で定義される帯域を持つことになります。これを「遷移帯域幅」と呼びます。

　フィルタ係数の数 $J+1$ は遷移帯域幅 δ と反比例の関係にあります。実は、ハニング窓を適用してフィルタを打ち切る場合、次のように遷移帯域幅からフィルタ係数の数を決定できることが知られています。

$$J + 1 = \mathrm{round}\left(\frac{3.1}{\delta}\right) \tag{6.23}$$

　ただし、窓関数法は 0 を中心として対称になるようにフィルタを打ち切るため、フィルタ係数の数は奇数にしなければなりません。そのため、式 (6.23) の計算の結果、$J+1$ が偶数になってしまった場合は、J に 1 を足して $J+1$ を奇数にする必要があります。

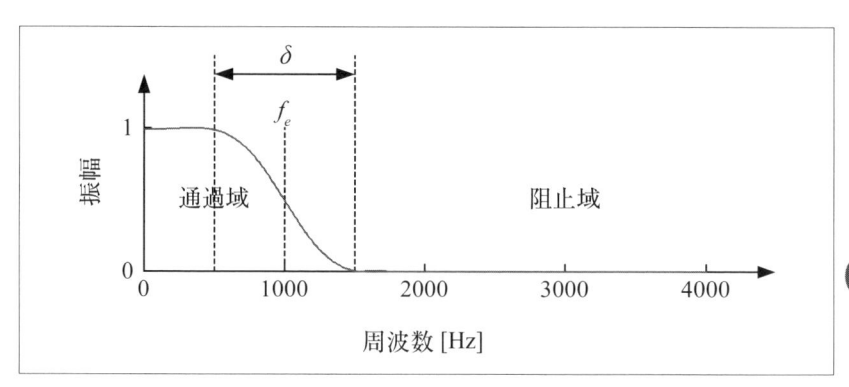

図 6.4　FIR フィルタの周波数特性（f_e=1kHz、δ =1kHz）

実際に窓関数法を適用して LPF を設計してみましょう。ここでは、f_s を 8kHz、f_e を 1kHz、δ を 1kHz としてみます。また、フィルタを打ち切る窓関数としてハニング窓を適用します。

まず、f_s が 1 になるようにパラメータを正規化します。

$$f_e = \frac{1000}{8000} = 0.125 \tag{6.24}$$

$$\delta = \frac{1000}{8000} = 0.125 \tag{6.25}$$

式（6.25）から求めた δ を式（6.23）に代入すると、フィルタ係数の数は次のように求めることができます。

$$J + 1 = \text{round}\left(\frac{3.1}{0.125}\right) = \text{round}(24.8) = 25 \tag{6.26}$$

次に、式（6.24）から求めた f_e を式（6.21）に代入し、長さが 25 のハニング窓でフィルタを打ち切ると、LPF のフィルタ係数を求めることができます。図 6.4 は、このフィルタの周波数特性です。図 6.5 に示すように、このフィルタは、25 個の乗算器、24 個の加算器、24 個の遅延器から構成されたディジタルフィルタになっています。

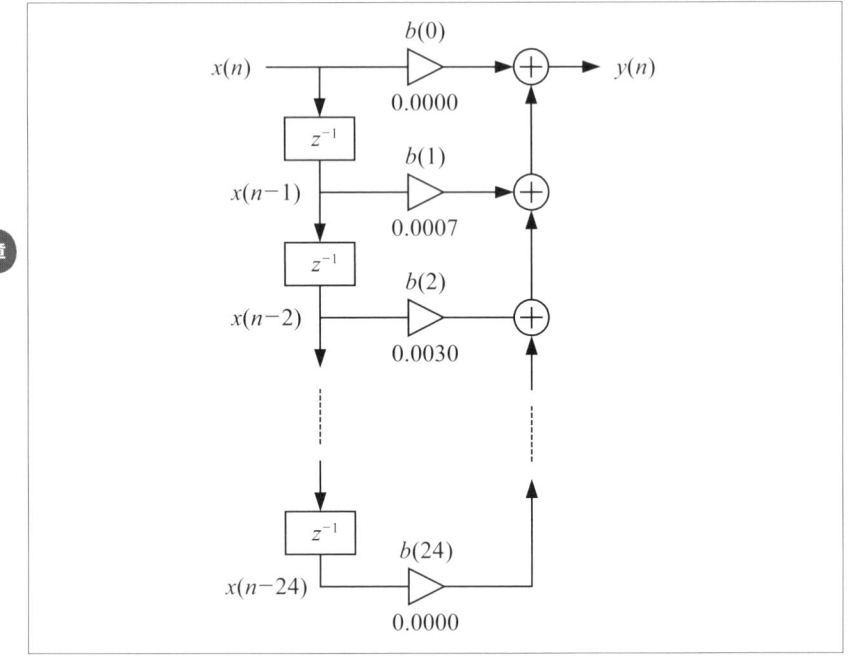

第6章 周波数特性を加工してみよう

図 6.5 FIR フィルタのブロック図

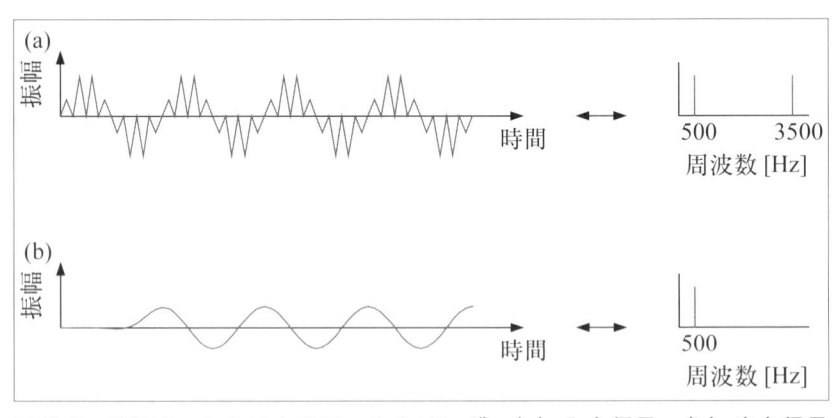

図 6.6 FIR フィルタによるフィルタリング：(a) 入力信号、(b) 出力信号

リスト 6.1 の ex6_1.c は、このフィルタを音データに適用するプログラムになっています。実際に音を聞いてみると、図 6.6 に示すように、フィルタリングによって高域のサイン波が減衰し、音色が変化することがおわかりいただけるのではないかと思います。

リスト 6.1　ex6_1.c

```c
#include <stdio.h>
#include <stdlib.h>
#include <math.h>
#include "wave.h"
#include "window_function.h"
#include "sinc.h"
#include "fir_filter.h"

int main(void)
{
    MONO_PCM pcm0, pcm1;
    int n, m, J;
    double fe, delta, *b, *w;

    wave_read_16bit_mono(&pcm0, "sine_500hz_3500hz.wav");

    pcm1.fs = pcm0.fs; /* 標本化周波数 */
    pcm1.bits = pcm0.bits; /* 量子化精度 */
    pcm1.length = pcm0.length; /* 音データの長さ */
    pcm1.s = calloc(pcm1.length, sizeof(double)); /* 音データ */

    fe = 1000.0 / pcm0.fs; /* エッジ周波数 */
    delta = 1000.0 / pcm0.fs; /* 遷移帯域幅 */

    J = (int)(3.1 / delta + 0.5) - 1; /* 遅延器の数 */
    if (J % 2 == 1)
    {
        J++; /* J+1が奇数になるように調整する */
    }

    b = calloc((J + 1), sizeof(double));
    w = calloc((J + 1), sizeof(double));

    Hanning_window(w, (J + 1)); /* ハニング窓 */

    FIR_LPF(fe, J, b, w); /* FIRフィルタの設計 */
```

第6章 周波数特性を加工してみよう

```
    /* フィルタリング */
    for (n = 0; n < pcm1.length; n++)
    {
        for (m = 0; m <= J; m++)
        {
            if (n - m >= 0)
            {
                pcm1.s[n] += b[m] * pcm0.s[n - m];
            }
        }
    }

    wave_write_16bit_mono(&pcm1, "ex6_1.wav");

    free(pcm0.s);
    free(pcm1.s);
    free(b);
    free(w);

    return 0;
}
```

リスト6.2　FIR_LPF関数

```
void FIR_LPF(double fe, int J, double b[], double w[])
{
    int m;
    int offset;

    offset = J / 2;
    for (m = -J / 2; m <= J / 2; m++)
    {
        b[offset + m] = 2.0 * fe * sinc(2.0 * M_PI * fe * m);
    }

    for (m = 0; m < J + 1; m++)
    {
        b[m] *= w[m];
    }
}
```

　なお、このプログラムにインクルードされている window_function.h、sinc.h、fir_filter.h は、それぞれ、Hanning_window関数、sinc関数、FIR_LPF関数を定義したヘッダファイルになっています。リスト6.2にFIR_LPF関数を

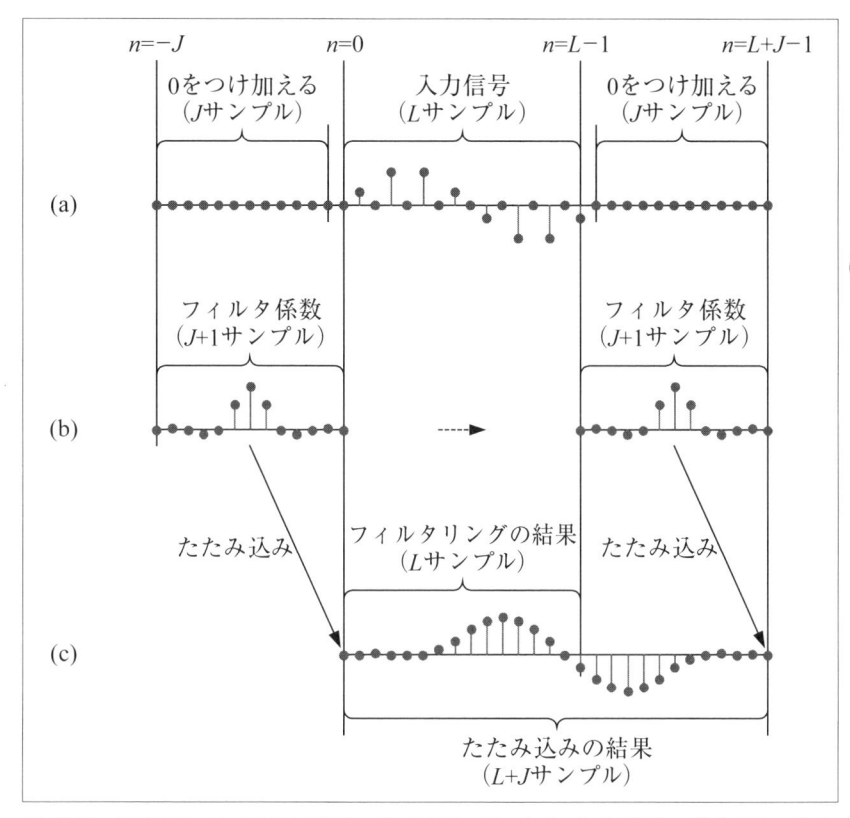

図 6.7 FIR フィルタによるフィルタリング：(a) 入力信号、(b) フィルタ係数、(c) たたみ込みとフィルタリングの結果

示します。これは、窓関数法によって FIR フィルタを設計する関数になっています。

図 6.7 に示すように、FIR フィルタは入力信号の両端にそれぞれ J サンプルの 0 をつけ加えてフィルタリングを行います。このとき、たたみ込みの結果は $L+J$ サンプルになりますが、先頭の L サンプルをフィルタリングの結果として定義することが一般的です。

実は、入力信号の先頭に 0 をつけ加えてフィルタリングを行うことは、出力信号が安定するまでの時間がそれだけ遅れてしまうことを意味しています。入力信号につけ加える 0 の数はフィルタ係数の数に比例するため、フィ

ルタ係数の数を増やすと理想特性に近づくものの、フィルタの応答がそれだけ遅れてしまうことに注意しなければなりません。

以上、LPF について具体的に説明しましたが、窓関数法を適用すると、HPF、BPF、BEF も同様の手順で設計することができます。これらのフィルタの定義はそれぞれ以下のようになります。

- HPF

$$B(f) = \begin{cases} 0 & (0 \leq |f| \leq f_e) \\ 1 & (f_e < |f| \leq 1/2) \end{cases} \qquad (6.27)$$

- BPF

$$B(f) = \begin{cases} 0 & (0 \leq |f| \leq f_{e1}) \\ 1 & (f_{e1} < |f| \leq f_{e2}) \\ 0 & (f_{e2} < |f| \leq 1/2) \end{cases} \qquad (6.28)$$

- BEF

$$B(f) = \begin{cases} 1 & (0 \leq |f| \leq f_{e1}) \\ 0 & (f_{e1} < |f| \leq f_{e2}) \\ 1 & (f_{e2} < |f| \leq 1/2) \end{cases} \qquad (6.29)$$

これらの式をそれぞれ式（6.17）に代入すると、理想的なフィルタ係数は次のようになり、窓関数を使ってフィルタを打ち切ることで実際のフィルタ係数を求めることができます。

- HPF

$$b(m) = \mathrm{sinc}(\pi m) - 2f_e \mathrm{sinc}(2\pi f_e m) \qquad (6.30)$$

- BPF

$$b(m) = 2f_{e2}\mathrm{sinc}(2\pi f_{e2} m) - 2f_{e1}\mathrm{sinc}(2\pi f_{e1} m) \qquad (6.31)$$

- BEF

$$b(m) = \text{sinc}(\pi m) - 2f_{e2}\text{sinc}(2\pi f_{e2}m) + 2f_{e1}\text{sinc}(2\pi f_{e1}m) \tag{6.32}$$

6.3 IIRフィルタ

次に、IIRフィルタの仕組みについて調べてみましょう。IIRフィルタは次のように定義されます。

$$y(n) = -\sum_{m=1}^{I} a(m)y(n-m) + \sum_{m=0}^{J} b(m)x(n-m) \tag{6.33}$$

ここで、$x(n)$ は入力信号、$y(n)$ は出力信号、$a(m)$ と $b(m)$ は乗算器にセットされるフィルタ係数、I と J は遅延器の数を表しています。

最も簡単な例として、$b(0)$ を 1、$a(1)$ を -1 にした IIR フィルタを図 6.8 に示します。これは、$x(n)$ を積算していくフィルタで、「積分フィルタ」と呼ばれています。このフィルタを式で表すと次のようになります。

$$y(n) = y(n-1) + x(n) \tag{6.34}$$

過去の出力信号が現在の出力信号に影響することが、FIR フィルタとは異なる IIR フィルタの特徴になっています。FIR フィルタは、入力信号が有限の長さであれば、出力信号も有限の長さで打ち止めになります。一方、IIR フィルタは、入力信号が有限の長さであっても出力信号がフィードバックされるため、出力信号は無限に続くことに注意してください。

FIR フィルタと同様、IIR フィルタの特徴も Z 変換によって調べることが

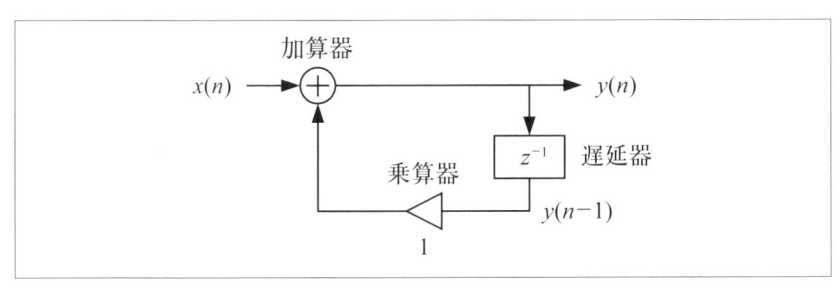

図 6.8 IIR フィルタのブロック図

できます。実際に式（6.33）のZ変換を求めてみましょう。まず、式（6.33）を式（6.4）に代入してみます。

$$Y(z) = -\sum_{n=-\infty}^{\infty}\sum_{m=1}^{I} a(m)y(n-m)z^{-n} + \sum_{n=-\infty}^{\infty}\sum_{m=0}^{J} b(m)x(n-m)z^{-n} \tag{6.35}$$

次にシグマ記号の計算の順番を入れ替えます。

$$Y(z) = -\sum_{m=1}^{I} a(m)\sum_{n=-\infty}^{\infty} y(n-m)z^{-n} + \sum_{m=0}^{J} b(m)\sum_{n=-\infty}^{\infty} x(n-m)z^{-n} \tag{6.36}$$

式（6.36）は次のように書き換えることができます。

$$Y(z) = -\sum_{m=1}^{I} a(m)\sum_{n=-\infty}^{\infty} y(n-m)z^{-n+m}z^{-m} + \sum_{m=0}^{J} b(m)\sum_{n=-\infty}^{\infty} x(n-m)z^{-n+m}z^{-m}$$
$$\tag{6.37}$$

式（6.3）と式（6.4）を考慮すると、式（6.37）は次のように書き換えることができます。

$$Y(z) = -\sum_{m=1}^{I} a(m)Y(z)z^{-m} + \sum_{m=0}^{J} b(m)X(z)z^{-m} \tag{6.38}$$

ここで、$a(m)$ は $1 \leq m \leq I$、$b(m)$ は $0 \leq m \leq J$ で値を持ち、そのほかは 0 になることを考慮すると、式（6.38）は次のように書き換えることができます。

$$Y(z) = -\sum_{m=-\infty}^{\infty} a(m)Y(z)z^{-m} + \sum_{m=-\infty}^{\infty} b(m)X(z)z^{-m} \tag{6.39}$$

一方、$a(m)$ と $b(m)$ の Z 変換は次のように定義されます。

$$A(z) = \sum_{m=-\infty}^{\infty} a(m)z^{-m} \tag{6.40}$$

$$B(z) = \sum_{m=-\infty}^{\infty} b(m)z^{-m} \tag{6.41}$$

したがって、式（6.39）は次のように書き換えることができます。

$$Y(z) = -A(z)Y(z) + B(z)X(z) \tag{6.42}$$

式（6.42）から、IIRフィルタの伝達関数は次のように求めることができます。FIRフィルタとは異なり、IIRフィルタの伝達関数は分数式で表されることに注意してください。

$$H(z) = \frac{Y(z)}{X(z)} = \frac{B(z)}{1 + A(z)} \tag{6.43}$$

所望の周波数特性のIIRフィルタを設計する方法として知られているのが、アナログフィルタの伝達関数をディジタルフィルタの伝達関数に置き換えるテクニックです。ここでは、伝達関数が次のように定義されるアナログフィルタのLPFを例にとり、実際にIIRフィルタを設計してみることにしましょう。

$$H(s) = \frac{4\pi^2 f_c^2}{s^2 + \frac{2\pi f_c}{Q} s + 4\pi^2 f_c^2} \tag{6.44}$$

ここで、f_c は「遮断周波数」と呼ばれ、通過域と阻止域の境を表します。また、Q は「クオリティファクタ」と呼ばれ、遮断周波数における増幅率を表します。一般に、遮断周波数は増幅率が通過域の $1/\sqrt{2}$ になる周波数として定義されるため、Q は $1/\sqrt{2}$ になります。

式（6.44）のように、アナログフィルタの伝達関数は s を変数として定義されます。一方、ディジタルフィルタの伝達関数は z を変数として定義されるため、アナログフィルタの伝達関数をディジタルフィルタの伝達関数に置き換えるには s を z に変換する必要があります。そのための方法として知られているのが「双 1 次変換法」です。双 1 次変換法は、次のような関係にしたがって s を z に変換するテクニックとなっています。

$$s \rightarrow \frac{1-z^{-1}}{1+z^{-1}} \tag{6.45}$$

式（6.45）にしたがって式（6.44）を書き換えると、次のように z を変数とする IIR フィルタの伝達関数が得られます。

$$H(z) = \frac{b(0) + b(1)z^{-1} + b(2)z^{-2}}{1 + a(1)z^{-1} + a(2)z^{-2}} \tag{6.46}$$

ただし、フィルタ係数はそれぞれ以下のようになります。

$$b(0) = \frac{4\pi^2 f_c^2}{1 + \frac{2\pi f_c}{Q} + 4\pi^2 f_c^2} \tag{6.47}$$

$$b(1) = \frac{8\pi^2 f_c^2}{1 + \frac{2\pi f_c}{Q} + 4\pi^2 f_c^2} \tag{6.48}$$

$$b(2) = \frac{4\pi^2 f_c^2}{1 + \frac{2\pi f_c}{Q} + 4\pi^2 f_c^2} \tag{6.49}$$

$$a(1) = \frac{8\pi^2 f_c^2 - 2}{1 + \frac{2\pi f_c}{Q} + 4\pi^2 f_c^2} \tag{6.50}$$

$$a(2) = \frac{1 - \frac{2\pi f_c}{Q} + 4\pi^2 f_c^2}{1 + \frac{2\pi f_c}{Q} + 4\pi^2 f_c^2} \tag{6.51}$$

これらの式に f_c と Q を代入すると、所望の周波数特性の IIR フィルタを設計することができます。ただし、これらの式の f_c はあくまでもアナログフィ

ルタの遮断周波数であり、ディジタルフィルタの遮断周波数とは異なることに注意してください。アナログフィルタの周波数を f_a、ディジタルフィルタの周波数を f_d とし、$s \to j2\pi f_a$、$z \to \exp(j2\pi f_d)$ と置き換えると、式 (6.45) から次の関係を導出できます。

$$f_a = \frac{1}{2\pi}\tan\left(\frac{\pi f_d}{f_s}\right) \tag{6.52}$$

図 6.9 に示すように、こうした関係にしたがってディジタルフィルタの遮断周波数からアナログフィルタの遮断周波数を求め、これを f_c としてフィルタ係数を求めるのが双 1 次変換法による IIR フィルタの設計の手順になっています。

実際に双 1 次変換法を適用して LPF を設計してみましょう。ここでは、f_s を 8kHz、f_c を 1kHz、Q を $1/\sqrt{2}$ としてみます。

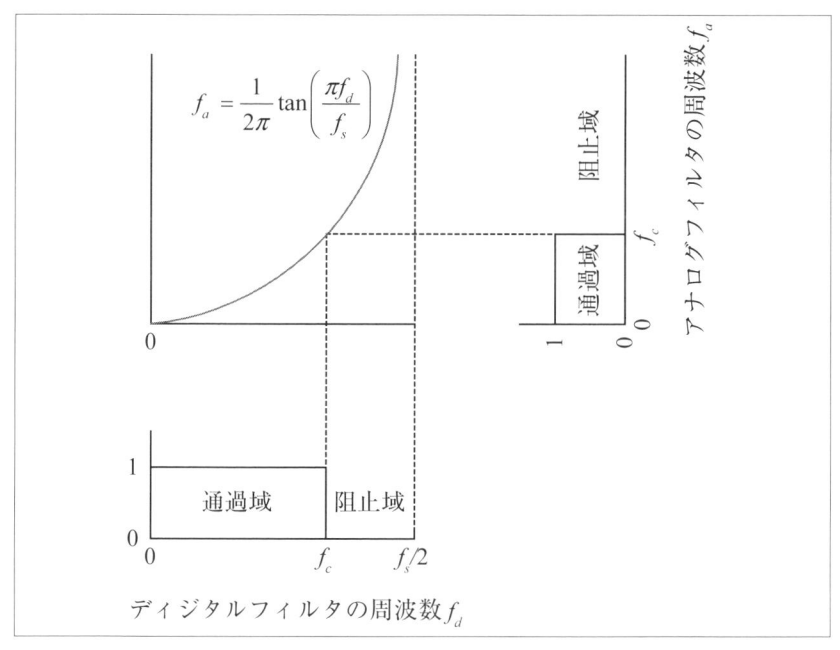

図 6.9 アナログフィルタの周波数とディジタルフィルタの周波数

まず、ディジタルフィルタの遮断周波数からアナログフィルタの遮断周波数を求めます。

$$f_c = \frac{1}{2\pi} \tan\left(\frac{1000\pi}{8000}\right) = 0.0659 \tag{6.53}$$

式（6.53）から求めたf_cを式（6.47）から式（6.51）までに代入すると、次のようにLPFのフィルタ係数を求めることができます。

$$b(0) = 0.0976 \tag{6.54}$$

$$b(1) = 0.1953 \tag{6.55}$$

$$b(2) = 0.0976 \tag{6.56}$$

$$a(1) = -0.9428 \tag{6.57}$$

$$a(2) = 0.3333 \tag{6.58}$$

図6.10は、このフィルタの周波数特性です。図6.11に示すように、このフィルタは、5個の乗算器、4個の加算器、4個の遅延器から構成されたディジタルフィルタになっています。

リスト6.3のex6_2.cは、このフィルタを音データに適用するプログラムになっています。実際に音を聞いてみると、図6.12に示すように、フィルタリングによって高域のサイン波が減衰し、音色が変化することがおわかり

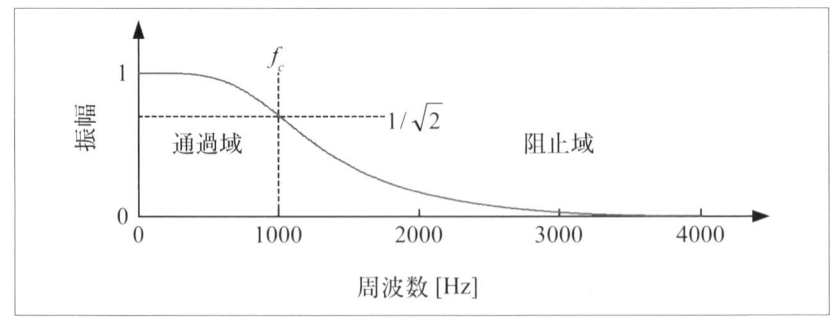

図6.10　IIRフィルタの周波数特性（f_c=1kHz、Q=1/√2）

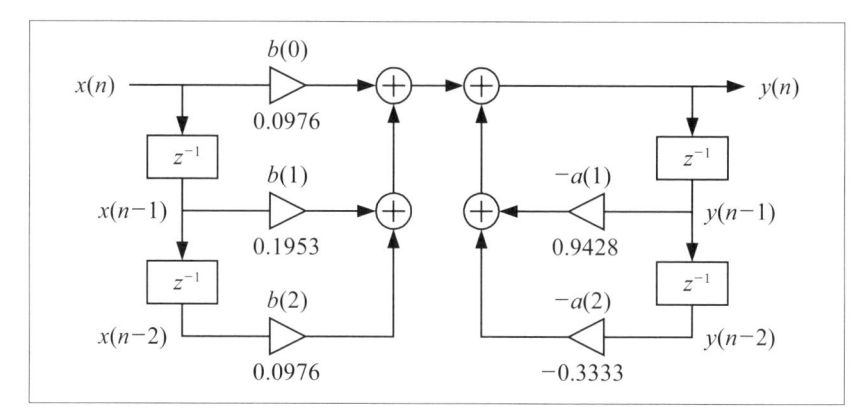

図 6.11 IIR フィルタのブロック図

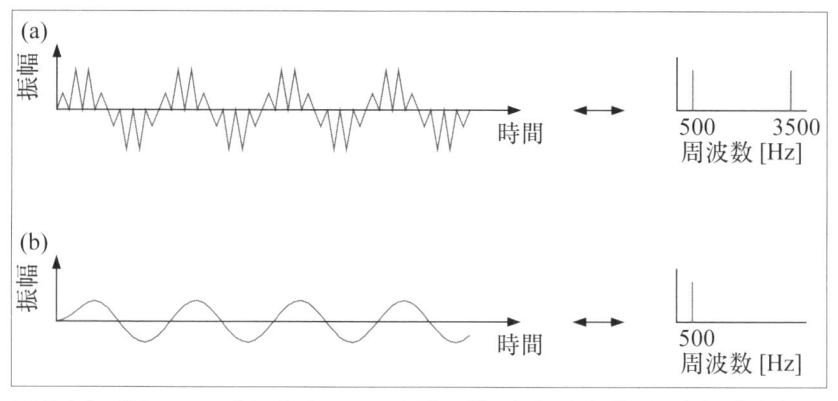

図 6.12 IIR フィルタによるフィルタリング：(a) 入力信号、(b) 出力信号

リスト 6.3　ex6_2.c

```c
#include <stdio.h>
#include <stdlib.h>
#include <math.h>
#include "wave.h"
#include "iir_filter.h"

int main(void)
```

```c
{
    MONO_PCM pcm0, pcm1;
    int n, m, I, J;
    double fc, Q, a[3], b[3];
    
    wave_read_16bit_mono(&pcm0, "sine_500hz_3500hz.wav");
    
    pcm1.fs = pcm0.fs; /* 標本化周波数 */
    pcm1.bits = pcm0.bits; /* 量子化精度 */
    pcm1.length = pcm0.length; /* 音データの長さ */
    pcm1.s = calloc(pcm1.length, sizeof(double)); /* 音データ */
    
    fc = 1000.0 / pcm0.fs; /* 遮断周波数 */
    Q = 1.0 / sqrt(2.0); /* クオリティファクタ */
    I = 2; /* 遅延器の数 */
    J = 2; /* 遅延器の数 */
    
    IIR_LPF(fc, Q, a, b); /* IIRフィルタの設計 */
    
    /* フィルタリング */
    for (n = 0; n < pcm1.length; n++)
    {
        for (m = 0; m <= J; m++)
        {
            if (n - m >= 0)
            {
                pcm1.s[n] += b[m] * pcm0.s[n - m];
            }
        }
        for (m = 1; m <= I; m++)
        {
            if (n - m >= 0)
            {
                pcm1.s[n] += -a[m] * pcm1.s[n - m];
            }
        }
    }
    
    wave_write_16bit_mono(&pcm1, "ex6_2.wav");
    
    free(pcm0.s);
    free(pcm1.s);
    
    return 0;
}
```

リスト 6.4　IIR_LPF 関数

```
void IIR_LPF(double fc, double Q, double a[], double b[])
{
    fc = tan(M_PI * fc) / (2.0 * M_PI);

    a[0] = 1.0 + 2.0 * M_PI * fc / Q + 4.0 * M_PI * M_PI * fc * fc;
    a[1] = (8.0 * M_PI * M_PI * fc * fc - 2.0) / a[0];
    a[2] = (1.0 - 2.0 * M_PI * fc / Q + 4.0 * M_PI * M_PI * fc * fc) / a[0];
    b[0] = 4.0 * M_PI * M_PI * fc * fc / a[0];
    b[1] = 8.0 * M_PI * M_PI * fc * fc / a[0];
    b[2] = 4.0 * M_PI * M_PI * fc * fc / a[0];

    a[0] = 1.0;
}
```

いただけるのではないかと思います。

なお、このプログラムにインクルードされている iir_filter.h は、IIR_LPF 関数を定義したヘッダファイルになっています。リスト 6.4 に IIR_LPF 関数を示します。これは、双 1 次変換法によって IIR フィルタを設計する関数になっています。

図 6.6 と比べると、図 6.12 はフィルタがすぐに応答しており、出力信号の遅れが小さくなっていることがおわかりいただけるのではないかと思います。一般に、IIR フィルタは構造が複雑になるものの、FIR フィルタと比べてフィルタ係数の数が少なくてすむ場合が多く、応答の素早いフィルタを実現するうえで有利になっています。

以上、LPF について具体的に説明しましたが、双 1 次変換法を適用すると、HPF、BPF、BEF も同様の手順で設計することができます。これらのフィルタの定義はそれぞれ以下のようになります。

- HPF

$$H(s) = \frac{s^2}{s^2 + \dfrac{2\pi f_c}{Q} s + 4\pi^2 f_c^2} \tag{6.59}$$

$$H(z) = \frac{b(0) + b(1)z^{-1} + b(2)z^{-2}}{1 + a(1)z^{-1} + a(2)z^{-2}} \tag{6.60}$$

$$b(0) = \frac{1}{1 + \dfrac{2\pi f_c}{Q} + 4\pi^2 f_c^2} \tag{6.61}$$

$$b(1) = \frac{-2}{1 + \dfrac{2\pi f_c}{Q} + 4\pi^2 f_c^2} \tag{6.62}$$

$$b(2) = \frac{1}{1 + \dfrac{2\pi f_c}{Q} + 4\pi^2 f_c^2} \tag{6.63}$$

$$a(1) = \frac{8\pi^2 f_c^2 - 2}{1 + \dfrac{2\pi f_c}{Q} + 4\pi^2 f_c^2} \tag{6.64}$$

$$a(2) = \frac{1 - \dfrac{2\pi f_c}{Q} + 4\pi^2 f_c^2}{1 + \dfrac{2\pi f_c}{Q} + 4\pi^2 f_c^2} \tag{6.65}$$

- BPF

$$H(s) = \frac{2\pi(f_{c2} - f_{c1})s}{s^2 + 2\pi(f_{c2} - f_{c1})s + 4\pi^2 f_{c1} f_{c2}} \tag{6.66}$$

$$H(z) = \frac{b(0) + b(1)z^{-1} + b(2)z^{-2}}{1 + a(1)z^{-1} + a(2)z^{-2}} \tag{6.67}$$

$$b(0) = \frac{2\pi(f_{c2} - f_{c1})}{1 + 2\pi(f_{c2} - f_{c1}) + 4\pi^2 f_{c1} f_{c2}} \tag{6.68}$$

$$b(1) = 0 \tag{6.69}$$

$$b(2) = \frac{-2\pi(f_{c2} - f_{c1})}{1 + 2\pi(f_{c2} - f_{c1}) + 4\pi^2 f_{c1} f_{c2}} \tag{6.70}$$

$$a(1) = \frac{8\pi^2 f_{c1} f_{c2} - 2}{1 + 2\pi(f_{c2} - f_{c1}) + 4\pi^2 f_{c1} f_{c2}} \tag{6.71}$$

$$a(2) = \frac{1 - 2\pi(f_{c2} - f_{c1}) + 4\pi^2 f_{c1} f_{c2}}{1 + 2\pi(f_{c2} - f_{c1}) + 4\pi^2 f_{c1} f_{c2}} \tag{6.72}$$

- BEF

$$H(s) = \frac{s^2 + 4\pi^2 f_{c1} f_{c2}}{s^2 + 2\pi(f_{c2} - f_{c1})s + 4\pi^2 f_{c1} f_{c2}} \tag{6.73}$$

$$H(z) = \frac{b(0) + b(1)z^{-1} + b(2)z^{-2}}{1 + a(1)z^{-1} + a(2)z^{-2}} \tag{6.74}$$

$$b(0) = \frac{4\pi^2 f_{c1} f_{c2} + 1}{1 + 2\pi(f_{c2} - f_{c1}) + 4\pi^2 f_{c1} f_{c2}} \tag{6.75}$$

$$b(1) = \frac{8\pi^2 f_{c1} f_{c2} - 2}{1 + 2\pi(f_{c2} - f_{c1}) + 4\pi^2 f_{c1} f_{c2}} \tag{6.76}$$

$$b(2) = \frac{4\pi^2 f_{c1} f_{c2} + 1}{1 + 2\pi(f_{c2} - f_{c1}) + 4\pi^2 f_{c1} f_{c2}} \tag{6.77}$$

$$a(1) = \frac{8\pi^2 f_{c1} f_{c2} - 2}{1 + 2\pi(f_{c2} - f_{c1}) + 4\pi^2 f_{c1} f_{c2}} \tag{6.78}$$

$$a(2) = \frac{1 - 2\pi(f_{c2} - f_{c1}) + 4\pi^2 f_{c1} f_{c2}}{1 + 2\pi(f_{c2} - f_{c1}) + 4\pi^2 f_{c1} f_{c2}} \tag{6.79}$$

なお、BPF と BEF については、それぞれ「共振フィルタ」と「ノッチフィルタ」と呼ばれる特別な定義があります。これらのフィルタは、遮断周波数の代わりに帯域の「中心周波数」によってフィルタの特性を定義したものに

なっています。中心周波数を f_c、クオリティファクタを Q とすると、次の関係を導出できます。

$$\frac{f_c}{Q} = f_{c2} - f_{c1} \tag{6.80}$$

$$f_c^2 = f_{c1} f_{c2} \tag{6.81}$$

式（6.80）は、中心周波数をクオリティファクタで割ったものが帯域幅として定義されることを意味しています。すなわち、クオリティファクタと帯域幅は反比例の関係にあり、図 6.13 に示すように、Q によってフィルタの特性は変化することになります。これらのフィルタの定義はそれぞれ以下のようになります。

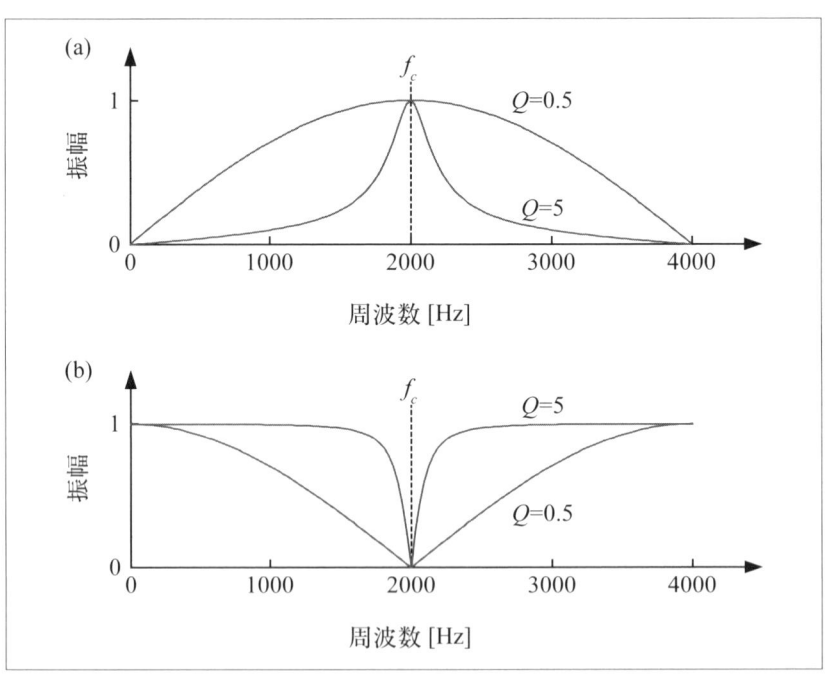

図 6.13　共振フィルタとノッチフィルタ：(a) 共振フィルタ（f_c=2kHz）、(b) ノッチフィルタ（f_c=2kHz）

- BPF（共振フィルタ）

$$H(s) = \frac{\frac{2\pi f_c}{Q}s}{s^2 + \frac{2\pi f_c}{Q}s + 4\pi^2 f_c^2} \tag{6.82}$$

$$H(z) = \frac{b(0) + b(1)z^{-1} + b(2)z^{-2}}{1 + a(1)z^{-1} + a(2)z^{-2}} \tag{6.83}$$

$$b(0) = \frac{\frac{2\pi f_c}{Q}}{1 + \frac{2\pi f_c}{Q} + 4\pi^2 f_c^2} \tag{6.84}$$

$$b(1) = 0 \tag{6.85}$$

$$b(2) = \frac{-\frac{2\pi f_c}{Q}}{1 + \frac{2\pi f_c}{Q} + 4\pi^2 f_c^2} \tag{6.86}$$

$$a(1) = \frac{8\pi^2 f_c^2 - 2}{1 + \frac{2\pi f_c}{Q} + 4\pi^2 f_c^2} \tag{6.87}$$

$$a(2) = \frac{1 - \frac{2\pi f_c}{Q} + 4\pi^2 f_c^2}{1 + \frac{2\pi f_c}{Q} + 4\pi^2 f_c^2} \tag{6.88}$$

- BEF（ノッチフィルタ）

$$H(s) = \frac{s^2 + 4\pi^2 f_c^2}{s^2 + \frac{2\pi f_c}{Q}s + 4\pi^2 f_c^2} \tag{6.89}$$

$$H(z) = \frac{b(0) + b(1)z^{-1} + b(2)z^{-2}}{1 + a(1)z^{-1} + a(2)z^{-2}} \tag{6.90}$$

$$b(0) = \frac{4\pi^2 f_c^2 + 1}{1 + \dfrac{2\pi f_c}{Q} + 4\pi^2 f_c^2} \tag{6.91}$$

$$b(1) = \frac{8\pi^2 f_c^2 - 2}{1 + \dfrac{2\pi f_c}{Q} + 4\pi^2 f_c^2} \tag{6.92}$$

$$b(2) = \frac{4\pi^2 f_c^2 + 1}{1 + \dfrac{2\pi f_c}{Q} + 4\pi^2 f_c^2} \tag{6.93}$$

$$a(1) = \frac{8\pi^2 f_c^2 - 2}{1 + \dfrac{2\pi f_c}{Q} + 4\pi^2 f_c^2} \tag{6.94}$$

$$a(2) = \frac{1 - \dfrac{2\pi f_c}{Q} + 4\pi^2 f_c^2}{1 + \dfrac{2\pi f_c}{Q} + 4\pi^2 f_c^2} \tag{6.95}$$

6.4 DFTフィルタ

式（6.96）と式（6.97）に示すように、時間領域ではたたみ込み、周波数領域では乗算として定義されることがFIRフィルタの重要な特徴になっています。

$$y(n) = \sum_{m=0}^{J} b(m)x(n-m) \tag{6.96}$$

$$Y(f) = B(f)X(f) \tag{6.97}$$

式(6.97)はディジタル信号に対するフーリエ変換によって周波数特性を定義していることに注意してください。第4章で説明したように、コンピュータを使ってフーリエ変換を計算するには、実際は DFT を適用することになるため、次のように f を k に置き換えたものが周波数領域の定義としては現実的でしょう。

$$Y(k) = B(k)X(k) \tag{6.98}$$

こうした時間領域と周波数領域の関係を利用して FIR フィルタを計算するのが「DFT フィルタ」の仕組みになっています。図 6.14 に示すように、FIR フィルタの計算は時間領域で入力信号とフィルタ係数のたたみ込みを行うのが正攻法ですが、DFT フィルタは周波数領域で入力信号とフィルタ係数の乗算を行い、その結果を時間領域に戻すことで FIR フィルタの計算を行います。

もっとも、DFT フィルタを実際に適用するには注意が必要です。第4章で説明したように、N サンプルの DFT は、$x(n)$ が周期 N の周期信号であることを仮定しています。そのため、図 6.15 に示すように、たたみ込みの結果も周期 N の周期信号になります。これを「巡回たたみ込み」と呼びます。

入力信号の長さを L、フィルタ係数の数を $J+1$ とすると、通常のたたみ込みの結果は $L+J$ サンプルになります。そのため、巡回たたみ込みの結果から通常のたたみ込みの結果を得るには、次のように、N は少なくとも $L+J$ 以

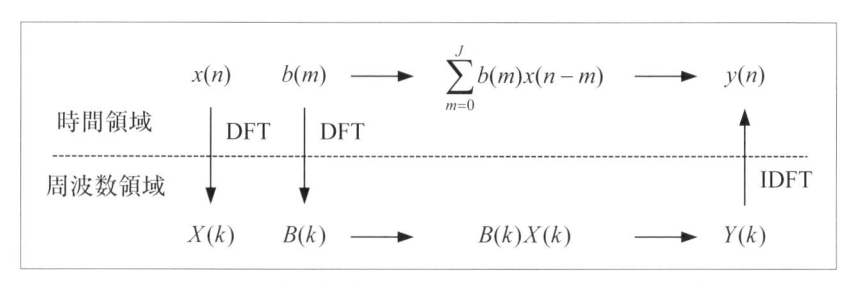

図 6.14 時間領域と周波数領域のフィルタリング

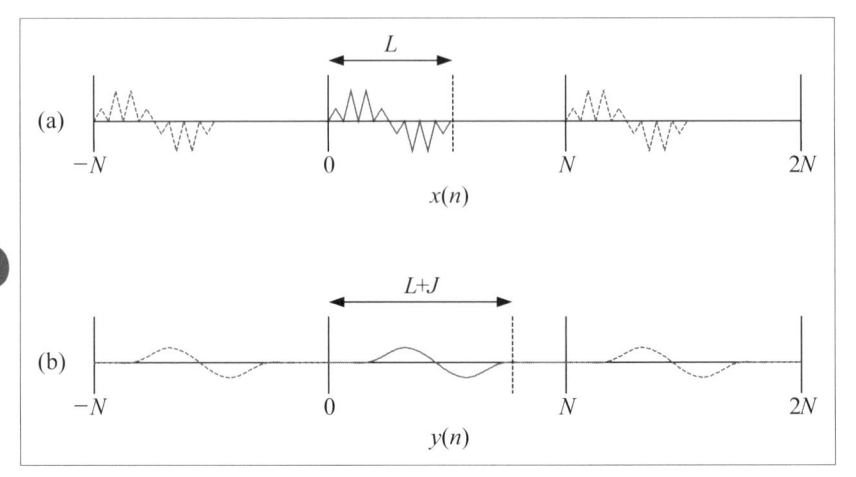

図6.15 巡回たたみ込み：(a) 入力信号、(b) たたみ込みの結果

上になるように設定しなければなりません。

$$N \geq L + J \tag{6.99}$$

こうした条件を考慮し、入力信号とフィルタ係数にそれぞれ0をつけ加えて、どちらもNサンプルに拡張してから処理を行うことがDFTフィルタの注意点になっています。なお、Nを2のべき乗に設定し、FFTを適用すると、DFTフィルタの処理を高速化できます。

リスト6.5のex6_3.cは、DFTフィルタのプログラムになっています。Jが24になるため、このプログラムはLを128、Nを256に設定しています。図6.16に示すように、フレーム単位でフィルタリングを行い、隣り合ったフレームのフィルタリングの結果を重ね合わせながら連結していくのがDFTフィルタの処理の手順になります。なお、こうした処理を「オーバーラップアド」と呼びます。

このように、DFTフィルタを適用するには、本来、巡回たたみ込みの影響を考慮する必要があります。しかし、サウンドプログラミングでは、こうした条件を無視することがあります。図6.17に示すように、ハニング窓を使ってオーバーラップするようにフレームの分割を行うと巡回たたみ込みの

影響が目立たなくなるため、0 をつけ加えずにフィルタリングを行ってもそれほど違和感のある結果にはなりません。サポートサイトの ex6_4.c は、こうした簡易的な DFT フィルタのプログラムになっています。

リスト 6.5　ex6_3.c

```
#include <stdio.h>
#include <stdlib.h>
#include <math.h>
#include "wave.h"
#include "window_function.h"
#include "sinc.h"
#include "fir_filter.h"
#include "fft.h"

int main(void)
{
    MONO_PCM pcm0, pcm1;
    int n, m, k, J, L, N, offset, frame, number_of_frame;
    double *x_real, *x_imag, *y_real, *y_imag, *b_real, *b_imag;
    double fe, delta, *b, *w;

    wave_read_16bit_mono(&pcm0, "sine_500hz_3500hz.wav");

    pcm1.fs = pcm0.fs; /* 標本化周波数 */
    pcm1.bits = pcm0.bits; /* 量子化精度 */
    pcm1.length = pcm0.length; /* 音データの長さ */
    pcm1.s = calloc(pcm1.length, sizeof(double)); /* 音データ */

    fe = 1000.0 / pcm0.fs; /* エッジ周波数 */
    delta = 1000.0 / pcm0.fs; /* 遷移帯域幅 */

    J = (int)(3.1 / delta + 0.5) - 1; /* 遅延器の数 */
    if (J % 2 == 1)
    {
        J++; /* J+1が奇数になるように調整する */
    }

    b = calloc((J + 1), sizeof(double));
    w = calloc((J + 1), sizeof(double));

    Hanning_window(w, (J + 1)); /* ハニング窓 */

    FIR_LPF(fe, J, b, w); /* FIRフィルタの設計 */
```

```
L = 128; /* フレームの長さ */
N = 256; /* DFTのサイズ */

x_real = calloc(N, sizeof(double));
x_imag = calloc(N, sizeof(double));
y_real = calloc(N, sizeof(double));
y_imag = calloc(N, sizeof(double));
b_real = calloc(N, sizeof(double));
b_imag = calloc(N, sizeof(double));

number_of_frame = pcm0.length / L; /* フレームの数 */

for (frame = 0; frame < number_of_frame; frame++)
{
    offset = L * frame;
    
    /* X(k) */
    for (n = 0; n < N; n++)
    {
        x_real[n] = 0.0;
        x_imag[n] = 0.0;
    }
    for (n = 0; n < L; n++)
    {
        x_real[n] = pcm0.s[offset + n];
    }
    FFT(x_real, x_imag, N);
    
    /* B(k) */
    for (m = 0; m < N; m++)
    {
        b_real[m] = 0.0;
        b_imag[m] = 0.0;
    }
    for (m = 0; m <= J; m++)
    {
        b_real[m] = b[m];
    }
    FFT(b_real, b_imag, N);
    
    /* フィルタリング */
    for (k = 0; k < N; k++)
    {
        y_real[k] = x_real[k] * b_real[k] - x_imag[k] * b_imag[k];
        y_imag[k] = x_imag[k] * b_real[k] + x_real[k] * b_imag[k];
    }
    IFFT(y_real, y_imag, N);
```

```c
        /* オーバーラップアド */
        for (n = 0; n < L * 2; n++)
        {
            if (offset + n < pcm1.length)
            {
                pcm1.s[offset + n] += y_real[n];
            }
        }
    }

    wave_write_16bit_mono(&pcm1, "ex6_3.wav");

    free(pcm0.s);
    free(pcm1.s);
    free(x_real);
    free(x_imag);
    free(y_real);
    free(y_imag);
    free(b_real);
    free(b_imag);
    free(b);
    free(w);

    return 0;
}
```

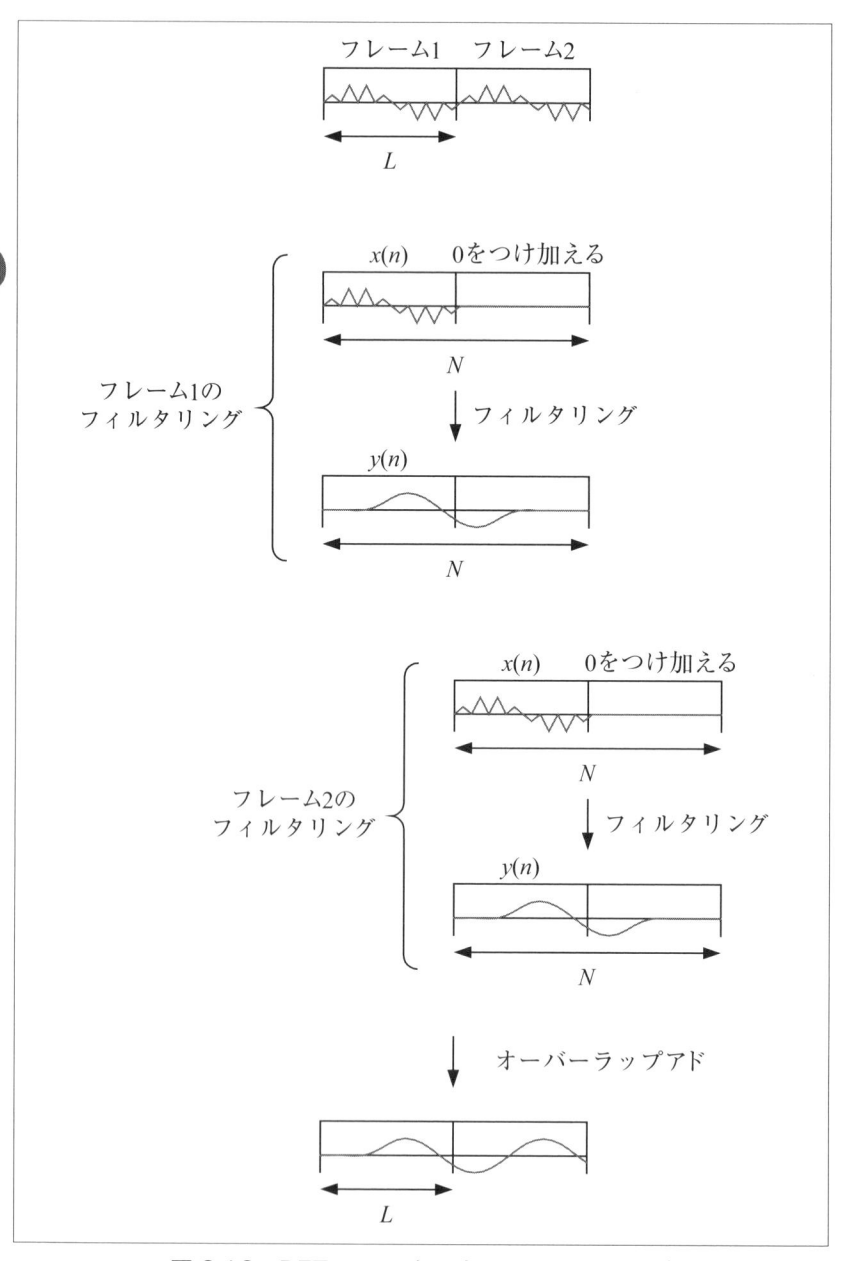

図 6.16　DFT フィルタによるフィルタリング

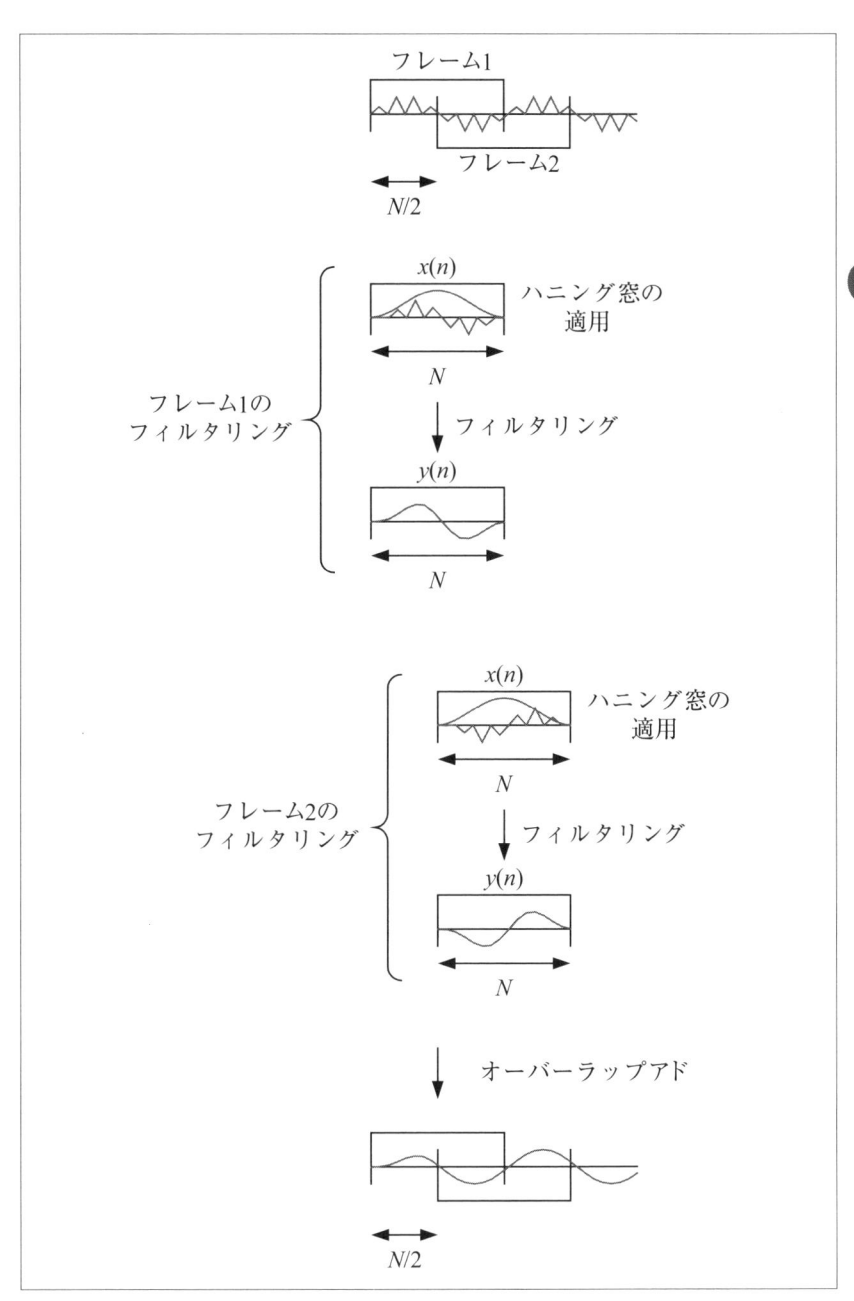

図 6.17　簡易的な DFT フィルタによるフィルタリング

COLUMN 6
インパルス応答

　「インパルス」は、時刻0は1、そのほかの時刻は0として定義される信号です。インパルスを入力信号にしたとき、フィルタの出力信号を「インパルス応答」と呼びます。インパルスはあらゆる周波数成分を含む信号であり、インパルス応答に残った周波数成分を調べるとフィルタの特性を割り出すことができます。

　FIRフィルタのインパルス応答は有限の長さで打ち止めになりますが、IIRフィルタのインパルス応答は無限に続きます。日本語では、FIRフィルタは「有限インパルス応答フィルタ（Finite Impulse Response filter）」、IIRフィルタは「無限インパルス応答フィルタ（Infinite Impulse Response filter）」となりますが、実は、こうしたインパルス応答の特徴がFIRフィルタとIIRフィルタの名前の由来になっています。

　図6.18に示すように、コンサートホールでインパルスを鳴らすと、音源から受音点にまっすぐに到達する直接音のほか、壁や天井で反射しながら遅れて到達する間接音が聞こえてきますが、これがコンサートホールのインパルス応答にほかなりません。こうしたインパルス応答にもとづいてフィルタを設計し、コンサートホールの残響を再現するのが「リバーブ」と呼ばれるサウンドエフェクトのテクニックとなっています。リバーブはカラオケの「エコー」にも利用されており、その効果については皆さんもよくご存知のことと思います。

　サポートサイトのex6_5.cは、FIRフィルタによるリバーブのプログラムです。このプログラムはインパルス応答をそのままフィルタ係数にしているため、残響が長くなるとそれだけフィルタ係数の数が増えてしまうことに注意してください。もちろん、リバーブを実現するにはFIRフィルタを適用するのが正攻法ですが、簡易的なアプリケーションではフィルタ係数の数が少なくてすむIIRフィルタを適用するなど、効果的な処理のためにさまざまなテクニックが考案されています。

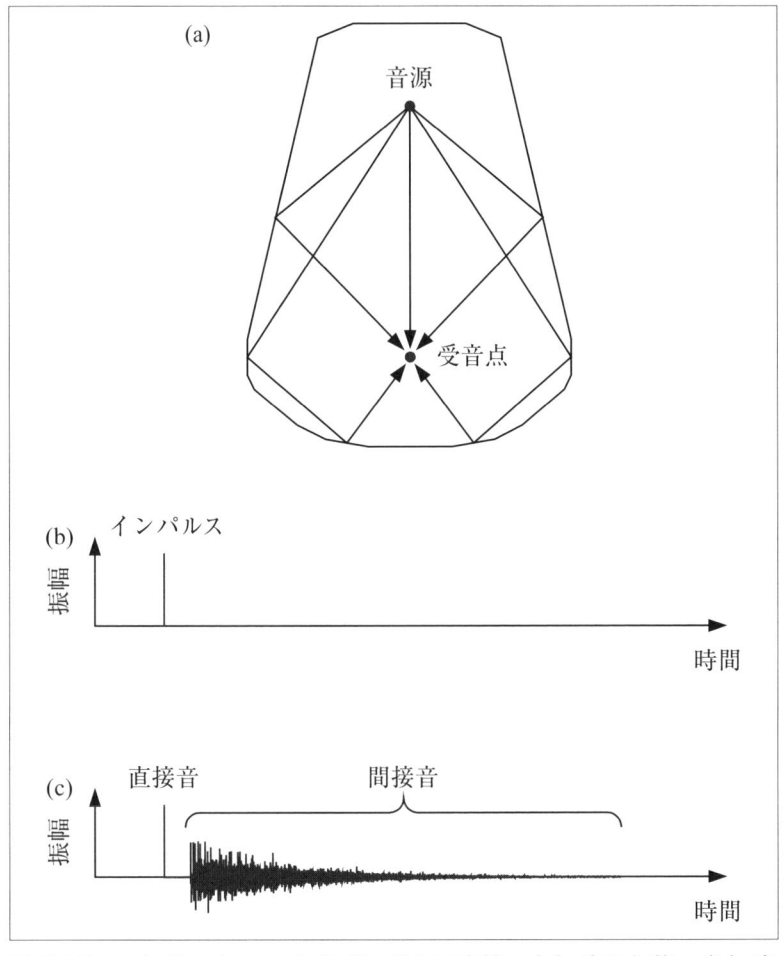

図 6.18 コンサートホールのインパルス応答：(a) 音の伝搬、(b) 音源におけるインパルス、(b) 受音点におけるインパルス応答

第7章

減算合成
〜引き算で音を作ってみよう

　加算合成とは逆に、引き算の発想で音を作り出すのが減算合成です。減算合成は、あらかじめ多数の周波数成分を含んだ原音を用意し、フィルタを使って周波数特性を加工することで音を作り出します。本章では、こうした減算合成による音作りの仕組みについて勉強してみることにしましょう。

7.1 減算合成

あらかじめ多数の周波数成分を含んだ波形を用意し、こうした「原音」からフィルタを使って不必要な周波数成分を削り取るのが、「減算合成」と呼ばれる音作りのテクニックとなっています。言ってみれば、引き算の発想で音を作り出すのが減算合成による音作りの仕組みといえるでしょう。

第 6 章で説明したように、フィルタにはさまざまな種類がありますが、たとえば、LPF を適用すると、高域の周波数成分を削り取ることで音色の明るさをコントロールすることができます。同様の音を加算合成で作り出すには、それぞれの周波数成分について 1 つひとつパラメータをコントロールしなければなりません。一方、減算合成は、遮断周波数といったフィルタのパラメータをコントロールするだけでよいため音作りの仕組みとして簡単であり、これが加算合成と比べて減算合成が人気を集める大きな理由になっています。

実は、こうした仕組みで音を作り出しているのが、電子楽器の 1 つとして開発されたアナログシンセサイザです。アナログシンセサイザは、減算合成によって音を作り出す装置の代表例になっています。アナログシンセサイザの仕組みについては、第 9 章で改めて説明することにします。

7.2 原音のフィルタリング

減算合成による音作りで注意しなければならないのは原音の選択です。フィルタは周波数成分を削り取るだけで、原音には含まれていない周波数成分を新たにつけ加えることはできません。そのため、あらかじめ必要な周波数成分を含んだ原音を選択することが、減算合成による音作りの重要なポイントになります。

周期的な波形を作り出す場合は、すべての倍音が同じ大きさになっている「パルス列」が原音として理想的です。一方、非周期的な波形を作り出す場合は、すべての周波数成分が同じ大きさになっている「白色雑音」が原音として理想的です。図 7.1 と図 7.2 に示すように、これらの波形を原音とすると、フィルタの周波数特性がそのまま音の周波数特性に反映されることに

なります。

リスト 7.1 の ex7_1.c は、LPF の遮断周波数を小さくしていくことで、パルス列の音色を刻一刻と変化させるプログラムになっています。また、サポートサイトの ex7_2.c は、LPF の遮断周波数を小さくしていくことで、白色雑音の音色を刻一刻と変化させるプログラムになっています。LPF の遮断周波数を小さくしていくと、それにともなって音色が暗くなっていくことがおわかりいただけるでしょうか。

7.3 周波数エンベロープ

減算合成におけるフィルタの周波数特性は、まるでステンシルのテンプレートのように原音の周波数特性を変化させる鋳型になっているといえるで

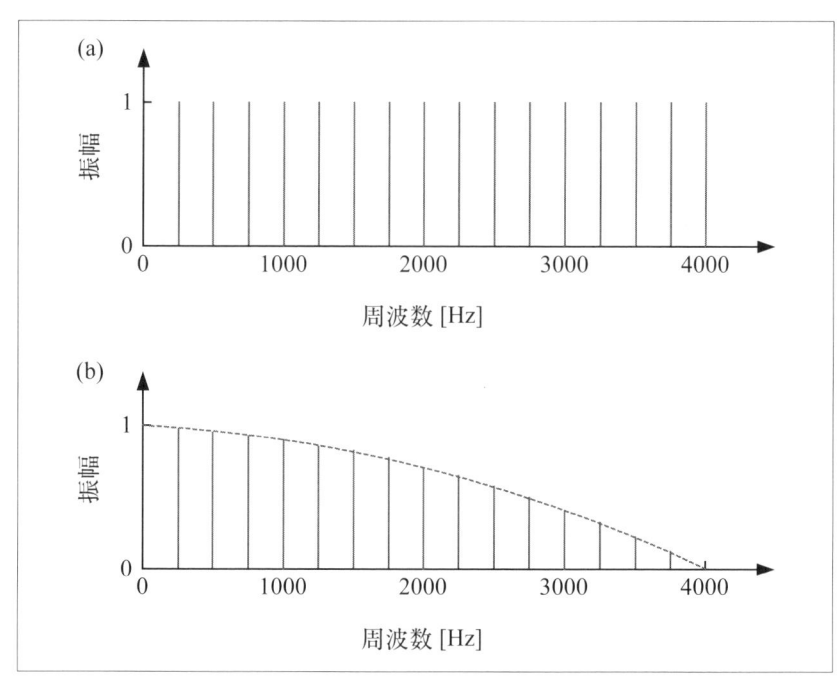

図 7.1 パルス列のフィルタリング：(a) パルス列、(b) LPF をかけたパルス列

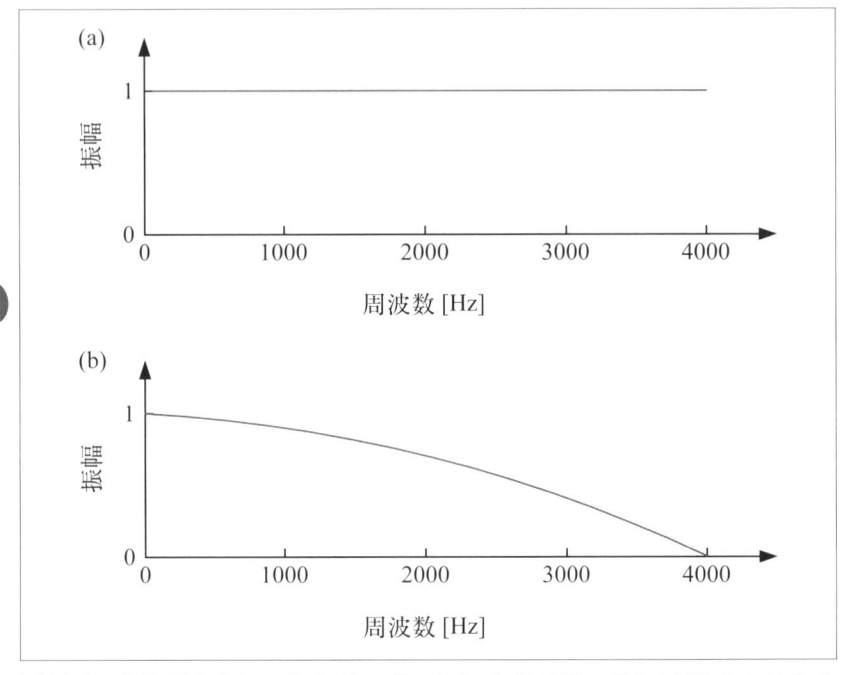

第 7 章 減算合成 〜 引き算で音を作ってみよう

図 7.2 白色雑音のフィルタリング：(a) 白色雑音、(b) LPF をかけた白色雑音

リスト 7.1　ex7_1.c

```c
#include <stdio.h>
#include <stdlib.h>
#include <math.h>
#include "wave.h"
#include "iir_filter.h"

int main(void)
{
    MONO_PCM pcm0, pcm1;
    int n, m, I, J;
    double *fc, Q, a[3], b[3];
    
    wave_read_16bit_mono(&pcm0, "pulse_train.wav");
    
    fc = calloc(pcm0.length, sizeof(double));
```

```c
    /* LPFの遮断周波数 */
    for (n = 0; n < pcm0.length; n++)
    {
        fc[n] = 10000.0 * exp(-5.0 * n / pcm0.length);
    }
    
    Q = 1.0 / sqrt(2); /* クオリティファクタ */
    I = 2; /* 遅延器の数 */
    J = 2; /* 遅延器の数 */
    
    pcm1.fs = pcm0.fs; /* 標本化周波数 */
    pcm1.bits = pcm0.bits; /* 量子化精度 */
    pcm1.length = pcm0.length; /* 音データの長さ */
    pcm1.s = calloc(pcm1.length, sizeof(double)); /* 音データ */
    
    for (n = 0; n < pcm1.length; n++)
    {
        IIR_LPF(fc[n] / pcm1.fs, Q, a, b); /* IIRフィルタの設計 */
        
        for (m = 0; m <= J; m++)
        {
            if (n - m >= 0)
            {
                pcm1.s[n] += b[m] * pcm0.s[n - m];
            }
        }
        for (m = 1; m <= I; m++)
        {
            if (n - m >= 0)
            {
                pcm1.s[n] += -a[m] * pcm1.s[n - m];
            }
        }
    }
    
    wave_write_16bit_mono(&pcm1, "ex7_1.wav");
    
    free(pcm0.s);
    free(pcm1.s);
    free(fc);
    
    return 0;
}
```

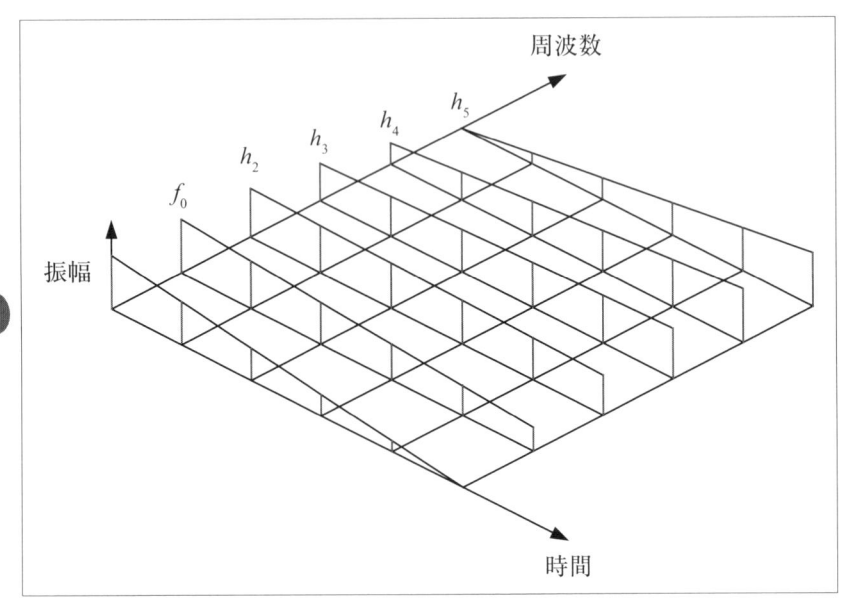

図 7.3　時間エンベロープのコントロール

しょう。こうしたフィルタの周波数特性を「周波数エンベロープ」と呼びます。

　表情豊かな音を作り出すには、周波数特性の時間変化をコントロールすることが重要なポイントになります。図 7.3 に示すように、時間エンベロープを設定することで周波数成分の時間変化を 1 つひとつコントロールするのが加算合成のアプローチになっていますが、一方、図 7.4 に示すように、周波数エンベロープを設定することで周波数成分の時間変化をまとめてコントロールするのが減算合成のアプローチになっています。

　もっとも、アプローチこそ異なっているものの、どちらのテクニックも周波数特性の時間変化をコントロールすることが音作りにおける重要なポイントになっていることに変わりはありません。加算合成と減算合成は、周波数特性の時間変化をそれぞれ異なる視点からながめたテクニックとしてとらえることができるでしょう。

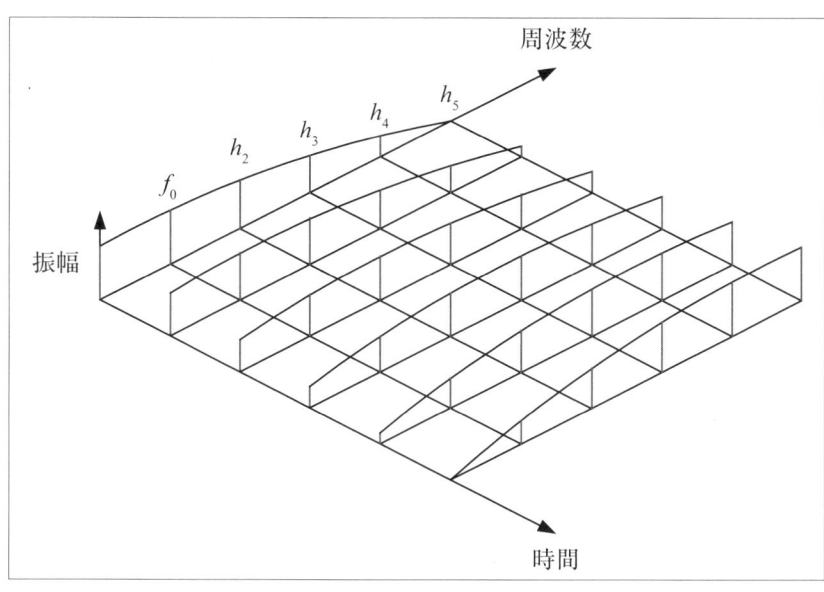

図 7.4　周波数エンベロープのコントロール

7.4 音声合成

　減算合成のアイデアは、私たちにとって最も身近な音である音声にも見出すことができます。実は、人間が音声を生成するメカニズムは減算合成そのものになっています。

　図 7.5 に示すように、音声の生成にとって重要な役割を担っているのは「声帯」と「声道」という 2 つの音声器官です。肺から押し出された呼気は声帯を周期的に振動させ、多数の倍音を含む原音を作り出します。こうした原音が口腔や鼻腔を通過すると、その形状にしたがって周波数特性が変化し、音声が生成されます。口腔や鼻腔はフィルタとして働き、あごを上下に開いたり、舌を前後に動かしたりすると、それにともなってフィルタの周波数特性は変化することになります。音声の通り道であることから、こうした音声器官をまとめて声道と呼んでいます。

　図 7.6 に示すように、声道フィルタは BPF を組み合わせたものになって

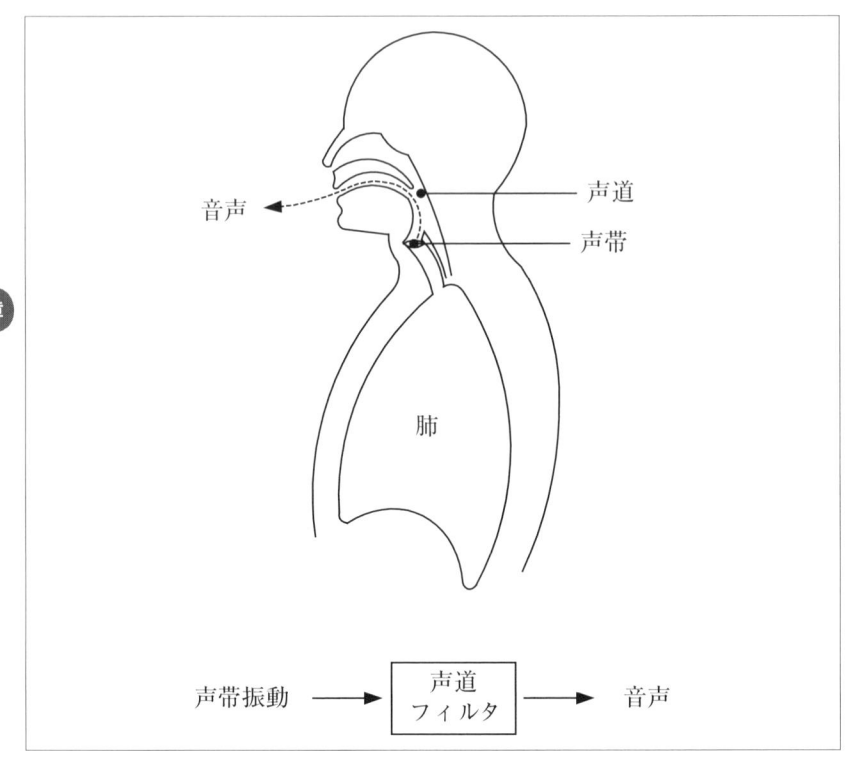

図 7.5　音声の生成

います。それぞれのピークは「フォルマント」と呼ばれ、周波数の低いものから順番に「第 1 フォルマント（F1）」、「第 2 フォルマント（F2）」、「第 3 フォルマント（F3）」、「第 4 フォルマント（F4）」と名前がつけられています。図 7.7 に示すように、フォルマントは母音によって異なり、こうした周波数エンベロープの特徴が音声の種類を識別する重要な手がかりになっています。

　リスト 7.2 の ex7_3.c は、フォルマントごとに BPF を用意し、それぞれパルス列をフィルタリングした結果を足し合わせることで音声を合成するプログラムになっています。図 7.7 を参考にしてフォルマントをコントロールすると、原音はすべて同じパルス列でもパラメータしだいで異なる母音を

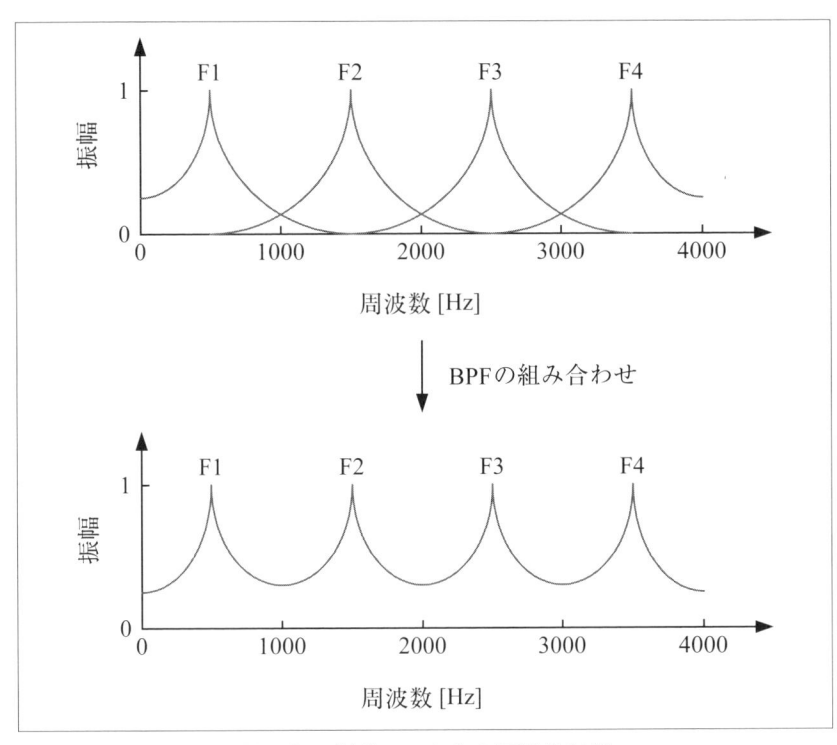

図 7.6　声道フィルタの周波数特性

生成できることがおわかりいただけるのではないかと思います。

　なお、実際の音声は高域になるにつれて周波数特性がしだいに減衰していきます。音声は平均的に周波数がn倍になると振幅は$1/n$、専門用語で「－6dB/oct」または「－20dB/dec」と呼ばれる周波数特性を示しますが、こうした特徴を再現するのが「ディエンファシス」と呼ばれる処理です。図 7.8 に示すように、ディエンファシス処理は積分フィルタによって実現できますが、そのままではあまりにも低い周波数を強調しすぎることになるため、フィルタ係数の絶対値は 1 よりも少しだけ小さくすることが一般的です。

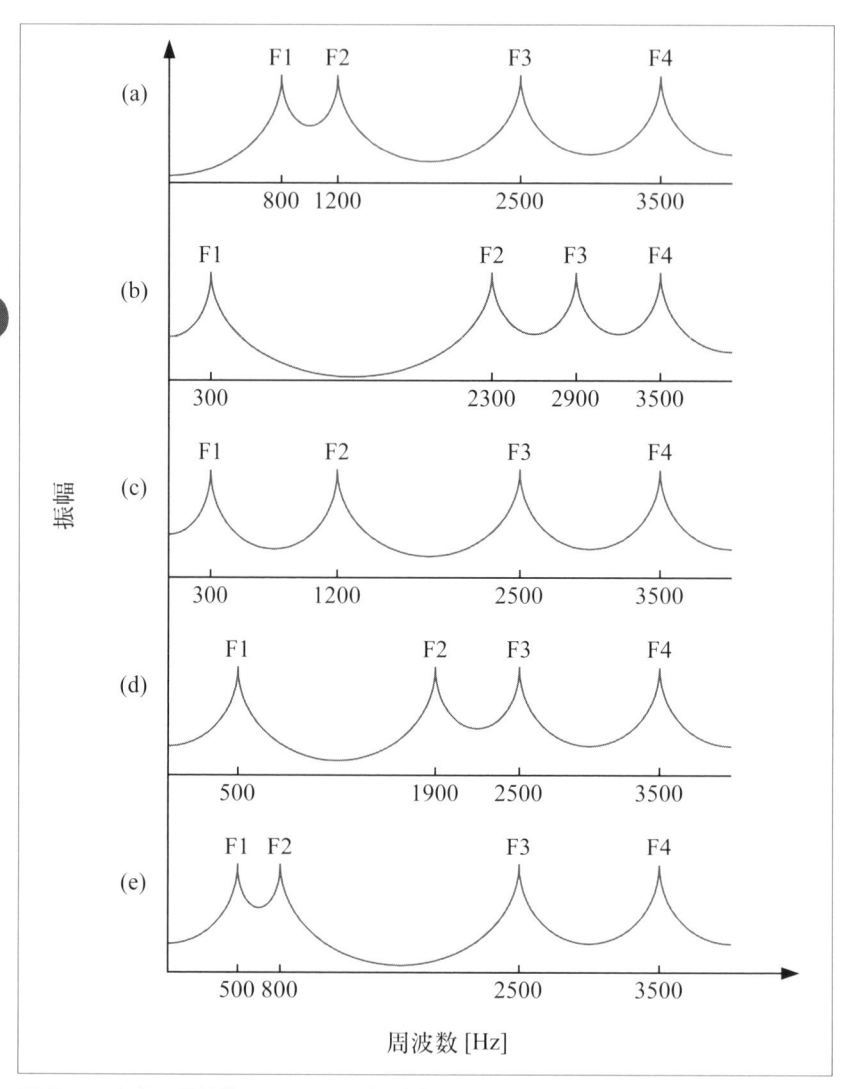

第 7 章 減算合成 〜 引き算で音を作ってみよう

図 7.7 音声の周波数エンベロープ：(a) ア、(b) イ、(c) ウ、(d) エ、(e) オ

リスト 7.2　ex7_3.c

```c
#include <stdio.h>
#include <stdlib.h>
#include <math.h>
#include "wave.h"
#include "iir_filter.h"

int main(void)
{
    MONO_PCM pcm0, pcm1;
    int n, m, I, J;
    double *s, F1, F2, F3, F4, B1, B2, B3, B4, a[3], b[3];

    wave_read_16bit_mono(&pcm0, "pulse_train.wav");

    pcm1.fs = pcm0.fs; /* 標本化周波数 */
    pcm1.bits = pcm0.bits; /* 量子化精度 */
    pcm1.length = pcm0.length; /* 音データの長さ */
    pcm1.s = calloc(pcm1.length, sizeof(double)); /* 音データ */

    s = calloc(pcm1.length, sizeof(double));

    F1 = 800.0; /* F1の周波数 */
    F2 = 1200.0; /* F2の周波数 */
    F3 = 2500.0; /* F3の周波数 */
    F4 = 3500.0; /* F4の周波数 */

    B1 = 100.0; /* F1の帯域幅 */
    B2 = 100.0; /* F2の帯域幅 */
    B3 = 100.0; /* F3の帯域幅 */
    B4 = 100.0; /* F4の帯域幅 */

    I = 2; /* 遅延器の数 */
    J = 2; /* 遅延器の数 */

    IIR_resonator(F1 / pcm0.fs, F1 / B1, a, b); /* IIRフィルタの設計 */
    IIR_filtering(pcm0.s, s, pcm0.length, a, b, I, J); /* フィルタリング */
    for (n = 0; n < pcm1.length; n++)
    {
        pcm1.s[n] += s[n];
        s[n] = 0.0;
    }

    IIR_resonator(F2 / pcm0.fs, F2 / B2, a, b); /* IIRフィルタの設計 */
    IIR_filtering(pcm0.s, s, pcm0.length, a, b, I, J); /* フィルタリング */
    for (n = 0; n < pcm1.length; n++)
    {
```

```
        pcm1.s[n] += s[n];
        s[n] = 0.0;
    }
    
    IIR_resonator(F3 / pcm0.fs, F3 / B3, a, b); /* IIRフィルタの設計 */
    IIR_filtering(pcm0.s, s, pcm0.length, a, b, I, J); /* フィルタリング */
    for (n = 0; n < pcm1.length; n++)
    {
        pcm1.s[n] += s[n];
        s[n] = 0.0;
    }
    
    IIR_resonator(F4 / pcm0.fs, F4 / B4, a, b); /* IIRフィルタの設計 */
    IIR_filtering(pcm0.s, s, pcm0.length, a, b, I, J); /* フィルタリング */
    for (n = 0; n < pcm1.length; n++)
    {
        pcm1.s[n] += s[n];
        s[n] = 0.0;
    }
    
    /* ディエンファシス処理 */
    s[0] = pcm1.s[0];
    for (n = 1; n < pcm1.length; n++)
    {
        s[n] = pcm1.s[n] + 0.98 * s[n - 1];
    }
    
    for (n = 0; n < pcm1.length; n++)
    {
        pcm1.s[n] = s[n];
    }
    
    wave_write_16bit_mono(&pcm1, "ex7_3.wav");
    
    free(pcm0.s);
    free(pcm1.s);
    free(s);
    
    return 0;
}
```

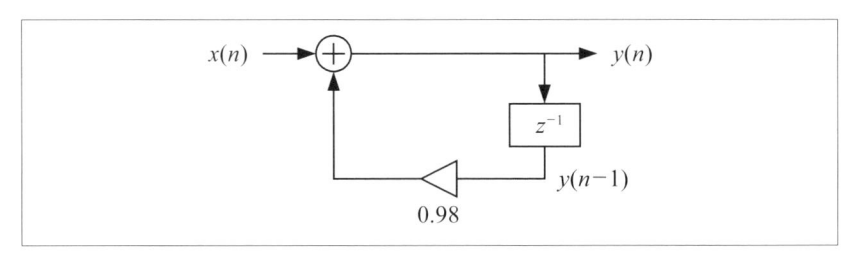

図 7.8　積分フィルタによるディエンファシス処理

7.5　ボコーダ

図 7.9 に示すように、音声合成の手順を逆にたどっていくと、音声から原音とフィルタを割り出すことができます。このようにして分離された原音とフィルタを使って音声を合成し直すのが「ボコーダ」と呼ばれるテクニックの仕組みになっています。

もちろん、音声に特化した分析合成のテクニックとして音声を再合成することがボコーダの本来の使い方になっていますが、実は、フィルタはそのままにして原音を楽器音にすると、まるで楽器がしゃべっているようなロボットボイスを作り出すことができます。これが、ボコーダのもう 1 つの使い方になっています。

サポートサイトの ex7_4.c は、DFT フィルタを利用したボコーダのプログラムです。図 7.10 に示すように、このプログラムは周波数特性をいくつかの帯域に分割し、それぞれの帯域の平均振幅から音声の周波数エンベロープを割り出し、楽器音を原音として減算合成を行うことでロボットボイスを作り出しています。

なお、高域になるにつれてしだいに減衰していく音声の周波数特性を補正するため、このプログラムは「プリエンファシス」と呼ばれる処理を行ってから周波数エンベロープを割り出しています。図 7.11 に示すように、プリエンファシス処理は微分フィルタによって実現できますが、ディエンファシス処理と同様、フィルタ係数の絶対値は 1 よりも少しだけ小さくすることが一般的です。

第 7 章　減算合成 〜 引き算で音を作ってみよう

　こうしたボコーダの使い方はミュージシャンが編み出した裏技的なテクニックとなっており、テクノミュージックにおける定番のツールになっています。具体例としては、YMO の「テクノポリス」や、PUFFY の「アジアの純真」などが有名です。

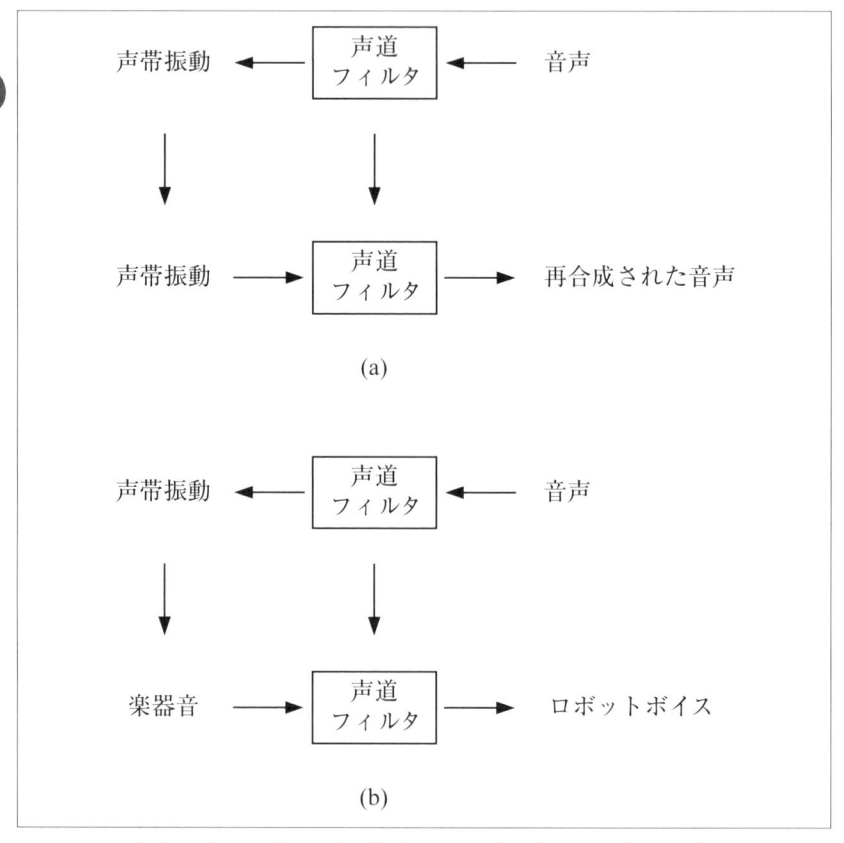

図 7.9　ボコーダ：(a) 音声の再合成、(b) ロボットボイス

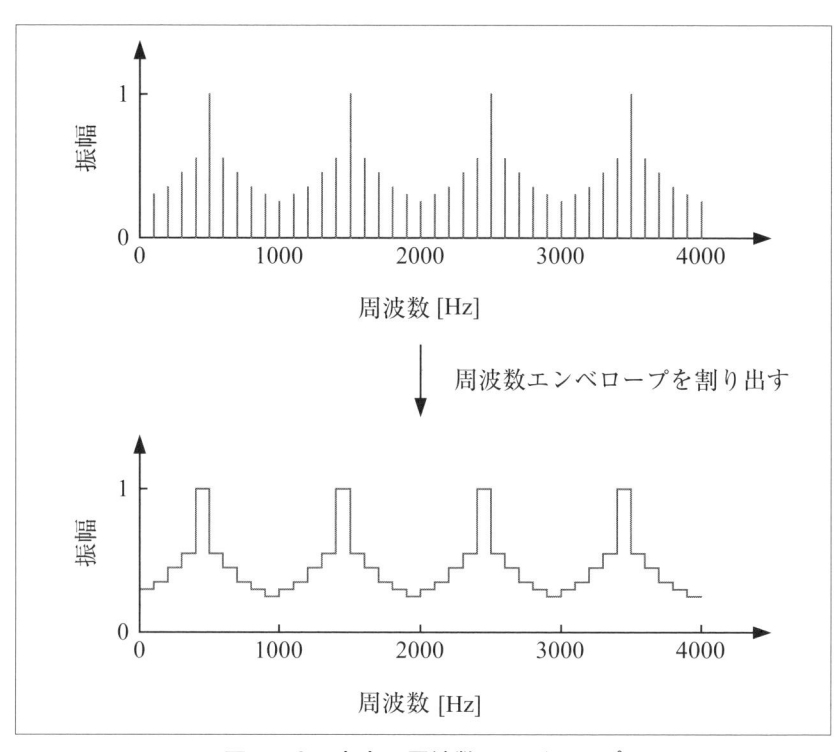

図 7.10　音声の周波数エンベロープ

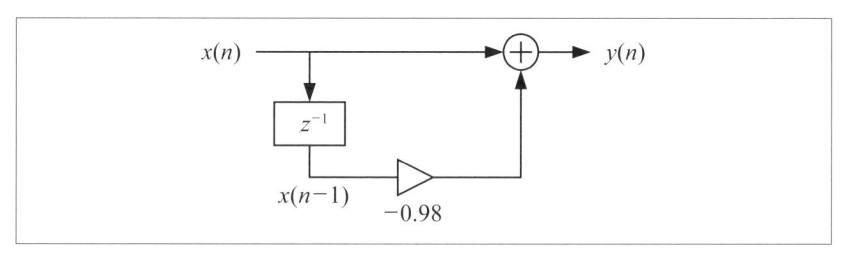

図 7.11　微分フィルタによるプリエンファシス処理

COLUMN 7

パルス列

　波形はまったく異なるものの、インパルスと白色雑音にはあらゆる周波数成分を含むという共通点があります。実は、インパルスの位相周波数特性はすべての周波数で0になりますが、白色雑音の位相周波数特性はランダムになります。これがインパルスと白色雑音の波形の違いを生み出す特徴になっています。

　人間の聴覚は位相の違いに鈍感であることを第2章で説明しました。しかし、インパルスと白色雑音はこうした一般的な傾向にはあてはまらず、まったく異なる音色になります。位相の違いに鈍感なのは、あくまでも周期的複合音に限ることに注意してください。

　インパルスが周期的に繰り返すのが「パルス列」です。実は、パルス

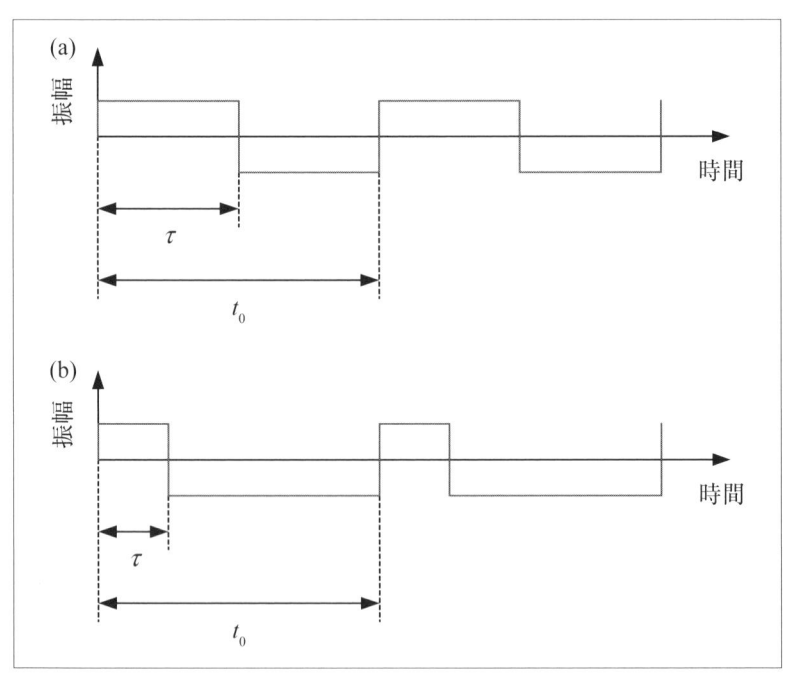

図7.12　矩形波とパルス波：(a) 矩形波、(b) パルス波

列は矩形波の仲間と考えることができます。図 7.12 に示すように、振幅が交互に切り替わるのが矩形波の特徴ですが、τ/t_0 で定義される「デューティ比」が 0.5 になるのが矩形波、そのほかの波形を「パルス波」と呼びます。

　パルス列は、デューティ比が最も小さいパルス波と考えることができます。図 7.13 に示すように、デューティ比を小さくしていくと、それにともなって周波数特性は変化し、最終的にパルス列になると周波数エンベロープはすべての周波数で一定になります。

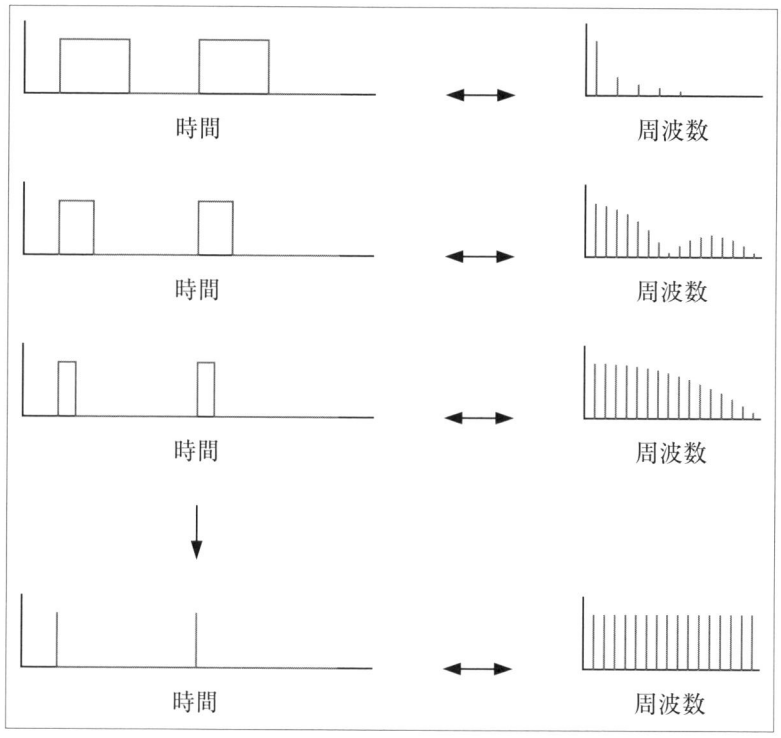

図 7.13　パルス列の周波数特性

第 **8** 章

PSG 音源
〜電子音を鳴らしてみよう

　黎明期のコンピュータは、いわゆるピコピコの電子音を使ってゲームの BGM や効果音を鳴らしていました。本章では、こうした電子音を作り出すテクニックとして、コンピュータにとって最も簡単な音作りの仕組みである PSG 音源について勉強してみることにしましょう。

8.1 PSG音源

最も簡単な音作りの仕組みとして、黎明期のコンピュータが採用していたのが「PSG（Programmable Sound Generator）音源」です。

図8.1に示すように、ノコギリ波や矩形波といった単純な波形を使って音を鳴らすのがPSG音源の仕組みになっています。第3章で説明したように、こうした波形を作り出すには、もちろんサイン波を重ね合わせることが正攻法になりますが、定義どおりサイン波を重ね合わせて波形を作り出すより、直線を組み合わせて波形を近似するほうが処理としては簡単でしょう。実は、こうした音作りのアプローチがPSG音源の仕組みにほかなりません。

たとえば、ノコギリ波の1周期は、t_0を基本周期とすると、次のように近似することができます。

$$s(n) = 1 - \frac{2n}{t_0} \quad (0 \leq n < t_0) \tag{8.1}$$

リスト8.1のex8_1.cは、式（8.1）にしたがって基本周波数500Hzのノコギリ波を生成するプログラムになっています。

同様に、矩形波と三角波の1周期は、t_0を基本周期とすると、それぞれ次のように近似することができます。

$$s(n) = \begin{cases} 1 & (0 \leq n < t_0/2) \\ -1 & (t_0/2 \leq n < t_0) \end{cases} \tag{8.2}$$

$$s(n) = \begin{cases} -1 + \dfrac{4n}{t_0} & (0 \leq n < t_0/2) \\ 3 - \dfrac{4n}{t_0} & (t_0/2 \leq n < t_0) \end{cases} \tag{8.3}$$

サポートサイトのex8_2.cとex8_3.cは、式（8.2）と式（8.3）にしたがって基本周波数500Hzの矩形波と三角波を生成するプログラムになっています。

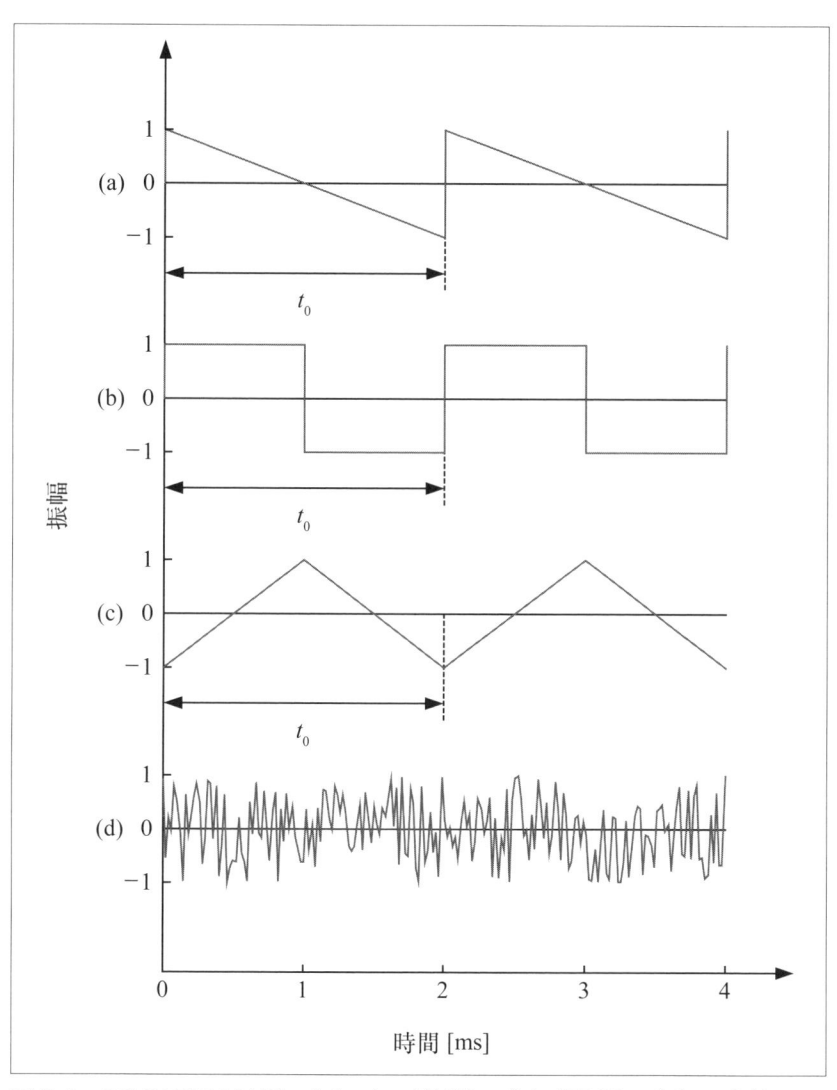

図 8.1　PSG 音源の波形：(a) ノコギリ波、(b) 矩形波、(c) 三角波、(d) 白色雑音

リスト8.1　ex8_1.c

```c
#include <stdio.h>
#include <stdlib.h>
#include "wave.h"

int main(void)
{
    MONO_PCM pcm;
    int n, m, t0;
    double f0, gain;

    pcm.fs = 44100; /* 標本化周波数 */
    pcm.bits = 16; /* 量子化精度 */
    pcm.length = pcm.fs * 1; /* 音データの長さ */
    pcm.s = calloc(pcm.length, sizeof(double)); /* 音データ */

    f0 = 500.0; /* 基本周波数 */

    /* ノコギリ波 */
    t0 = pcm.fs / f0; /* 基本周期 */
    m = 0;
    for (n = 0; n < pcm.length; n++)
    {
        pcm.s[n] = 1.0 - 2.0 * m / t0;

        m++;
        if (m >= t0)
        {
            m = 0;
        }
    }

    gain = 0.1; /* ゲイン */

    for (n = 0; n < pcm.length; n++)
    {
        pcm.s[n] *= gain;
    }

    wave_write_16bit_mono(&pcm, "ex8_1.wav");

    free(pcm.s);

    return 0;
}
```

これらの式を比べてみるとおわかりのように、このなかで最も簡単に作り出すことができるのは矩形波です。そのため、当初、PSG音源は矩形波を使って音を鳴らすものが一般的でしたが、音色にバリエーションを持たせようと、しだいにノコギリ波や三角波を追加したものも登場するようになっていった経緯があります。

なお、こうした周期的な波形のほか、非周期的な波形として、PSG音源はコンピュータの乱数を使って白色雑音を鳴らすことができるようになっています。サポートサイトのex8_4.cは、C言語のrand関数を使って白色雑音を生成するプログラムになっています。

8.2 時間エンベロープ

PSG音源が作り出す音は、そのままでは単調な電子音にすぎません。しかし、こうしたPSG音源も、時間エンベロープを工夫することで、音にバリエーションを持たせることができます。

PSG音源の時間エンベロープは、音の大きさの時間変化をコントロールするものになっています。図8.2に示すように、PSG音源にはいくつかの時間エンベロープのパターンがあらかじめ用意されていますが、いずれも単調増加と単調減少を基本にしています。単調増加または単調減少にかかる時間を t_e とすると、これらの時間エンベロープはそれぞれ次のように定義できます。

$$e(n) = \begin{cases} \dfrac{n}{t_e} & (0 \leq n < t_e) \\ 1 & (t_e \leq n) \end{cases} \tag{8.4}$$

$$e(n) = \begin{cases} 1 - \dfrac{n}{t_e} & (0 \leq n < t_e) \\ 0 & (t_e \leq n) \end{cases} \tag{8.5}$$

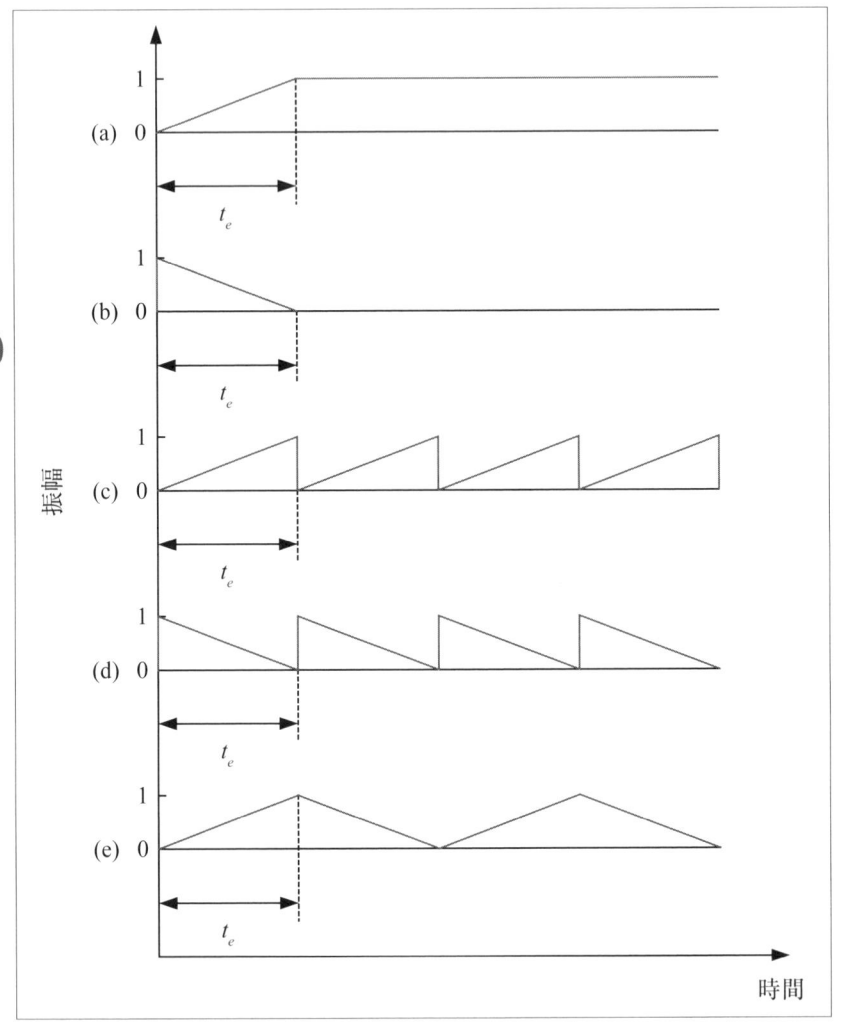

第8章 PSG音源 〜 電子音を鳴らしてみよう

図 8.2 PSG音源の時間エンベロープ：(a) 単調増加、(b) 単調減少、(c) 単調増加の繰り返し、(d) 単調減少の繰り返し、(e) 単調増加と単調減少の繰り返し

こうした時間エンベロープを周期的に繰り返すと、音の大きさを周期的に変化させることができます。リスト 8.2 の ex8_5.c は、白色雑音に周期的な時間エンベロープをかけるプログラムになっています。実際に音を聞いてみると、図 8.3 に示すように、音の大きさが周期的に変化し、白色雑音に動きが感じられることがおわかりいただけるのではないかと思います。t_e によって音色は変化し、大きくすると波の音、小さくすると蒸気機関車の音を作り出すことができます。

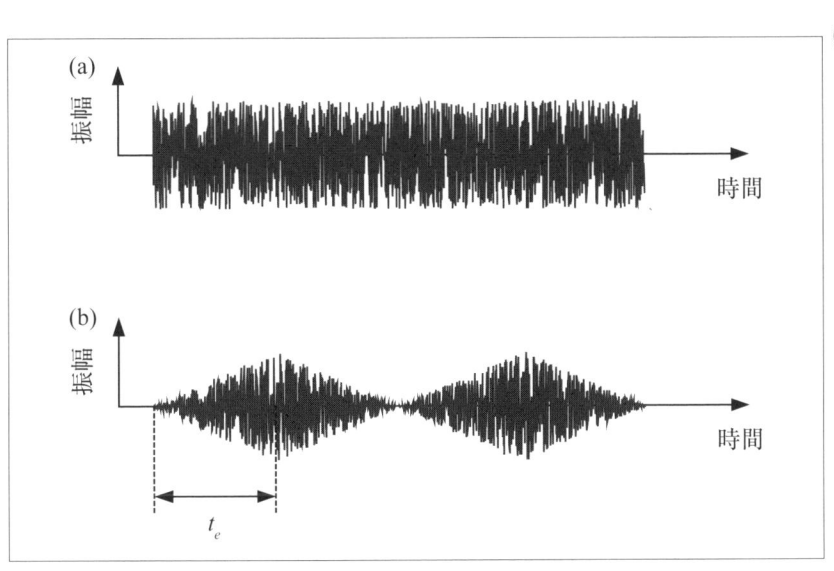

図 8.3　PSG 音源の時間エンベロープ：(a) 白色雑音、(b) 時間エンベロープをかけた白色雑音

リスト 8.2　ex8_5.c

```c
#include <stdio.h>
#include <stdlib.h>
#include "wave.h"

int main(void)
{
    MONO_PCM pcm;
    int n, m, te;
    double *e, gain;
    
    pcm.fs = 44100; /* 標本化周波数 */
    pcm.bits = 16; /* 量子化精度 */
    pcm.length = pcm.fs * 8; /* 音データの長さ */
    pcm.s = calloc(pcm.length, sizeof(double)); /* 音データ */
    
    /* 白色雑音 */
    for (n = 0; n < pcm.length; n++)
    {
        pcm.s[n] = (double)rand() / RAND_MAX * 2.0 - 1.0;
    }
    
    e = calloc(pcm.length, sizeof(double));
    
    te = pcm.fs * 2; /* 単調増加または単調減少にかかる時間 */
    
    /* 時間エンベロープ */
    m = 0;
    for (n = 0; n < pcm.length; n++)
    {
        if (m < te)
        {
            e[n] = (double)m / te;
        }
        else
        {
            e[n] = 1.0 - ((double)m - te) / te;
        }
        
        m++;
        if (m >= te * 2)
        {
            m = 0;
        }
    }
    
    gain = 0.1; /* ゲイン */
```

```
    for (n = 0; n < pcm.length; n++)
    {
        pcm.s[n] *= e[n] * gain;
    }
    
    wave_write_16bit_mono(&pcm, "ex8_5.wav");
    
    free(pcm.s);
    free(e);
    
    return 0;
}
```

8.3 ゲームミュージック

　黎明期のコンピュータ、とくに家庭用ゲーム機は、PSG 音源を使ってゲームの BGM、いわゆる「ゲームミュージック」を演奏することが一般的でした。1980 年代に社会現象を巻き起こした「ファミコン」はその代表といってよいでしょう。

　PSG 音源は音色に制約があり、表現力はそれほど高いものではありませんでしたが、その特徴を最大限に引き出すことで、数多くの魅力的なゲームミュージックが生み出されてきました。たとえば、「スーパーマリオブラザーズ」の BGM は、明るい音色の矩形波をメロディパート、おとなしい音色の三角波をベースパート、短く切った白色雑音をパーカッションに割り当てることで、PSG 音源ならではの音色の特徴を考慮したゲームミュージックになっています。サポートサイトの ex8_6.c は、こうしたゲームミュージックを作り出すプログラムになっています。

　最近は、技術の進歩とともにコンピュータの音も大きく変化し、本物の楽器さながらのリアルな音色を駆使したゲームミュージックがあたり前になってきました。そのため、PSG 音源はすっかり過去のものになってしまった感もありますが、一方で、黎明期のコンピュータを思わせるレトロな音色がリバイバル的な人気を集めているのも事実です。「チップチューン」と呼ば

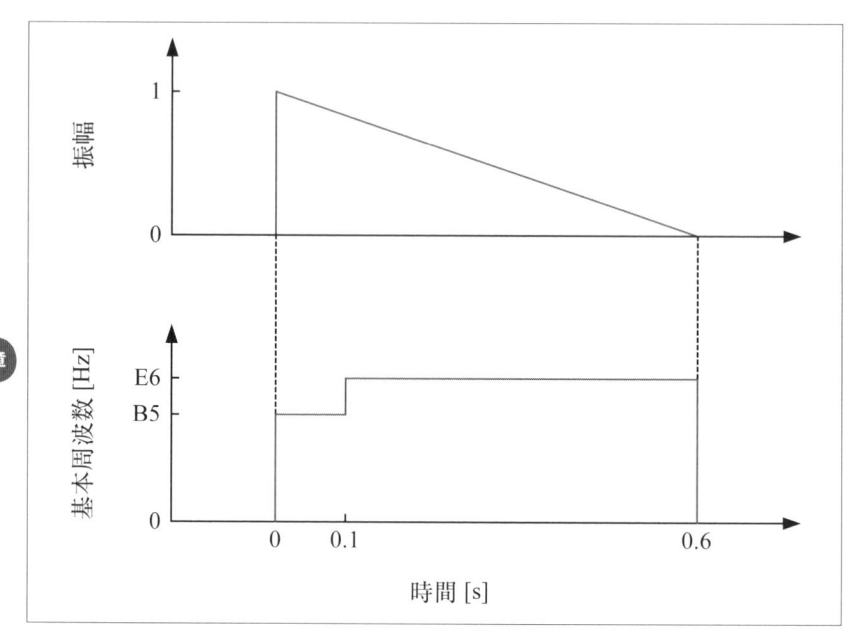

図 8.4　コイン音の時間エンベロープ

れるテクノミュージックのジャンルのなかで、PSG 音源は新たな魅力を発揮しつつあるといえるでしょう。

8.4　効果音

　ゲームミュージックのほか、ゲームを盛り上げる音として重要になるのが「効果音」です。PSG 音源を使って効果音を作り出すテクニックは、さまざまな試行錯誤によって生み出されてきたものであり、ノウハウのかたまりになっています。

　たとえば、図 8.4 に示すように、音の高さを素早く切り替えると、いわゆる「コイン音」を作り出すことができます。また、図 8.5 に示すように、音の高さをなめらかに変化させてチャープ音にすると、いわゆる「ジャンプ音」を作り出すことができます。サポートサイトの ex8_7.c と ex8_8.c は、こうした効果音を作り出すプログラムになっています。

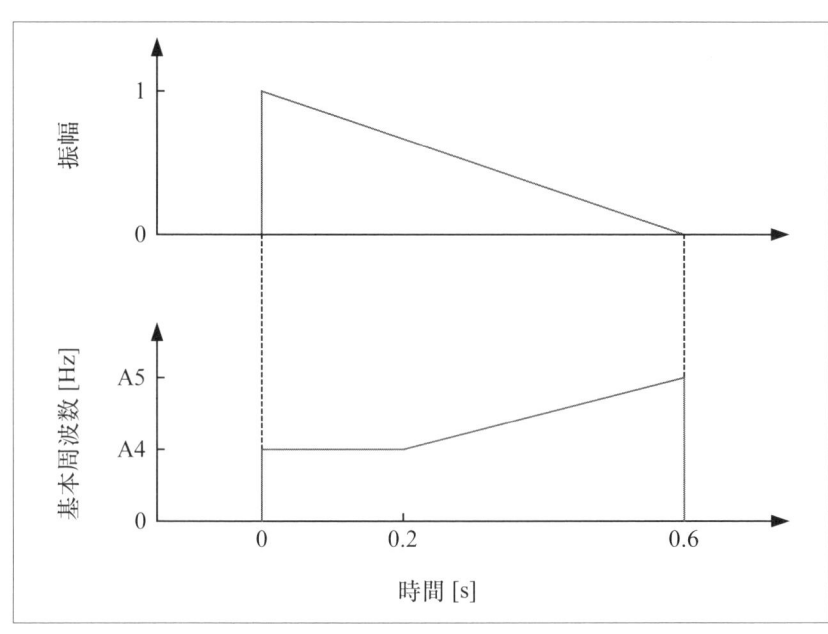

図 8.5　ジャンプ音の時間エンベロープ

8.5　オーバーサンプリング

　PSG 音源の精度は標本化周波数に左右されます。波形の基本周期が標本化周期の整数倍に限定されるため、標本化周波数を十分に大きくしておかないと音の高さを自由に設定することができません。サポートサイトの ex8_9.c は、標本化周波数を 8kHz にしてノコギリ波を生成するプログラムですが、音の高さをなめらかに変化させているつもりでも、実際は音の高さが段階的に変化してしまうことがおわかりいただけるでしょうか。

　こうした問題を解決するためのテクニックとして知られているのが「オーバーサンプリング」です。標本化周波数を大きくして処理を行うことがオーバーサンプリングのアプローチですが、PSG 音源の場合、標本化周波数を大きくして波形を生成し、その後、本来の標本化周波数に戻すと、標本化周波数が小さくても音の高さがなめらかに変化する波形を作り出すことができ

ます。

　標本化周波数を小さいものに変更することを「ダウンサンプリング」と呼びます。ともすれば単純にデータを間引くだけでよいように思いがちですが、ダウンサンプリングを正しく行うにはディジタル信号の特徴を考慮に入れることが重要なポイントになります。

　第4章で説明したように、標本化周波数の1/2を中心として本来の周波数成分とその鏡像が対称に出現するのがディジタル信号の周波数特性の特徴になっています。ここで、鏡像にあたる成分を「エイリアス」と呼びます。エイリアスとは日本語で「別名」を意味します。

　標本化周波数を変更することは、言ってみれば鏡を置く位置を変更するこ

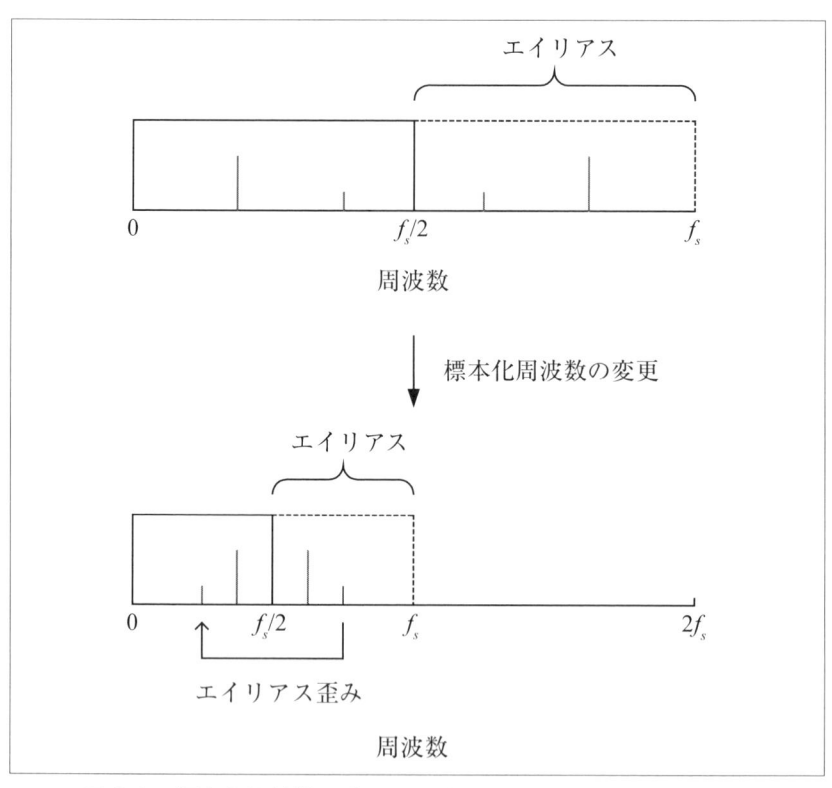

図8.6　標本化周波数の変更にともなうエイリアス歪みの発生

とにほかなりません。そのため、こうした処理を行う場合、鏡を置く位置よりも高域にある周波数成分はエイリアスとなって低域に映し出されてしまうことに注意する必要があります。たとえば、図 8.6 に示すように、高域に周波数成分が存在するにも関わらず標本化周波数を小さいものに変更すると、本来は存在しないはずの周波数成分が低域に出現してしまいます。こうしたエイリアスの影響を「エイリアス歪み」と呼びます。なお、エイリアス歪みは、標本化周波数の 1/2 を中心として本来の周波数成分のうえに折り返すようにして出現するため、「折り返し歪み」とも呼ばれます。

エイリアス歪みが発生しないように注意してダウンサンプリングを行うには、図 8.7 に示すように、LPF によって高域の周波数成分を取り除いた後、データを間引く必要があります。リスト 8.3 の ex8_10.c は、標本化周波数 192kHz で生成したノコギリ波を標本化周波数 8kHz にダウンサンプリングするプログラムですが、当初の目標どおり、音の高さがなめらかに変化する

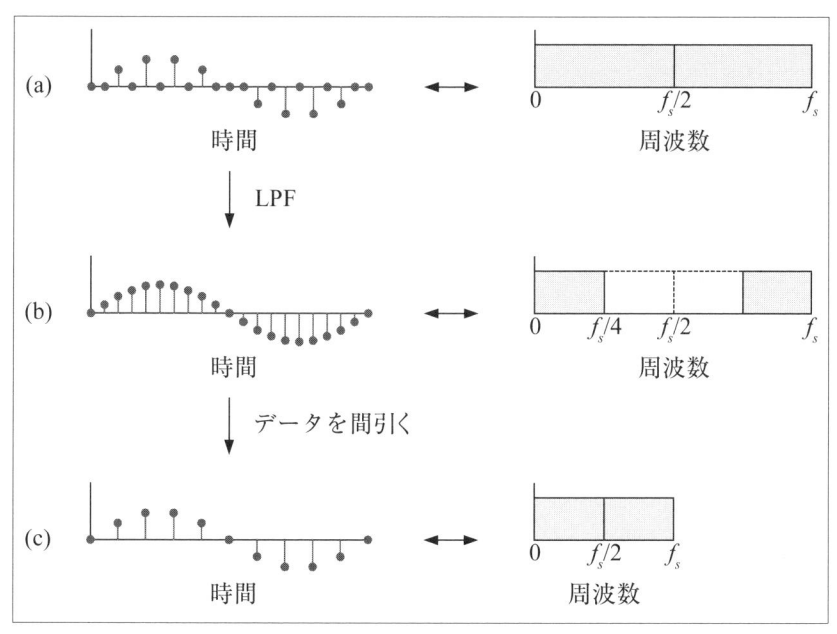

図 8.7 ダウンサンプリング：(a) 本来の波形、(b) LPF をかけた波形、(c) 標本化周波数の変更

リスト 8.3　ex8_10.c

```c
#include <stdio.h>
#include <stdlib.h>
#include <math.h>
#include "wave.h"
#include "window_function.h"
#include "sinc.h"
#include "fir_filter.h"

int main(void)
{
    MONO_PCM pcm0, pcm1;
    int n, m, t0, J, ratio;
    double *f0, gain, fe, delta, *b, *w;
    
    pcm0.fs = 192000; /* 標本化周波数 */
    pcm0.bits = 16; /* 量子化精度 */
    pcm0.length = pcm0.fs * 2; /* 音データの長さ */
    pcm0.s = calloc(pcm0.length, sizeof(double)); /* 音データ */
    
    f0 = calloc(pcm0.length, sizeof(double));
    
    /* 基本周波数 */
    f0[0] = 500.0;
    f0[pcm0.length - 1] = 3500.0;
    for (n = 0; n < pcm0.length; n++)
    {
        f0[n] = f0[0] + (f0[pcm0.length - 1] - f0[0]) * n / (pcm0.length - 1);
    }
    
    /* ノコギリ波 */
    t0 = pcm0.fs / f0[0]; /* 基本周期 */
    m = 0;
    for (n = 0; n < pcm0.length; n++)
    {
        pcm0.s[n] = 1.0 - 2.0 * m / t0;
        
        m++;
        if (m >= t0)
        {
            t0 = pcm0.fs / f0[n]; /* 基本周期 */
            m = 0;
        }
    }
    
    pcm1.fs = 8000; /* 標本化周波数 */
    pcm1.bits = 16; /* 量子化精度 */
```

```c
    pcm1.length = pcm1.fs * 2; /* 音データの長さ */
    pcm1.s = calloc(pcm1.length, sizeof(double)); /* 音データ */
    
    ratio = pcm0.fs / pcm1.fs; /* ダウンサンプリングのレシオ */
    
    fe = 0.45 / ratio; /* エッジ周波数 */
    delta = 0.1 / ratio; /* 遷移帯域幅 */
    
    J = (int)(3.1 / delta + 0.5) - 1; /* 遅延器の数 */
    if (J % 2 == 1)
    {
        J++; /* J+1が奇数になるように調整する */
    }
    
    b = calloc((J + 1), sizeof(double));
    w = calloc((J + 1), sizeof(double));
    
    Hanning_window(w, (J + 1)); /* ハニング窓 */
    
    FIR_LPF(fe, J, b, w); /* FIRフィルタの設計 */
    
    /* フィルタリング */
    for (n = 0; n < pcm1.length; n++)
    {
        for (m = 0; m <= J; m++)
        {
            if (n * ratio + J / 2 - m >= 0 &&
                n * ratio + J / 2 - m < pcm0.length )
            {
                pcm1.s[n] += b[m] * pcm0.s[n * ratio + J / 2 - m];
            }
        }
    }
    
    gain = 0.1; /* ゲイン */
    
    for (n = 0; n < pcm1.length; n++)
    {
        pcm1.s[n] *= gain;
    }
    
    wave_write_16bit_mono(&pcm1, "ex8_10.wav");
    
    free(pcm0.s);
    free(pcm1.s);
    free(f0);
    free(b);
```

```
    free(w);

    return 0;
}
```

ノコギリ波になっていることがおわかりいただけるでしょうか。一方、サポートサイトの ex8_11.c は、LPF を適用せず単純にデータを間引くだけのプログラムになっており、こちらはエイリアス歪みが耳障りに聞こえます。

　なお、ダウンサンプリングの逆に、標本化周波数を大きいものに変更することを「アップサンプリング」と呼びます。**図 8.8** に示すように、データに 0 を挿入することで標本化周波数を変更した後、LPF によって高域の周波数成分を取り除くのがアップサンプリングの手順になります。サポートサイトの ex8_12.c は、標本化周波数 8kHz にダウンサンプリングしたノコギリ波を再び標本化周波数 192kHz にアップサンプリングするプログラムになっています。

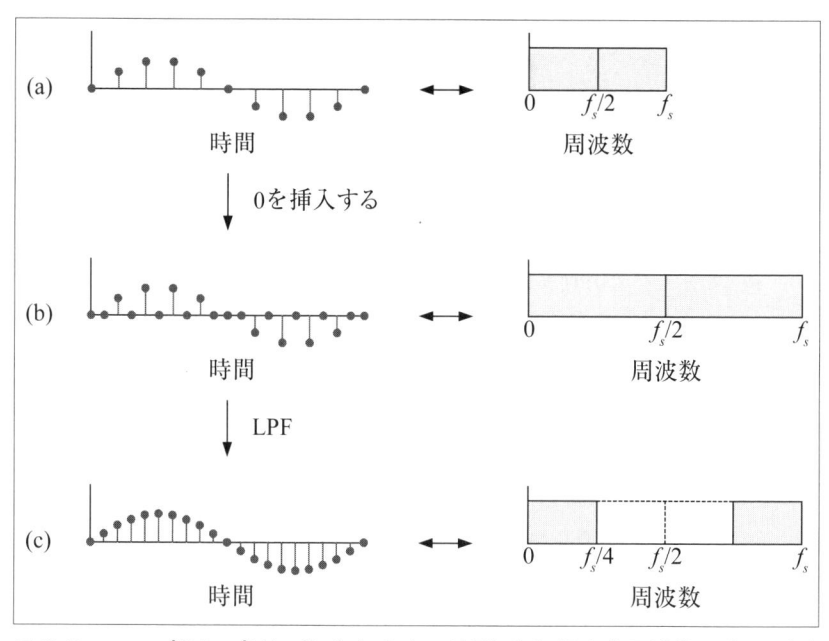

図 8.8　アップサンプリング：(a) 本来の波形、(b) 標本化周波数の変更、(c) LPF をかけた波形

COLUMN 8

MMLとMIDI

　黎明期のコンピュータミュージックは、「MML（Music Macro Language）」と呼ばれるフォーマットで楽譜を記述することが一般的でした。図8.9に示すように、C4音であればO4C、C5音であればO5Cというように音の高さを指定し、続いて4分音符であれば4というように音の長さを指定することで、テキストによって楽譜を記述するのがMMLの仕組みになっています。

　一方、電子楽器の普及とともに新たなフォーマットとして登場したのが「MIDI（Musical Instrument Digital Interface）」です。楽譜そのものを記述するMMLに対して、実際に電子楽器をコントロールし、音楽を演奏するために必要な情報を記述しているのがMIDIの特徴といえるで

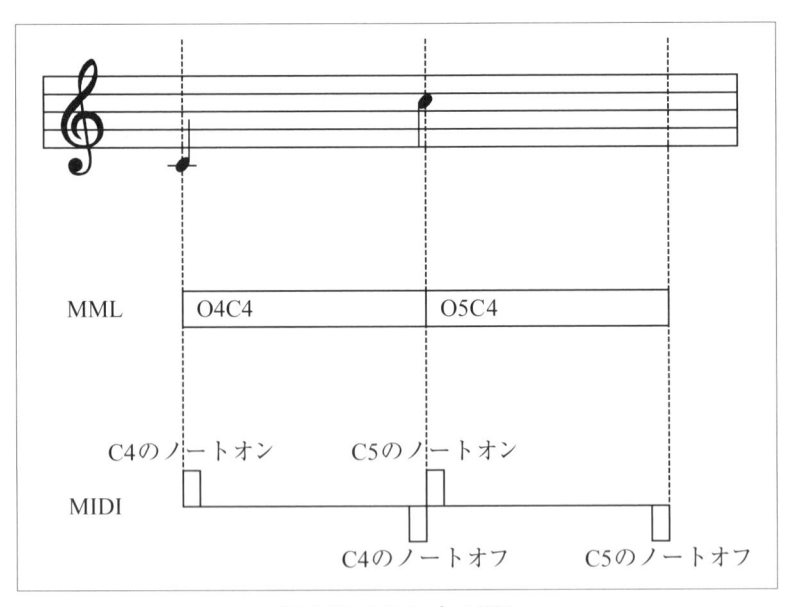

図8.9　MMLとMIDI

しょう。図8.9に示すように、鍵盤を押す「ノートオン」、鍵盤を離す「ノートオフ」といったイベント情報によって電子楽器をリアルタイムにコントロールするのがMIDIの仕組みになっています。

　一昔前はMMLのデータを作成することが一般的だったコンピュータミュージックも、昨今はMIDIのデータを作成することがあたり前になってきています。コンピュータミュージックの代名詞として、音楽制作の現場はもちろん、ウェブサイトのBGMやカラオケの伴奏など、さまざまなアプリケーションでMIDIは活躍しています。

第9章

アナログシンセサイザ
～楽器音を鳴らしてみよう

　電子楽器の1つとして開発されたアナログシンセサイザは、減算合成によって音を作り出す装置の代表例になっています。本章では、コンピュータを使ってアナログシンセサイザによる音作りを再現し、アナログシンセサイザによってどのような音を作り出すことができるのか、具体例として人工的に楽器音を作り出すテクニックをまじえながら勉強してみることにしましょう。

第9章　アナログシンセサイザ 〜 楽器音を鳴らしてみよう

9.1　アナログシンセサイザ

アナログ電子回路を組み合わせ、さまざまな音を作り出すための装置として誕生したのが「アナログシンセサイザ」です。図9.1に示すように、「電圧制御発振器（VCO：Voltage Controlled Oscillator）」、「電圧制御フィルタ（VCF：Voltage Controlled Filter）」、「電圧制御アンプ（VCA：Voltage Controlled Amplifier）」という3種類のモジュールを組み合わせることで音を作り出すのがアナログシンセサイザの仕組みになっています。

鍵盤を押さえると、そのポジションに対応した高さの音を生成するのがVCOの役割です。実は、PSG音源と同様、VCOはノコギリ波や矩形波といった単純な波形を生成する発振器にすぎません。そのため、VCOだけをながめると、アナログシンセサイザはPSG音源とまったく同じものになっているといえるでしょう。

アナログシンセサイザの音作りを特徴づけるのはVCFです。VCFは音色をコントロールするためのフィルタです。VCOによって生成された原音をVCFによって加工し、減算合成によって音を作り出すのが、PSG音源とは異なるアナログシンセサイザの特徴になっています。なお、VCFはどのようなフィルタでもかまいませんが、高域の周波数成分を削り取ることで音色の明るさをコントロールするLPFを適用することが一般的です。

もう1つ、アナログシンセサイザの音作りを特徴づけるのはVCAです。VCAは音の大きさをコントロールするためのアンプです。時間エンベロープによって音の大きさをコントロールする仕組みはPSG音源にも用意されていますが、そのパターンはあくまでも単純なものにすぎません。さらに複雑な時間エンベロープによって実際の楽器さながらの音を作り出すのが、

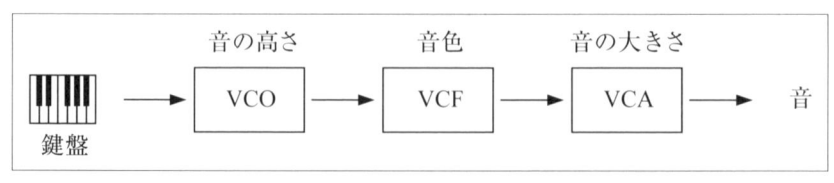

図9.1　アナログシンセサイザの仕組み

PSG音源とは異なるアナログシンセサイザの特徴になっています。

　動作が不安定になりがちなアナログ電子回路の代わりに、昨今はコンピュータを使ってアナログシンセサイザによる音作りを再現することが一般的になってきています。本章では、アナログシンセサイザをコンピュータのプログラムに置き換え、アナログシンセサイザによってどのような音を作り出すことができるのか、具体例として人工的に楽器音を作り出すテクニックをまじえながら勉強してみることにしましょう。

9.2 LFO

　単純に、発振器、フィルタ、アンプと呼ばずに、VCO、VCF、VCAと名前がつけられているところに、アナログシンセサイザの音作りの特徴があるといってよいでしょう。電圧の変化によってこれらのモジュールをリアルタイムにコントロールし、刻一刻と変化する音を作り出すことがアナログシンセサイザの重要なポイントになっています。

　PSG音源と同様、アナログシンセサイザの原音は、そのままでは単調な音にしか聞こえませんが、VCO、VCF、VCAを周期的に変化させるだけで、実に表情豊かな音を作り出すことができます。こうした音作りのためにアナログシンセサイザに用意されているのが「LFO（Low Frequency Oscillator）」と呼ばれる機能です。

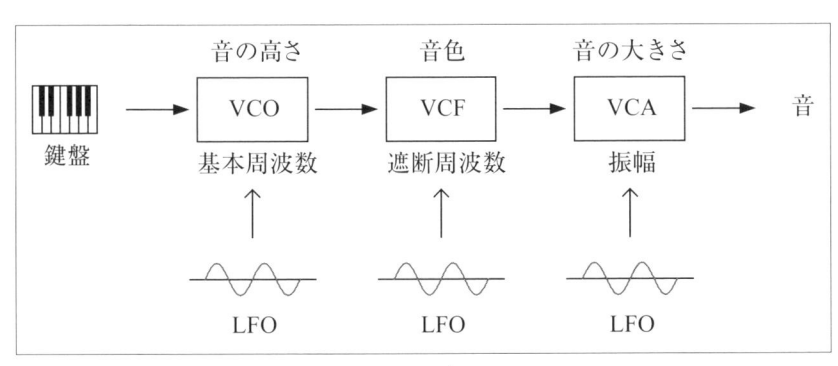

図9.2　LFOによる音のコントロール

LFOは周期的な波形を生成する発振器ですが、その周波数はきわめて低く、せいぜい10Hzのオーダーにすぎません。図9.2に示すように、LFOによってVCO、VCF、VCAをコントロールすると、音の大きさ、音の高さ、音色をゆっくりとした周期で揺らすことができます。このように、音に変化を与えることを「変調」または「モジュレーション」と呼びます。

9.3 トレモロ

図9.3に示すように、LFOによってVCAを周期的に揺らすと音の大きさが周期的に変化し、「トレモロ」と呼ばれる効果を作り出すことができます。サイン波によるトレモロの場合、振幅の時間エンベロープは次のように表すことができます。

$$vca(n) = vca(0) + a_m \sin\left(\frac{2\pi f_m n}{f_s}\right) \quad (0 \leq n \leq N-1) \tag{9.1}$$

ここで、$vca(0)$は時間エンベロープの初期値、a_mはLFOの振幅、f_mはLFOの周波数を表しており、a_mは揺れの大きさ、f_mは揺れのスピードをコントロールするパラメータになっています。図9.3は、$vca(0)$を0.75、a_mを0.25、f_mを1Hzにしてノコギリ波にトレモロをかけた例になっています。

リスト9.1のex9_1.cは、ノコギリ波にトレモロをかけるプログラムになっています。このプログラムは、$vca(0)$を1、a_mを0.2、f_mを2Hzとし、振幅の時間エンベロープが1±0.2の範囲で変化するようにコントロールしています。

9.4 ビブラート

図9.4に示すように、LFOによってVCOを周期的に揺らすと音の高さが周期的に変化し、「ビブラート」と呼ばれる効果を作り出すことができます。サイン波によるビブラートの場合、基本周波数の時間エンベロープは次のように表すことができます。

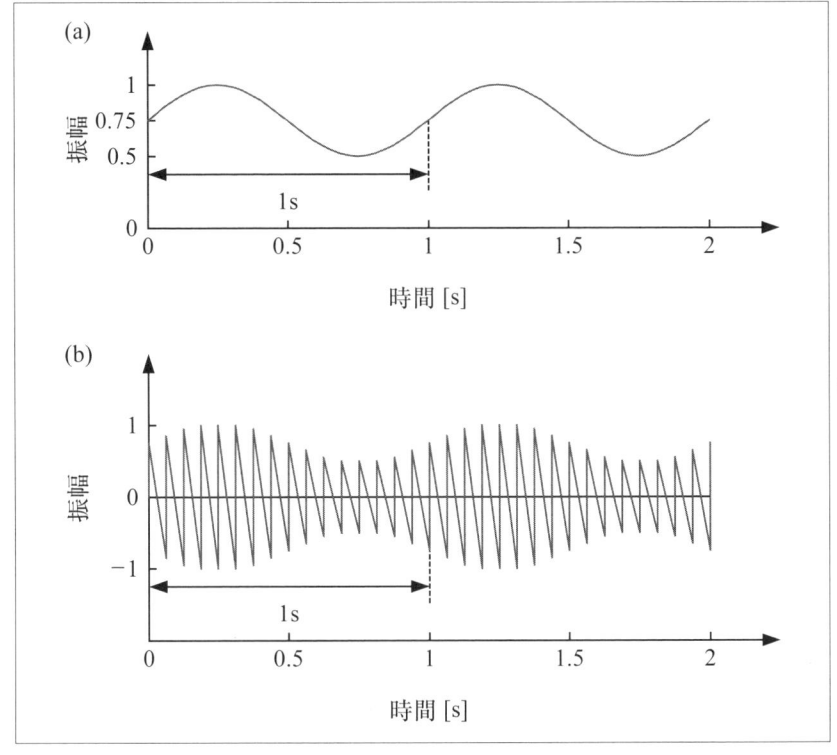

図 9.3 トレモロの仕組み：(a) 振幅の時間エンベロープ、(b) トレモロをかけたノコギリ波

リスト 9.1　ex9_1.c

```c
#include <stdio.h>
#include <stdlib.h>
#include <math.h>
#include "wave.h"

int main(void)
{
    MONO_PCM pcm;
    int n, m, t0;
    double vco, *vca, gain, am, fm;

    pcm.fs = 44100; /* 標本化周波数 */
```

第9章　アナログシンセサイザ ～ 楽器音を鳴らしてみよう

```c
    pcm.bits = 16; /* 量子化精度 */
    pcm.length = pcm.fs * 2; /* 音データの長さ */
    pcm.s = calloc(pcm.length, sizeof(double)); /* 音データ */

    vco = 500.0; /* 基本周波数 */

    /* ノコギリ波 */
    t0 = pcm.fs / vco; /* 基本周期 */
    m = 0;
    for (n = 0; n < pcm.length; n++)
    {
        pcm.s[n] = 1.0 - 2.0 * m / t0;

        m++;
        if (m >= t0)
        {
            m = 0;
        }
    }

    vca = calloc(pcm.length, sizeof(double));

    /* 時間エンベロープ */
    vca[0] = 1.0;
    am = 0.2; /* LFOの振幅 */
    fm = 2.0; /* LFOの周波数 */
    /* LFO */
    for (n = 0; n < pcm.length; n++)
    {
        vca[n] = vca[0] + am * sin(2.0 * M_PI * fm * n / pcm.fs);
    }

    gain = 0.1; /* ゲイン */

    for (n = 0; n < pcm.length; n++)
    {
        pcm.s[n] *= vca[n] * gain;
    }

    wave_write_16bit_mono(&pcm, "ex9_1.wav");

    free(pcm.s);
    free(vca);

    return 0;
}
```

$$vco(n) = vco(0) + a_m \sin\left(\frac{2\pi f_m n}{f_s}\right) \quad (0 \leq n \leq N-1) \tag{9.2}$$

ここで、$vco(0)$ は時間エンベロープの初期値、a_m は LFO の振幅、f_m は LFO の周波数を表しており、a_m は揺れの大きさ、f_m は揺れのスピードをコントロールするパラメータになっています。図 9.4 は、$vco(0)$ を 12Hz、a_m を 4Hz、f_m を 1Hz にしてノコギリ波にビブラートをかけた例になっています。

サポートサイトの ex9_2.c は、ノコギリ波にビブラートをかけるプログラムになっています。このプログラムは、$vco(0)$ を 500Hz、a_m を 100Hz、f_m を 2Hz とし、基本周波数の時間エンベロープが 500 ± 100Hz の範囲で変化す

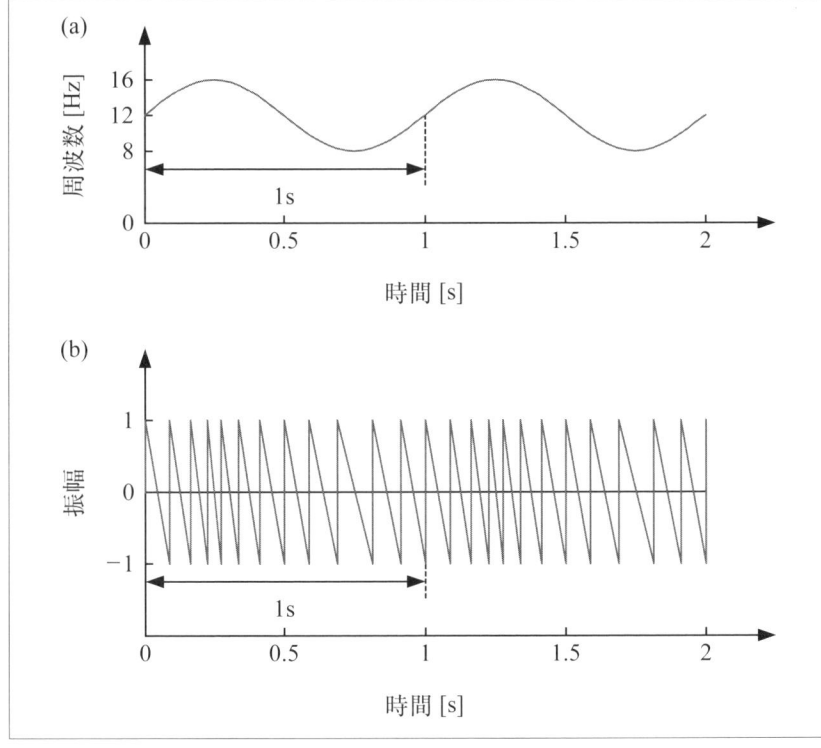

図 9.4 ビブラートの仕組み：(a) 基本周波数の時間エンベロープ、(b) ビブラートをかけたノコギリ波

9.5 ワウ

VCFとしてLPFを適用する場合、図9.5に示すように、LFOによってLPFの遮断周波数を周期的に揺らすと音色が周期的に変化し、「ワウ」と呼ばれる効果を作り出すことができます。サイン波によるワウの場合、LPFの遮断周波数の時間エンベロープは次のように表すことができます。

$$vcf(n) = vcf(0) + a_m \sin\left(\frac{2\pi f_m n}{f_s}\right) \quad (0 \leq n \leq N-1) \qquad (9.3)$$

ここで、$vcf(0)$は時間エンベロープの初期値、a_mはLFOの振幅、f_mはLFOの周波数を表しており、a_mは揺れの大きさ、f_mは揺れのスピードをコントロールするパラメータになっています。図9.5は、$vcf(0)$を2000Hz、a_mを1500Hz、f_mを1Hzにしてノコギリ波にワウをかけた例になっています。スペクトログラムを観察すると、ノコギリ波の周波数成分がLFOの波形どおり周期的に変化していることがおわかりいただけるのではないかと思います。

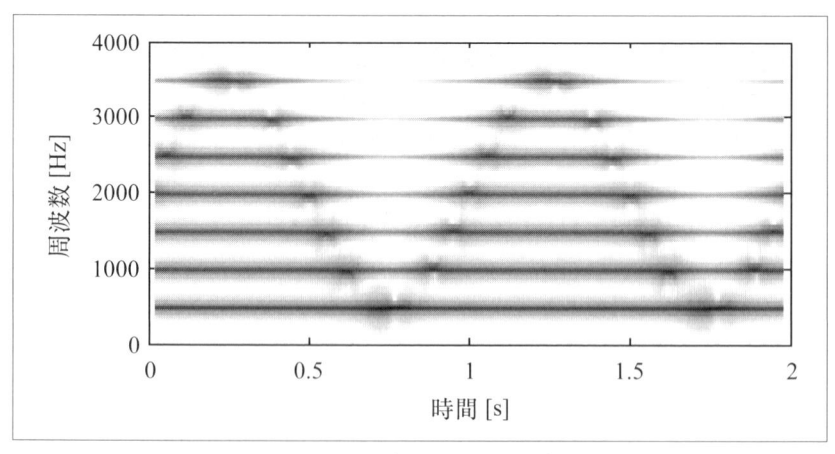

図9.5 ワウをかけたノコギリ波

9.5 ワウ

サポートサイトの ex9_3.c は、ノコギリ波にワウをかけるプログラムになっています。このプログラムは、$vcf(0)$ を 1000Hz、a_m を 800Hz、f_m を 2Hz とし、LPF の遮断周波数の時間エンベロープが 1000 ± 800Hz の範囲で変化するようにコントロールしています。

なお、このプログラムは VCF として IIR フィルタの LPF を適用し、Q を 5 に設定しています。実は、Q は「レゾナンス」とも呼ばれ、いわゆるアナログシンセサイザらしい独特の音色を作り出すうえで重要なパラメータに

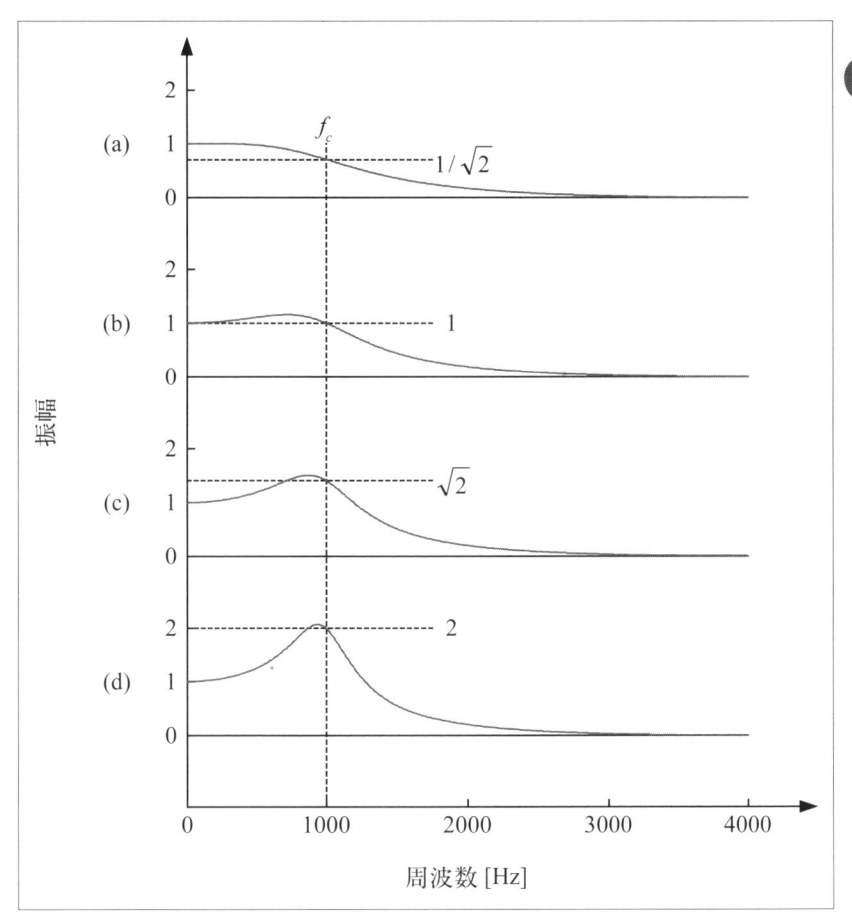

図 9.6 LPF のレゾナンス：(a) $Q=1/\sqrt{2}$、(b) $Q=1$、(c) $Q=\sqrt{2}$、(d) $Q=2$

なっています。図 9.6 に示すように、Q を大きくすると周波数特性にピークが生じることになりますが、こうしたピークがフォルマントのように知覚され、まるで「ワ」や「ウ」といった音声のように聞こえることが、「ワウ」の名前の由来になっています。

9.6 ADSR

音の大きさの時間変化は、楽器音を特徴づける重要なポイントになります。第 5 章で説明したように、同じ鍵盤楽器でも、パイプに空気を送り込むことで音を鳴らすオルガンと、弦をたたくことで音を鳴らすピアノでは、音の大きさの時間エンベロープがまったく異なります。

こうした楽器音の特徴を再現するための仕組みとして、アナログシンセサイザに用意されているのが「ADSR」と呼ばれるパラメータです。さまざまな音を作り出すための装置として誕生したアナログシンセサイザが、しだいに楽器音を人工的に作り出す装置として位置づけられるようになっていったのは、ひとえに ADSR のおかげといって過言ではありません。

ADSR は、「アタックタイム」、「ディケイタイム」、「サステインレベル」、「リ

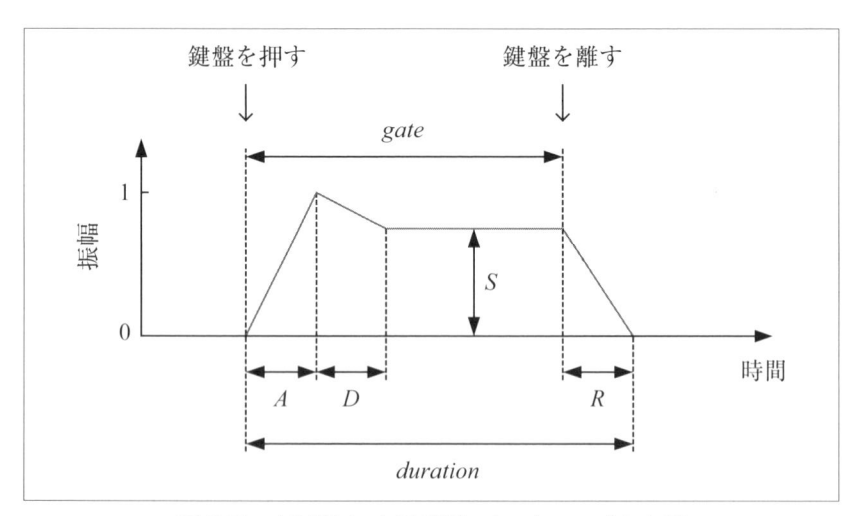

図 9.7　ADSR による時間エンベロープの定義

リースタイム」という4種類のパラメータによって楽器音の時間エンベロープを定義しています。図9.7に示すように、アタックタイムは鍵盤を押してから音が最大になるまでの時間、ディケイタイムは音が持続状態に落ち着くまでの時間、サステインレベルは持続状態における音の大きさ、リリースタイムは鍵盤を離してから音が鳴り終わるまでの時間を表しています。

図9.8に示すように、楽器音の時間エンベロープにはさまざまなパターンがありますが、持続音と減衰音の2つのパターンに大きく分類することができます。持続音のサステインレベルは0よりも大きくなりますが、減衰音のサステインレベルは0になることが特徴です。

オルガンとバイオリンは持続音です。そのため、どちらも持続状態に落ち着くとサステインレベルをキープし、一定の大きさの音が鳴り続けることになります。オルガンとバイオリンの違いはアタックタイムとリリースタイムにあります。オルガンはアタックタイムとリリースタイムが小さく、音がすぐに鳴り始め、すぐに鳴り終わりますが、一方、バイオリンはアタックタイムとリリースタイムが大きく、音がゆっくり鳴り始め、ゆっくり鳴り終わることが特徴になっています。

ピアノとドラムは減衰音です。そのため、どちらも音が鳴り始めてから鳴り終わるまでディケイタイムにしたがって音が減衰していくことになります。ピアノとドラムの違いはリリースタイムにあります。ピアノはリリースタイムが小さく、鍵盤を離すと減衰のスピードが変化し、すぐに音が鳴り終わりますが、一方、ドラムにはこうした減衰のスピードを変化させる仕組みはありません。

図9.9に示すように、ADSRによる時間エンベロープは、実際はアナログ電子回路の性質にしたがって指数関数によって定義されたものが一般的です。鍵盤を押している時間を$gate$、音の長さを$duration$、アタックタイムをA、ディケイタイムをD、サステインレベルをS、リリースタイムをRとすると、ADSRによる時間エンベロープは次のように定義できます。

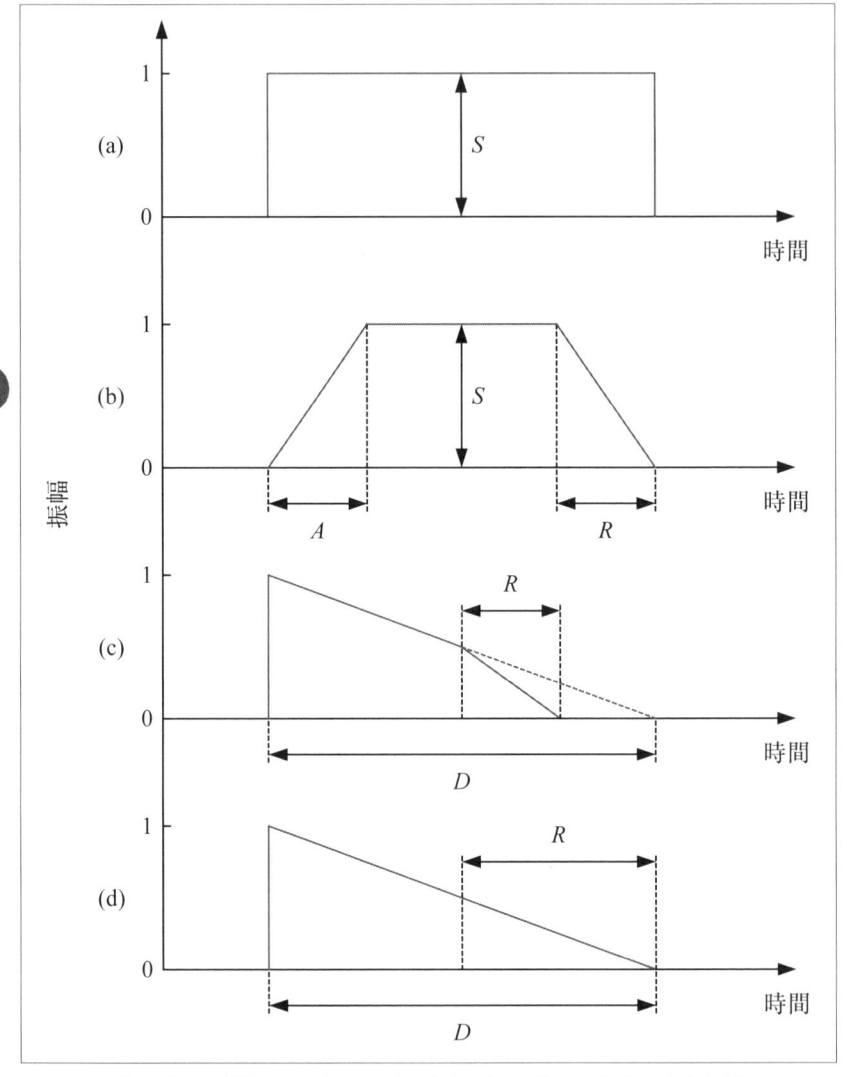

図 9.8 楽器音の時間エンベロープ：(a) オルガン、(b) バイオリン、(c) ピアノ、(d) ドラム

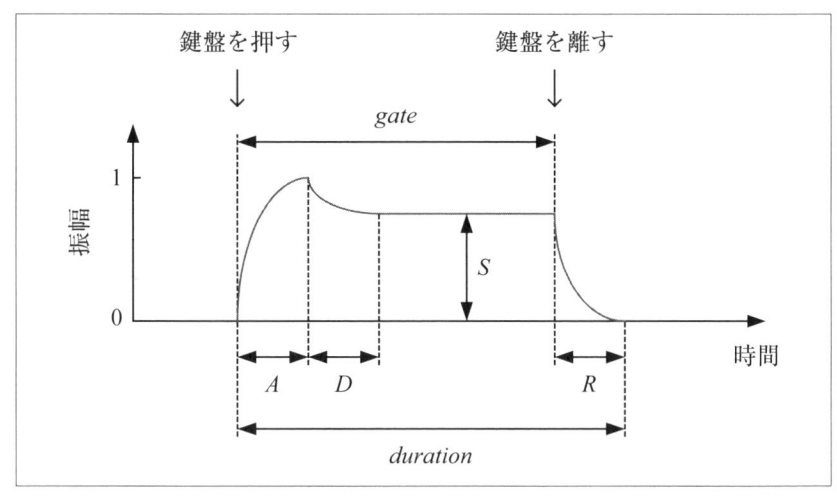

図 9.9　指数関数の時間エンベロープ

$$e(n) = \begin{cases} 1 - \exp\left(-\dfrac{5n}{A}\right) & (0 \leq n < A) \\ S + (1-S)\exp\left(-\dfrac{5(n-A)}{D}\right) & (A \leq n < gate) \\ e(gate-1)\exp\left(-\dfrac{5(n-gate+1)}{R}\right) & (gate \leq n < duration) \end{cases} \quad (9.4)$$

　実は、図 9.10 に示すように、ADSR による時間エンベロープは、VCA だけでなく VCO や VCF にも適用することができます。このように、音の大きさだけでなく音の高さや音色の時間変化をコントロールすることが、アナログシンセサイザによる音作りの重要なノウハウになっています。

9.7　オルガン

　実際にアナログシンセサイザを使って楽器音を作り出してみましょう。第 7 章で説明したように、減算合成による音作りでは原音の選択が重要なポイントになりますが、ほとんどの楽器音はすべての倍音を含んだものになって

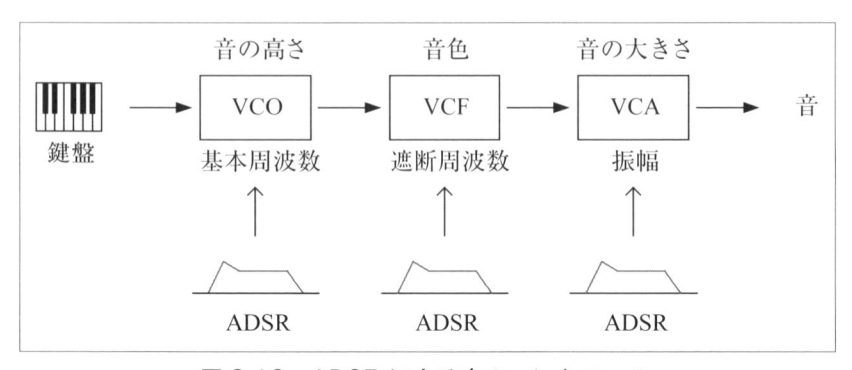

第9章　アナログシンセサイザ 〜 楽器音を鳴らしてみよう

図9.10　ADSRによる音のコントロール

いるため、アナログシンセサイザを使って楽器音を作り出す場合、原音としてはノコギリ波を使うことが一般的です。ただし、クラリネットなど奇数次の倍音が目立つ楽器音は矩形波が適しています。また、リコーダーなど倍音があまり目立たない楽器音は三角波が適しています。シンバルのように倍音構造を示さない楽器音は白色雑音が適しているでしょう。

　もちろん、こうした原音の選択も重要ですが、時間エンベロープをコントロールし、音の時間変化を適切に再現することも楽器音を作り出すうえで重要なポイントになります。

　時間エンベロープが最も簡単なものとして、まずはオルガンの音を作ってみましょう。リスト9.2のex9_4.cは、VCOをノコギリ波、VCFをLPFとして、オルガンの音を作り出すプログラムになっています。

リスト9.2　ex9_4.c

```
#include <stdio.h>
#include <stdlib.h>
#include <math.h>
#include "wave.h"
#include "adsr.h"
#include "iir_filter.h"

int main(void)
{
```

9.7 オルガン

```c
MONO_PCM pcm0, pcm1;
int n, m, t0, I, J, A, D, R, gate, duration;
double vco, vcf, *vca, gain, S, Q, a[3], b[3];

pcm0.fs = 44100; /* 標本化周波数 */
pcm0.bits = 16; /* 量子化精度 */
pcm0.length = pcm0.fs * 4; /* 音データの長さ */
pcm0.s = calloc(pcm0.length, sizeof(double)); /* 音データ */

vco = 440.0; /* 基本周波数 */

/* ノコギリ波 */
t0 = pcm0.fs / vco; /* 基本周期 */
m = 0;
for (n = 0; n < pcm0.length; n++)
{
    pcm0.s[n] = 1.0 - 2.0 * m / t0;
    
    m++;
    if (m >= t0)
    {
        m = 0;
    }
}

vcf = 1500.0; /* 遮断周波数 */
Q = 5.0; /* レゾナンス */
I = 2; /* 遅延器の数 */
J = 2; /* 遅延器の数 */

IIR_LPF(vcf / pcm0.fs, Q, a, b); /* IIRフィルタの設計 */

pcm1.fs = pcm0.fs; /* 標本化周波数 */
pcm1.bits = pcm0.bits; /* 量子化精度 */
pcm1.length = pcm0.length; /* 音データの長さ */
pcm1.s = calloc(pcm1.length, sizeof(double)); /* 音データ */

/* フィルタリング */
for (n = 0; n < pcm1.length; n++)
{
    for (m = 0; m <= J; m++)
    {
        if (n - m >= 0)
        {
            pcm1.s[n] += b[m] * pcm0.s[n - m];
        }
    }
```

```c
            for (m = 1; m <= I; m++)
            {
                if (n - m >= 0)
                {
                    pcm1.s[n] += -a[m] * pcm1.s[n - m];
                }
            }
        }

        vca = calloc(pcm0.length, sizeof(double)); /* 振幅 */
        gate = pcm1.fs * 4;
        duration = pcm1.fs * 4;
        A = 0;
        D = 0;
        S = 1.0;
        R = 0;
        ADSR(vca, A, D, S, R, gate, duration);

        gain = 0.1; /* ゲイン */

        for (n = 0; n < pcm1.length; n++)
        {
            pcm1.s[n] *= vca[n] * gain;
        }

        /* フェード処理 */
        for (n = 0; n < pcm1.fs * 0.01; n++)
        {
            pcm1.s[n] *= (double)n / (pcm1.fs * 0.01);
            pcm1.s[pcm1.length - n - 1] *= (double)n / (pcm1.fs * 0.01);
        }

        wave_write_16bit_mono(&pcm1, "ex9_4.wav");

        free(pcm0.s);
        free(pcm1.s);
        free(vca);

        return 0;
}
```

オルガンは音の時間変化がそれほど顕著ではないため、図9.11に示すように、このプログラムは時間エンベロープを一定にしてオルガンの音を作り出しています。なお、オルガンの音は倍音が目立つことを再現するため、このプログラムはLPFのQを大きくすることで遮断周波数のまわりの倍音を

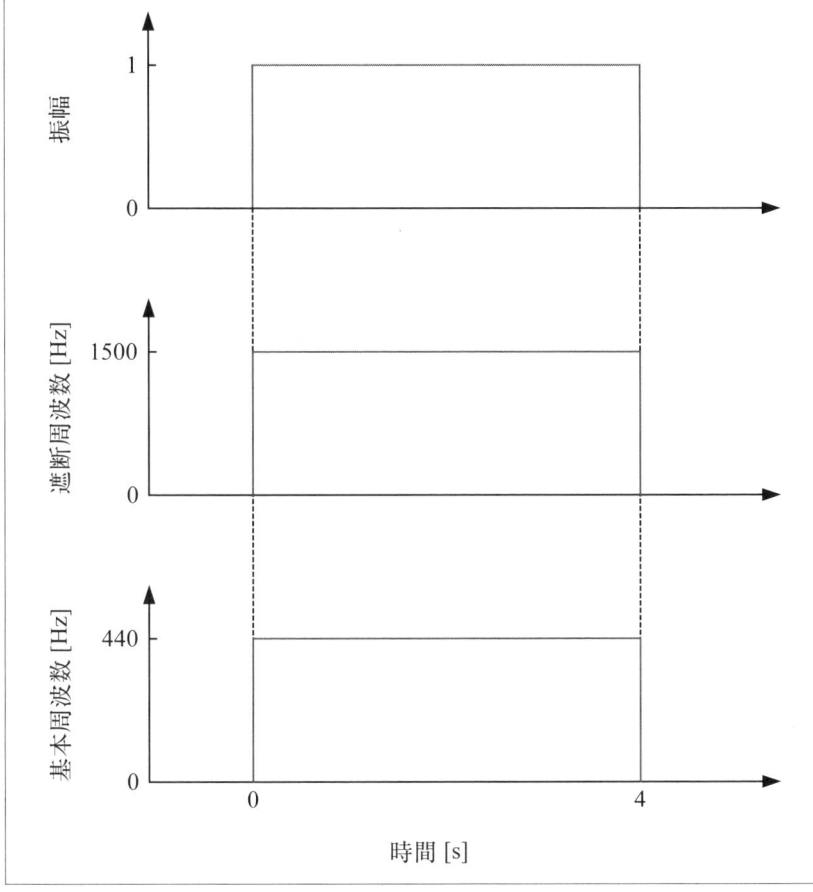

図 9.11　オルガンの時間エンベロープ

強調しています。

9.8　バイオリン

　次にバイオリンの音を作ってみましょう。サポートサイトの ex9_5.c は、VCO をノコギリ波、VCF を LPF として、バイオリンの音を作り出すプログラムになっています。

図9.12に示すように、アタックタイムとリリースタイムを大きくすることがバイオリンの音を作り出すための重要なポイントになります。原音はどちらもノコギリ波ですが、実際に音を聞いてみると、時間エンベロープしだいでノコギリ波はオルガンにもバイオリンにもなることがおわかりいただけるのではないかと思います。

もちろん、倍音の配合比率を適切にコントロールすることは楽器音を作り出すうえで重要なポイントになりますが、単純なフィルタでは限界があり、

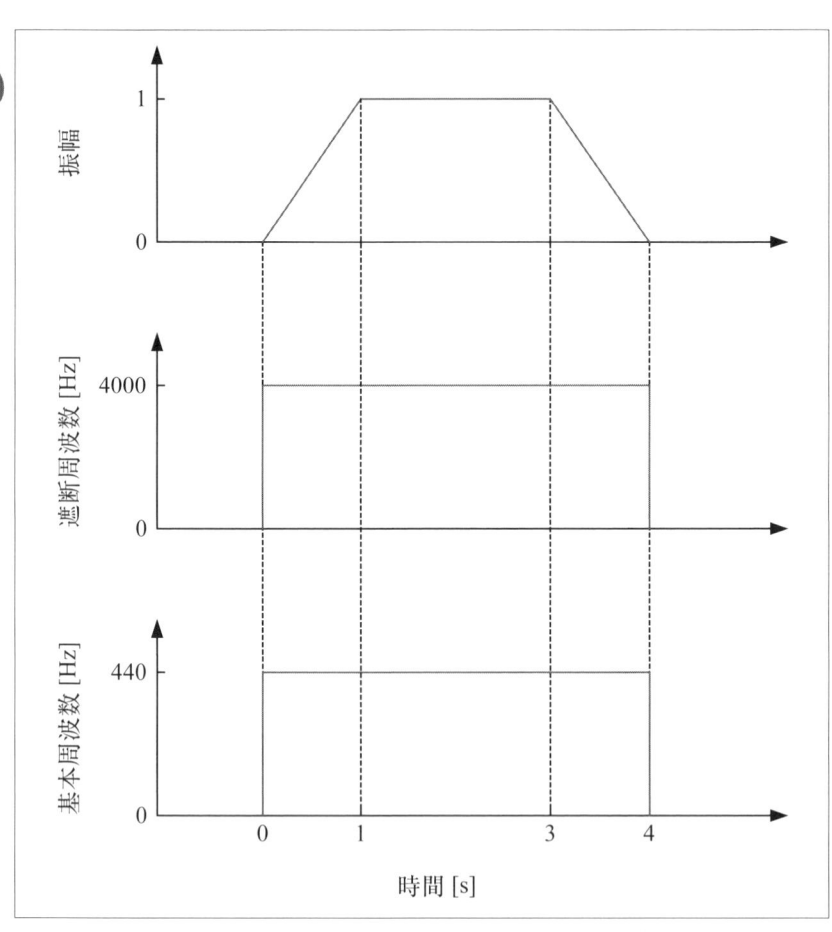

図9.12　バイオリンの時間エンベロープ

かならずしも本来の楽器音とまったく同じ周波数特性を再現できるわけではありません。それでも同じような雰囲気の音を作り出すことができるのは、ひとえに時間エンベロープのおかげといってよいでしょう。フィルタの特性もさることながら、時間エンベロープをコントロールし、音の時間変化を適切に再現することが楽器音を作り出すうえで重要なポイントになっていることをぜひ覚えておきましょう。

9.9 ピアノ

　時間エンベロープは VCF にも適用することができます。一例として、ピアノの音を作ってみましょう。サポートサイトの ex9_6.c は、VCO をノコギリ波、VCF を LPF として、ピアノの音を作り出すプログラムになっています。

　時間の経過とともに高域の倍音から減衰していくのがピアノの特徴です。図 9.13 に示すように、時間の経過とともに LPF の遮断周波数が小さくなっていくように VCF の時間エンベロープをコントロールすると、こうしたピアノの特徴を再現することができます。

9.10 ドラム

　時間エンベロープは VCO にも適用することができます。一例として、ドラムの音を作ってみましょう。サポートサイトの ex9_7.c は、VCO を三角波、VCF を LPF として、ドラムの音を作り出すプログラムになっています。

　ドラムはたたいた瞬間、皮が変形し、音の高さが急激に変化します。図 9.14 に示すように、時間の経過とともに基本周波数が小さくなっていくように VCO の時間エンベロープをコントロールすると、こうしたドラムの特徴を再現することができます。

　また、時間の経過とともに高域の倍音から減衰していくのがドラムの特徴です。そのため、このプログラムは、時間の経過とともに LPF の遮断周波数が小さくなっていくように VCF の時間エンベロープをコントロールしています。

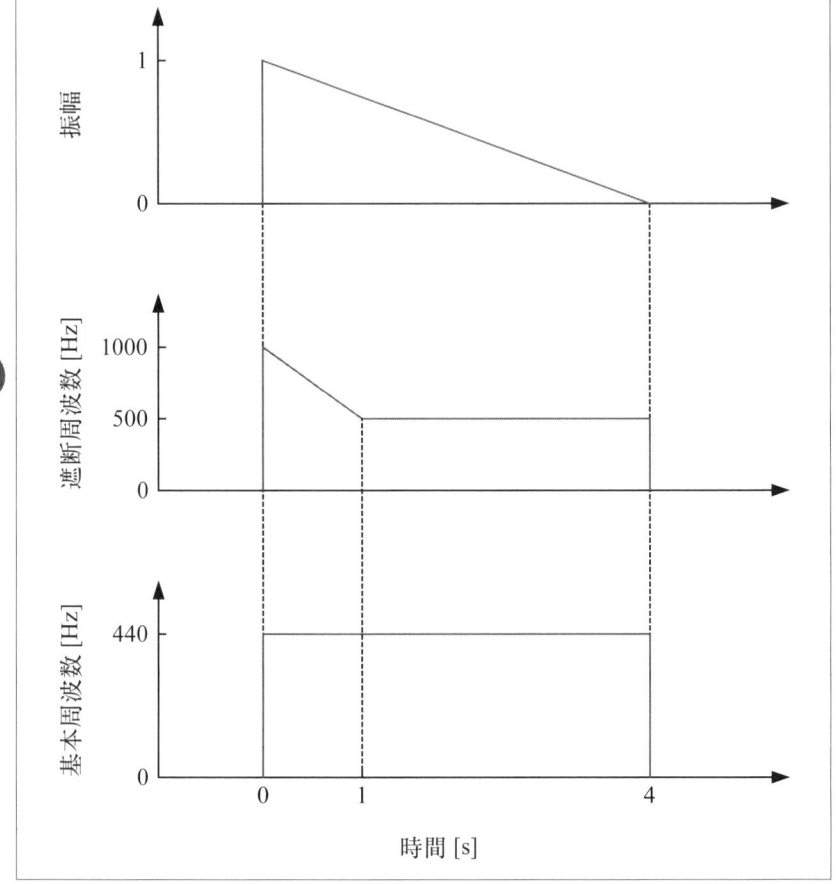

図 9.13　ピアノの時間エンベロープ

9.11　アナログ信号とディジタル信号

　PSG 音源と同じ方法でアナログシンセサイザの原音を作り出す場合、音の高さは標本化周波数に左右されることに注意しなければなりません。第 8 章で説明したように、こうした問題に対処するにはオーバーサンプリングを適用することが 1 つのアプローチになりますが、実は、ノコギリ波や矩形波がパルス列の積分によって定義できることに着目すると、アナログシンセサ

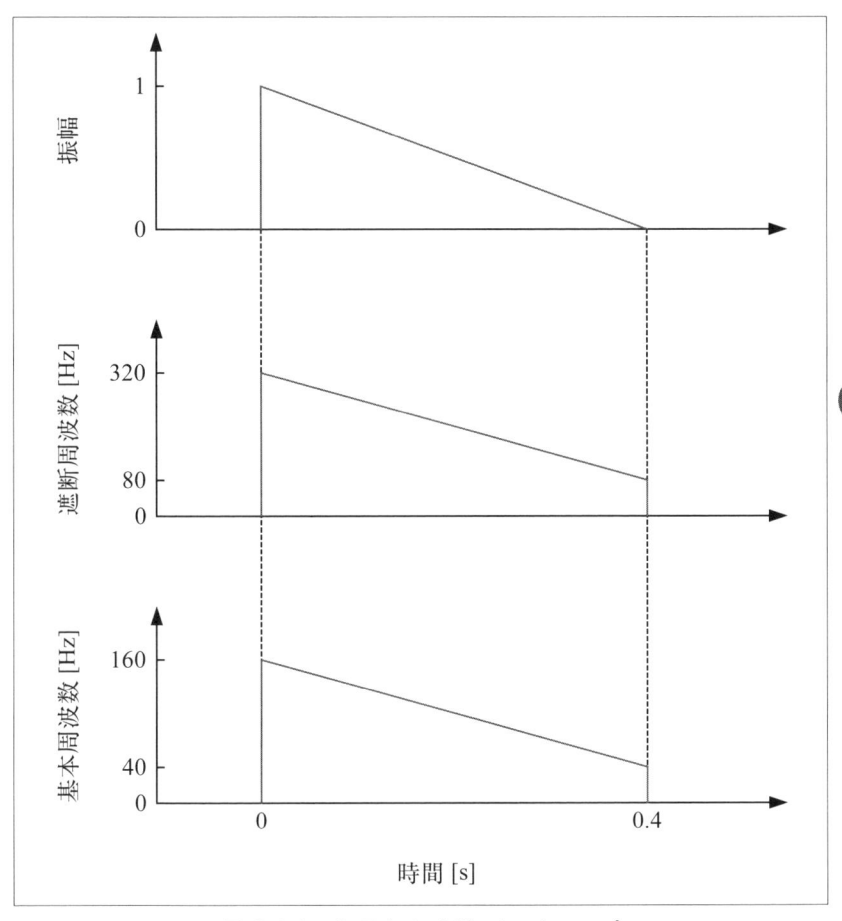

図 9.14　ドラムの時間エンベロープ

イザの原音を精度よく作り出す問題は、パルス列を精度よく作り出す問題に置き換えて考えることができます。

通常、ディジタル信号のパルス列は基本周期が標本化周期の整数倍に限定されており、このままでは音の高さを自由に設定することができません。こうした制約を取り払うには、ディジタル信号のパルス列がアナログ信号ではどのように表現されるか理解することが重要なポイントになります。

標本化定理はアナログ信号とディジタル信号を次のように結びつけています。

$$s_a(t) = \sum_{n=-\infty}^{\infty} s_d(n)\mathrm{sinc}(\pi(t-n)) \tag{9.5}$$

ここで、$s_a(t)$ はアナログ信号、$s_d(n)$ はディジタル信号を表しています。また、$\mathrm{sinc}(x)$ は第6章で説明したシンク関数です。

式（9.5）は、シンク関数の重ね合わせによってディジタル信号からアナログ信号を求めることができることを意味しています。たとえば、図9.15に示すように、時刻0は1、そのほかの時刻は0として定義されるディジタル信号のインパルスを式（9.5）に代入すると、アナログ信号ではシンク関数そのものになります。同様に、インパルスが周期的に繰り返すディジタル信号のパルス列は、アナログ信号ではシンク関数を周期的にずらしながら重ね合わせたものとして表現されることになります。

図9.16に示すように、通常、ディジタル信号のパルス列は基本周期が標本化周期の整数倍になっており、シンク関数の頂点だけがサンプリングされたものになっています。一方、こうした制約を取り払うと、図9.17に示すように、シンク関数のそのほかの部分がサンプリングされることになります。こうしたパルス列は基本周期を自由に設定できるため、標本化周波数に左右されず音の高さを精度よくコントロールすることができます。

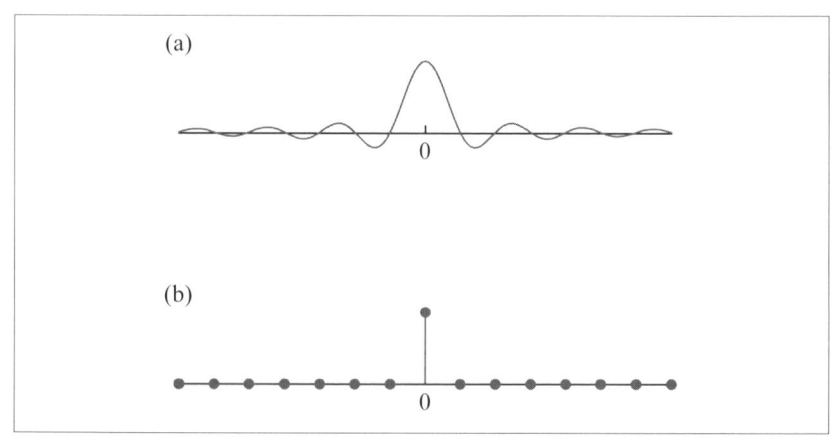

図9.15 インパルス：(a) アナログ信号、(b) ディジタル信号

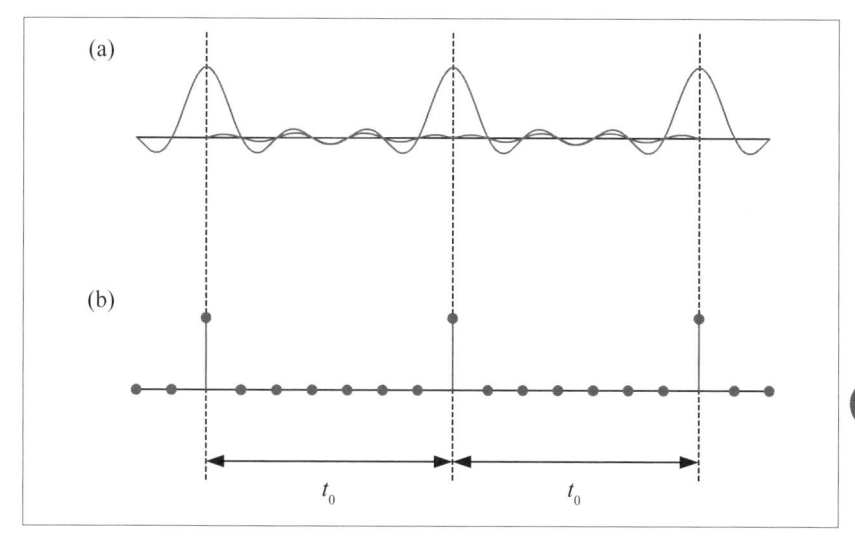

図 9.16　基本周期が標本化周期の整数倍になるパルス列：(a) アナログ信号、(b) ディジタル信号

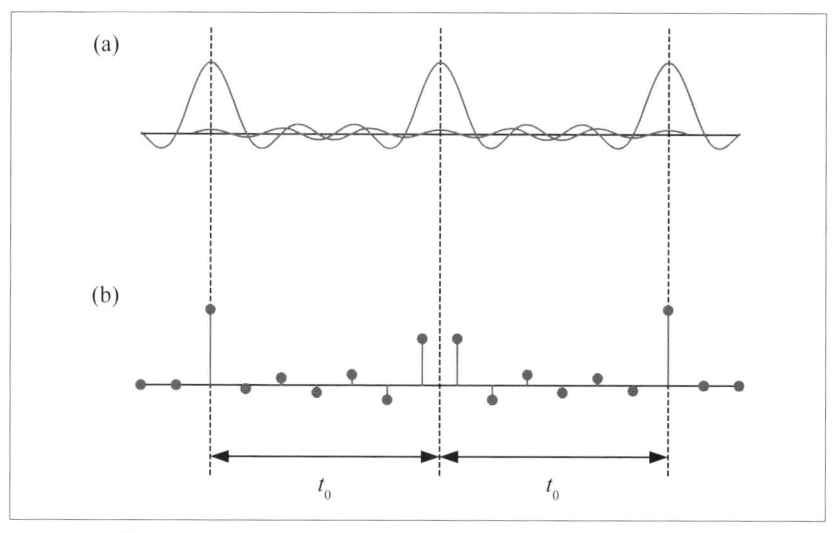

図 9.17　基本周期が標本化周期の整数倍にならないパルス列：(a) アナログ信号、(b) ディジタル信号

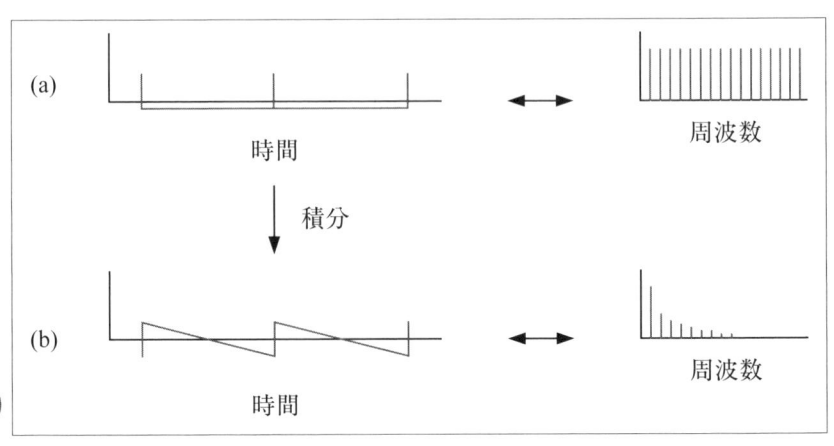

図 9.18　パルス列の積分：(a) パルス列、(b) ノコギリ波

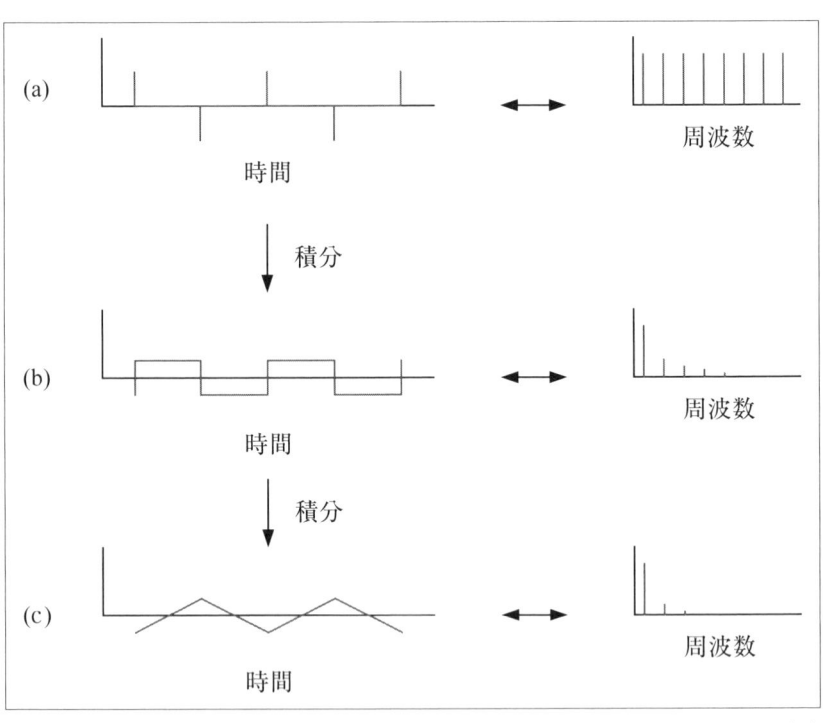

図 9.19　双極性パルス列の積分：(a) 双極性パルス列、(b) 矩形波、(c) 三角波

アナログシンセサイザの原音はパルス列から作り出すことができます。図9.18に示すように、パルス列を積分するとノコギリ波になります。サポートサイトのex9_8.cは、パルス列に積分フィルタをかけることでノコギリ波を作り出すプログラムになっています。

また、図9.19に示すように、互い違いに極性が反転する「双極性パルス列」を積分すると矩形波になります。さらに、矩形波を積分すると三角波になります。サポートサイトのex9_9.cとex9_10は、双極性パルス列に積分フィルタをかけることで、それぞれ矩形波と三角波を作り出すプログラムになっています。

なお、シンク関数は$-\infty$から$+\infty$にわたって定義されるため、ある程度の長さに打ち切らないとコンピュータでは取り扱うことができません。そのため、これらのプログラムはハニング窓を使ってシンク関数の打ち切りを行っています。

第9章　アナログシンセサイザ 〜 楽器音を鳴らしてみよう

COLUMN 9

デチューン

　単純な仕組みゆえアナログシンセサイザの音作りには制約があることも事実です。しかし、こうした制約が逆にアナログシンセサイザのポテンシャルを最大限に引き出す結果につながり、さまざまな音作りのテクニックを生み出してきました。

　その1つが「デチューン」です。わずかに音の高さが異なる2つの音を重ね合わせると、音に広がりを持たせることができ、合唱のような透明感のある音を作り出すことができます。合唱は、全員が正確な音の高さで歌っているつもりでも微妙にずれてしまうのが普通ですが、こうしたずれこそが合唱ならではのハーモニーを作り出す重要なポイントになっています。いわゆる「コーラス」と呼ばれるサウンドエフェクトを作り出す簡易的な方法として、デチューンはアナログシンセサイザの音作りにおける定番のテクニックとなっています。

　サポートサイトのex9_11.cは、バイオリンの音にデチューンをかけるプログラムになっています。わずかに音の高さが異なるふたつのバイオリンの音を重ね合わせると、複数のバイオリンを同時に鳴らしたような広がりを持たせることができるため、デチューンは「ストリングス」と呼ばれるバイオリンのアンサンブルの音を作り出すテクニックとして利用されています。なお、このプログラムは、音の高さを精度よくコントロールするため、パルス列から作り出したノコギリ波を原音として音を作り出しています。

第10章

FM 音源
～金属音を鳴らしてみよう

　　たった2つのサイン波から複雑な音色を作り出すテクニックとして知られているのがFM音源です。アナログシンセサイザでは難しい金属的な音を作り出す仕組みとして、本章ではFM音源について勉強してみることにしましょう。

第10章 FM音源 〜 金属音を鳴らしてみよう

10.1 FM音源

サイン波を1つひとつ重ね合わせることで音を作り出す加算合成は、最も自由度の高い音作りのテクニックであるものの、多数のパラメータをコントロールしなければならないという難しさがあります。そのため、加算合成よりもパラメータのコントロールが簡単な減算合成が、音作りのテクニックとして一般的に利用されてきました。

しかし、あらかじめ用意された原音を加工する減算合成の音作りは、あくまでも不必要な周波数成分を削り取ることに焦点を当てており、原音に含まれていない周波数成分を新たにつけ加えることはできないという限界があります。たとえば、減算合成の代表ともいえるアナログシンセサイザはLPFを使って原音の周波数特性を加工することが一般的ですが、高域の周波数成分を削り取るだけではおとなしい音にしかならず、音作りのバリエーションはありきたりなものになりがちです。

こうした状況のなか、新たな音作りのテクニックとして登場したのが「FM (Frequency Modulation) 音源」です。次のように、「キャリア」と呼ばれるサイン波に対して「モジュレータ」と呼ばれるサイン波を使って変調をかけることで音を作り出すのがFM音源の仕組みになっています。

$$s(n) = a_c \sin\left(\frac{2\pi f_c n}{f_s} + a_m \sin\left(\frac{2\pi f_m n}{f_s}\right)\right) \quad (0 \leq n \leq N-1) \quad (10.1)$$

ここで、a_c は「キャリア振幅」、f_c は「キャリア周波数」を表しています。また、a_m は「モジュレータ振幅」、f_m は「モジュレータ周波数」を表しています。

図10.1に示すように、こうしたFM音源の仕組みは、たった2つのサイン波から多数の周波数成分を作り出すものになっており、加算合成ほど多数のパラメータをコントロールしなくても複雑な音色を作り出すことができるという特徴があります。さらに、パラメータしだいではアナログシンセサイザでは難しい金属的な音を作り出すことができ、こうした画期的な特徴が新たな音作りのテクニックとしてFM音源の普及を後押しした大きな理由に

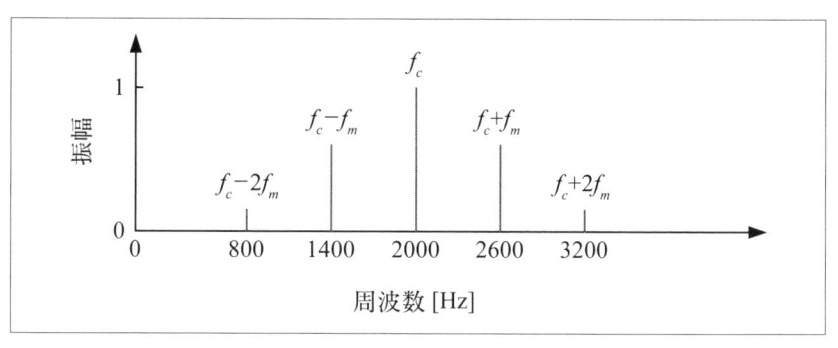

図 10.1　FM 音源の周波数特性

なっています。

10.2　変調指数

キャリア周波数を f_c、モジュレータ周波数を f_m とすると、$f_c \pm if_m$ に周波数成分が出現するのが FM 音源の周波数特性の特徴になっています。ここで、i は 0 以上の整数であり、その最大値は「次数」と呼ばれる周波数成分の広がりを表すパラメータになっています。

たとえば、図 10.2 に示すように、キャリア周波数を 2000Hz、モジュレータ周波数を 400Hz にすると、次数が 2 の場合、2000Hz、2000 ± 400Hz、2000 ± 800Hz に周波数成分が出現することになります。また、キャリア周波数を 2000Hz、モジュレータ周波数を 600Hz にすると、次数が 2 の場合、2000Hz、2000 ± 600Hz、2000 ± 1200Hz に周波数成分が出現することになります。

こうした周波数成分の広がりは「変調指数」と呼ばれるパラメータによってコントロールすることができます。変調指数はモジュレータ振幅 a_m そのものであり、この大小によって次数は変化します。図 10.3 に示すように、変調指数が大きくなると次数も大きくなり、より多くの周波数成分が出現することになります。

第 4 章で説明したように、ディジタル信号の周波数特性は標本化周波数の 1/2 以下の周波数成分だけが意味を持つことになりますが、FM 音源による

音作りでは、パラメータしだいではこうした範囲を超えて周波数成分が出現することに注意しましょう。

第 8 章で説明したように、標本化周波数の 1/2 を中心として本来の周波数成分とエイリアスが対称に出現するのがディジタル信号の周波数特性の特徴になっています。すなわち、標本化周波数を f_s とすると、$f_s/2$ よりも大きい周波数成分はエイリアスになります。さらに、ディジタル信号の周波数特性は f_s を周期として繰り返すため、0 よりも小さい周波数成分もエイリアスになります。

図 10.4 に示すように、変調指数を大きくすると、0 よりも小さい周波数成分や $f_s/2$ よりも大きい周波数成分が出現し、エイリアス歪みとして本来の周波数成分のうえに折り返されることになりますが、実は、こうしたエイリアス歪みを積極的に利用することで複雑な周波数特性を作り出しているのが

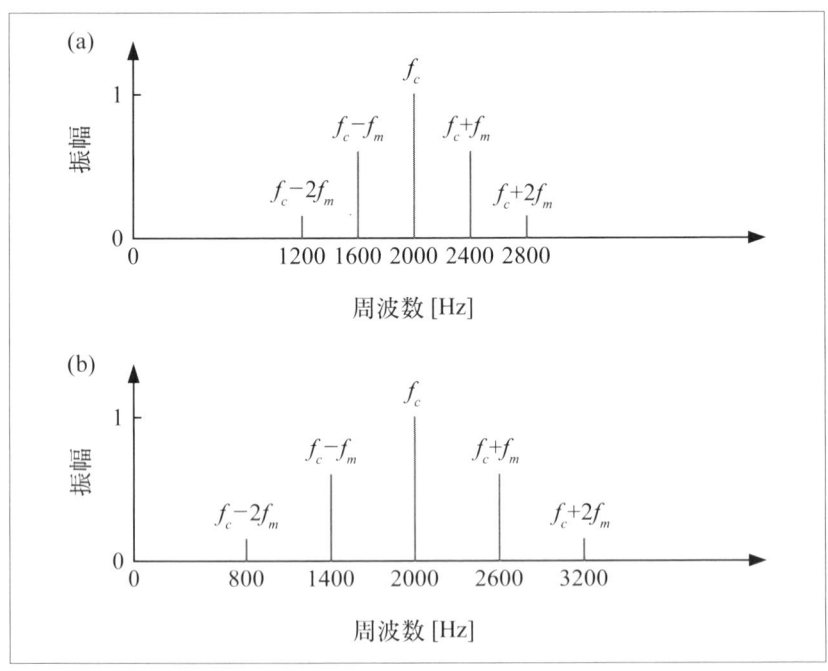

図 10.2 FM 音源の周波数特性：(a) モジュレータ周波数が小さい場合、(b) モジュレータ周波数が大きい場合

FM音源による音作りの重要なポイントになっています。

10.3 周波数比

もう1つ、FM音源のパラメータになっているのが「周波数比」です。キャリア周波数をf_c、モジュレータ周波数をf_mとすると、周波数比は$f_c:f_m$と定義されます。

図10.5 (a) に示すように、周波数比を1:1にすると、ノコギリ波のようにすべての倍音を含む波形を作り出すことができます。エイリアス歪みとなる負の周波数成分は0を中心として折り返されることになりますが、周波数比を1:1にすると、折り返された負の周波数成分が本来の正の周波数成分のうえにぴったり重なり、周波数特性は倍音構造を示すことになります。リス

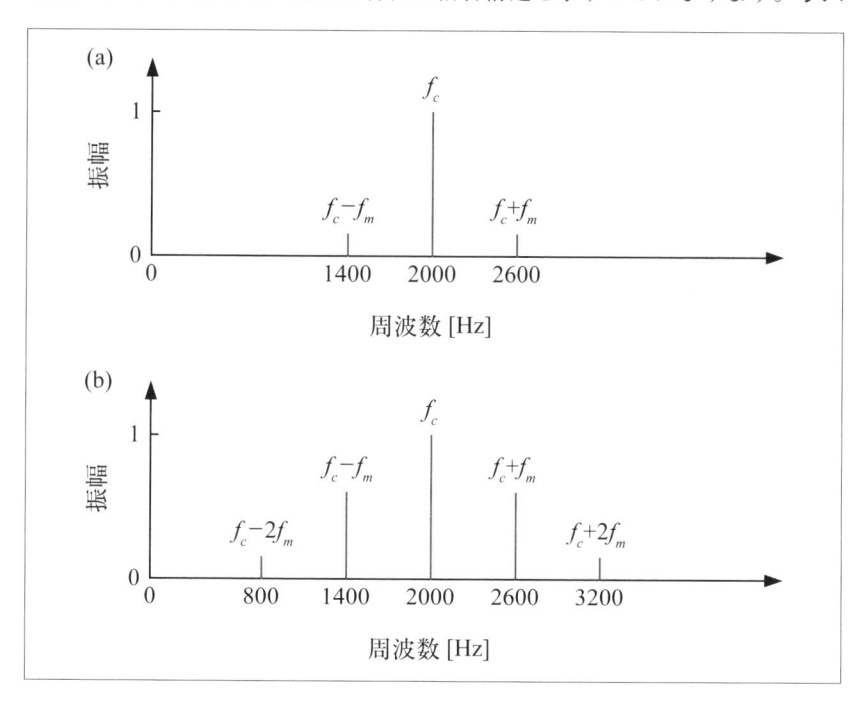

図10.3 FM音源の周波数特性：(a) モジュレータ振幅が小さい場合、(b) モジュレータ振幅が大きい場合

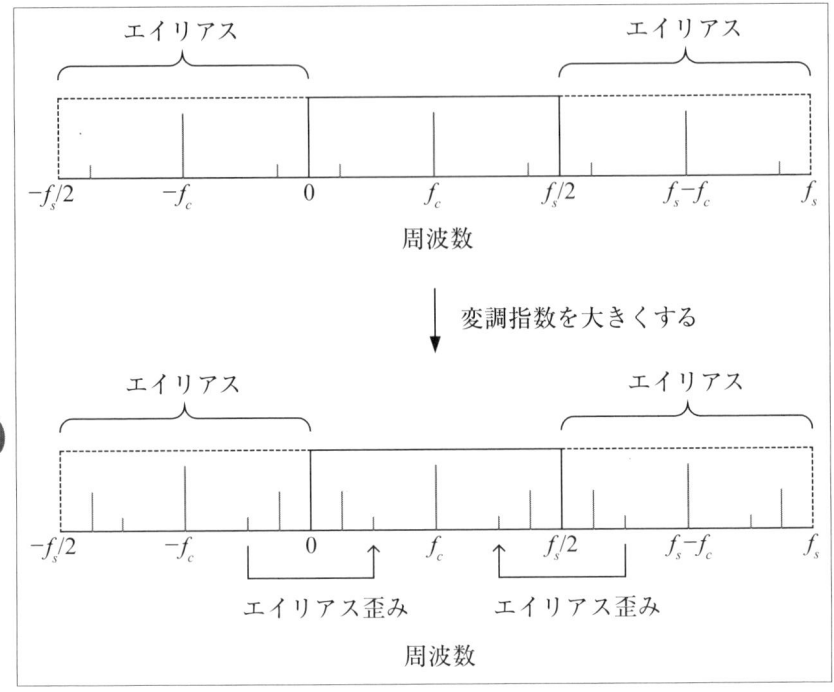

図 10.4　FM 音源のエイリアス歪み

ト 10.1 の ex10_1.c は、こうした音を作り出すプログラムになっています。

また、図 10.5（b）に示すように、周波数比を 1:2 にすると、矩形波のように奇数次の倍音だけを含む波形を作り出すことができます。この場合も、折り返された負の周波数成分が本来の正の周波数成分のうえにぴったり重なり、周波数特性は倍音構造を示すことになります。サポートサイトの ex10_2.c は、こうした音を作り出すプログラムになっています。

いずれにしても、周波数比が整数比になっている場合、FM 音源は基本音と整数倍の関係にある周波数成分を作り出します。いわゆる通常の倍音にほかなりませんが、基本音の整数倍になっていることを強調して、こうした倍音を「整数倍音」と呼びます。

もちろん、ノコギリ波や矩形波といった単純な波形であればアナログシンセサイザでも十分で、わざわざ FM 音源を持ち出すまでもないでしょう。実

リスト 10.1　ex10_1.c

```c
#include <stdio.h>
#include <stdlib.h>
#include <math.h>
#include "wave.h"

int main(void)
{
    MONO_PCM pcm;
    int n;
    double ac, fc, am, fm, ratio, gain;
    
    pcm.fs = 44100; /* 標本化周波数 */
    pcm.bits = 16; /* 量子化精度 */
    pcm.length = pcm.fs * 1; /* 音データの長さ */
    pcm.s = calloc(pcm.length, sizeof(double)); /* 音データ */
    
    ac = 1.0; /* キャリア振幅 */
    fc = 500.0; /* キャリア周波数 */
    
    am = 1.0; /* モジュレータ振幅 */
    ratio = 1.0; /* 周波数比 */
    fm = fc * ratio; /* モジュレータ周波数 */
    
    /* FM音源 */
    for (n = 0; n < pcm.length; n++)
    {
        pcm.s[n] = ac * sin(2.0 * M_PI * fc * n / pcm.fs
                   + am * sin(2.0 * M_PI * fm * n / pcm.fs));
    }
    
    gain = 0.1; /* ゲイン */
    
    for (n = 0; n < pcm.length; n++)
    {
        pcm.s[n] *= gain;
    }
    
    wave_write_16bit_mono(&pcm, "ex10_1.wav");
    
    free(pcm.s);
    
    return 0;
}
```

第 10 章 FM音源 〜 金属音を鳴らしてみよう

は、アナログシンセサイザとは一線を画す FM音源の重要なポイントは、アナログシンセサイザでは難しい「非整数倍音」を簡単に作り出すことができるところにあります。

たとえば、図 10.5（c）に示すように、周波数比を 1:3.5 にしてみましょう。

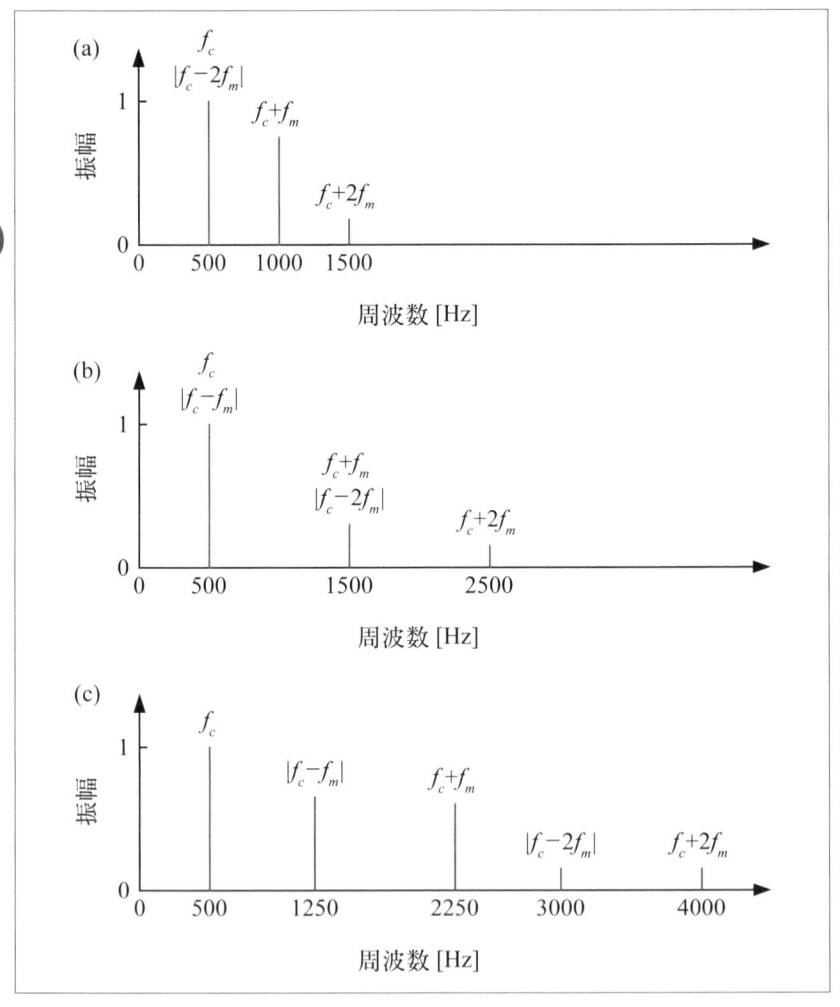

図 10.5 FM音源の周波数特性：(a) 周波数比が 1:1 の場合、(b) 周波数比が 1:2 の場合、(b) 周波数比が 1:3.5 の場合

この場合は、折り返された負の周波数成分が本来の正の周波数成分のうえに重ならないため、周波数特性は単純な倍音構造にはなりません。サポートサイトの ex10_3.c は、こうした音を作り出すプログラムになっていますが、金属的なかたい響きの音が聞こえてくることがおわかりいただけるでしょうか。

このように、周波数比が整数比になっていない場合、FM 音源は基本音と整数倍の関係にない周波数成分を作り出します。こうした非整数倍音は金属音を作り出すための重要なポイントになっており、非整数倍音を簡単に作り出せることがアナログシンセサイザとは異なる FM 音源の大きな特徴になっています。

10.4 時間エンベロープ

アナログシンセサイザと同様、時間変化を考慮することが音作りにおける重要なポイントになっているのは FM 音源も変わりはありません。キャリアとモジュレータの振幅と周波数を次のように時間 n を変数とする関数として定義することで音の時間変化をコントロールするのが、FM 音源による音作りのノウハウになっています。

$$s(n) = a_c(n)\sin\left(\frac{2\pi g_c(n)}{f_s} + a_m(n)\sin\left(\frac{2\pi g_m(n)}{f_s}\right)\right) \quad (0 \leq n \leq N-1) \quad (10.2)$$

ここで、キャリア振幅の時間変化は $a_c(n)$、キャリア周波数の時間変化は $g_c(n)$ の微分として定義される $f_c(n)$ によって表されます。また、モジュレータ振幅の時間変化は $a_m(n)$、モジュレータ周波数の時間変化は $g_m(n)$ の微分として定義される $f_m(n)$ によって表されます。

キャリア振幅は音の大きさ、モジュレータ振幅は音色をコントロールするパラメータになっています。アナログシンセサイザに置き換えて考えると、キャリア振幅は VCA、モジュレータ振幅は VCF に対応させることができるでしょう。アナログシンセサイザと同様、これらのパラメータを時間エンベロープによってコントロールすると、楽器音のように表情豊かな音を作り出

すことができます。

10.5 チューブラーベル

FM音源による音作りの具体例として、チューブラーベルの音を作ってみましょう。チューブラーベルは金属のパイプをたたくことで音を鳴らす打楽器です。NHKの「のど自慢」でおなじみの鐘といえばわかりやすいでしょうか。

リスト10.2のex10_4.cは、チューブラーベルの音を作り出すプログラムになっています。金属音を作り出すため、このプログラムはキャリアとモジュレータの周波数比を1:3.5にしています。図10.6に示すように、キャリア振幅とモジュレータ振幅がしだいに減衰するように時間エンベロープをコントロールすると、音の大きさが減衰しながら、それとともに高域の倍音から減衰していくチューブラーベルの音を作り出すことができます。

リスト10.2　ex10_4.c

```c
#include <stdio.h>
#include <stdlib.h>
#include <math.h>
#include "wave.h"
#include "adsr.h"

int main(void)
{
    MONO_PCM pcm;
    int n, A, D, R, gate, duration;
    double *ac, fc, *am, fm, ratio, gain, S;
    
    pcm.fs = 44100; /* 標本化周波数 */
    pcm.bits = 16; /* 量子化精度 */
    pcm.length = pcm.fs * 4; /* 音データの長さ */
    pcm.s = calloc(pcm.length, sizeof(double)); /* 音データ */
    
    ac = calloc(pcm.length, sizeof(double));
    am = calloc(pcm.length, sizeof(double));
    
    /* キャリア振幅 */
```

```
        gate = pcm.fs * 4;
        duration = pcm.fs * 4;
        A = 0;
        D = pcm.fs * 4;
        S = 0.0;
        R = pcm.fs * 4;
        ADSR(ac, A, D, S, R, gate, duration);

        fc = 440.0; /* キャリア周波数 */

        /* モジュレータ振幅 */
        gate = pcm.fs * 4;
        duration = pcm.fs * 4;
        A = 0;
        D = pcm.fs * 2;
        S = 0.0;
        R = pcm.fs * 2;
        ADSR(am, A, D, S, R, gate, duration);

        ratio = 3.5;
        fm = fc * ratio; /* モジュレータ周波数 */

        /* FM音源 */
        for (n = 0; n < pcm.length; n++)
        {
            pcm.s[n] = ac[n] * sin(2.0 * M_PI * fc * n / pcm.fs
                     + am[n] * sin(2.0 * M_PI * fm * n / pcm.fs));
        }

        gain = 0.1; /* ゲイン */

        for (n = 0; n < pcm.length; n++)
        {
            pcm.s[n] *= gain;
        }

        wave_write_16bit_mono(&pcm, "ex10_4.wav");

        free(pcm.s);
        free(ac);
        free(am);

        return 0;
}
```

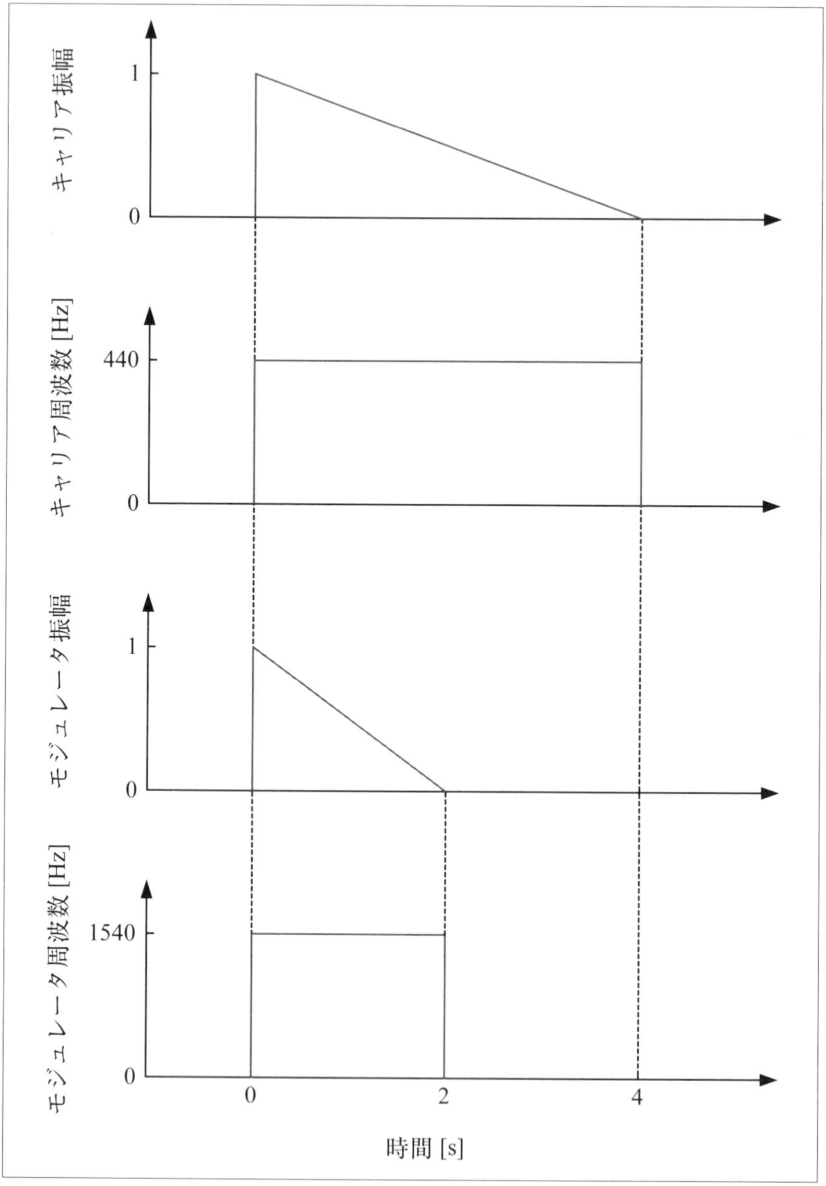

第 10 章　FM 音源　～　金属音を鳴らしてみよう

図 10.6　チューブラーベルの時間エンベロープ

10.6 エレクトリックピアノ

　もう1つ、FM音源の具体例として、エレクトリックピアノの音を作ってみましょう。金属の板をたたくことで音を鳴らすエレクトリックピアノはFM音源によって同じような雰囲気の音を作り出しやすい楽器の1つになっています。アナログシンセサイザではなじみのなかった金属的なエレクトリックピアノの音はFM音源の代名詞にもなっています。

　サポートサイトのex10_5.cは、エレクトリックピアノの音を作り出すプログラムになっています。このプログラムは、エレクトリックピアノの音を2つのパーツに分解し、減衰音と打撃音を重ね合わせることで音を作り出しています。それぞれ、キャリアとモジュレータの周波数比を、減衰音については1:1、打撃音については1:14にすることで、減衰音には低域の倍音、打撃音には高域の倍音を受け持たせています。図10.7と図10.8に示すように、キャリア振幅とモジュレータ振幅がしだいに減衰するように時間エンベロープをコントロールすると、音の大きさが減衰しながら、それとともに高域の倍音から減衰していくエレクトリックピアノの音を作り出すことができます。

　実は、この打撃音のように、周波数比を大きくすると高域の周波数成分が目立つクリアな音になり、周波数比が整数比のままでも金属音として聞こえることが、FM音源の特徴の1つとして知られています。こうしたテクニックは、チューブラーベルとは雰囲気の異なる安定感のある金属音を作り出す方法として、FM音源による音作りのノウハウの1つになっています。

10.7 ディジタルシンセサイザ

　アナログ電子回路を組み合わせて実現された黎明期のアナログシンセサイザは、ともすれば動作が不安定になりがちで、パラメータを正確にコントロールすることが難しいという問題を抱えていました。こうした問題を解決したのが、1980年代に入って普及し始めた「ディジタルシンセサイザ」です。さらに、ディジタルシンセサイザはアナログシンセサイザの単純な置き換え

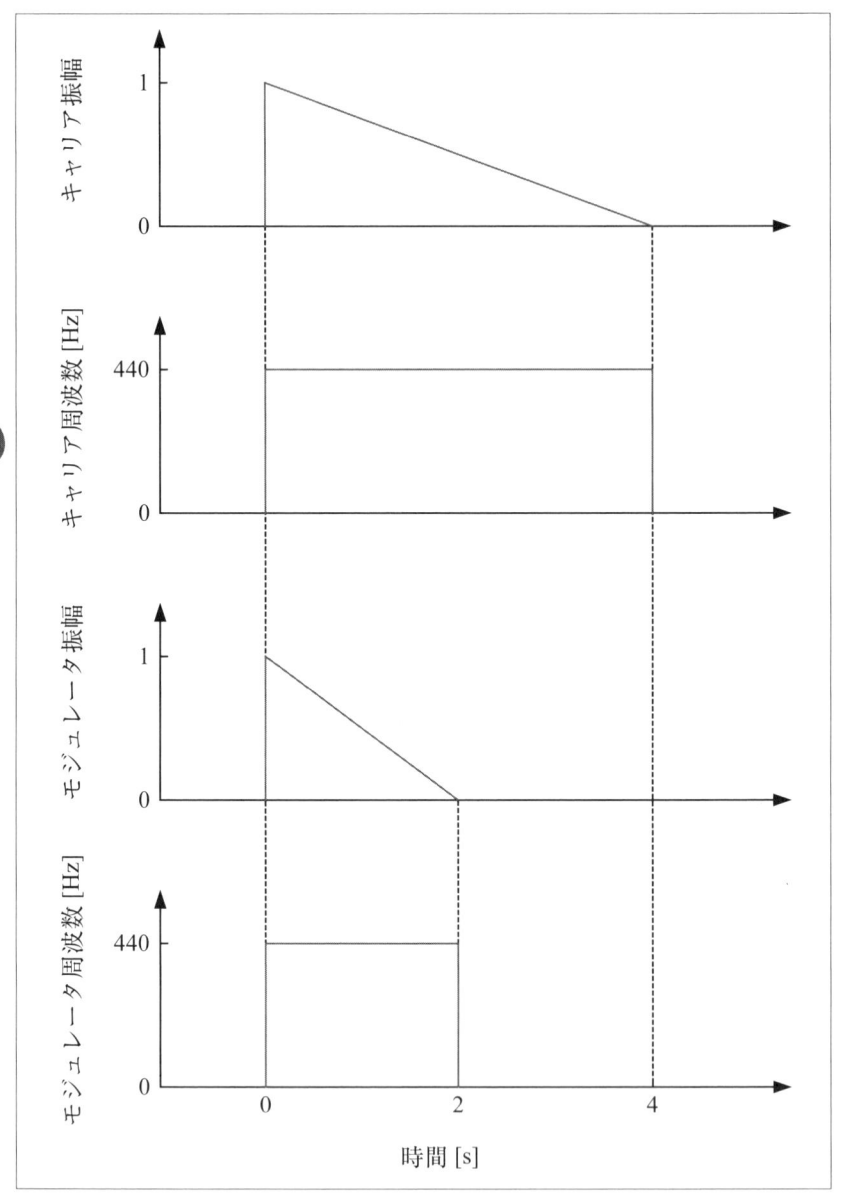

図 10.7　エレクトリックピアノの時間エンベロープ（減衰音）

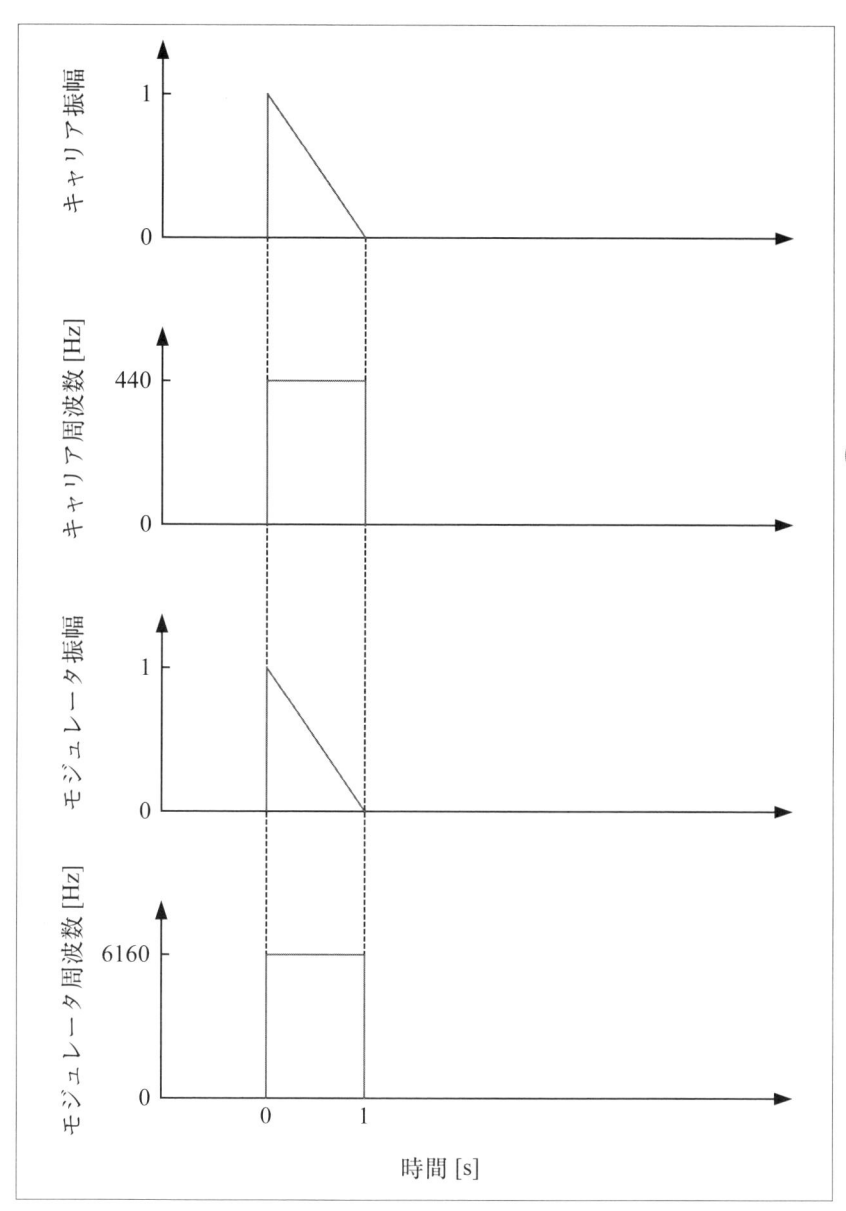

図 10.8 エレクトリックピアノの時間エンベロープ（打撃音）

にとどまらず、その安定した動作を特徴としてさまざまな音作りのテクニックの実用化をもたらしました。その1つがFM音源です。

　もちろん、FM音源はあくまでも音作りの1つのテクニックであり、かならずしも当時のディジタルシンセサイザがすべてFM音源を採用していたわけではありません。しかし、アナログシンセサイザではなじみのなかった金属的な音が人気を集め、ディジタルシンセサイザといえばFM音源を思い浮

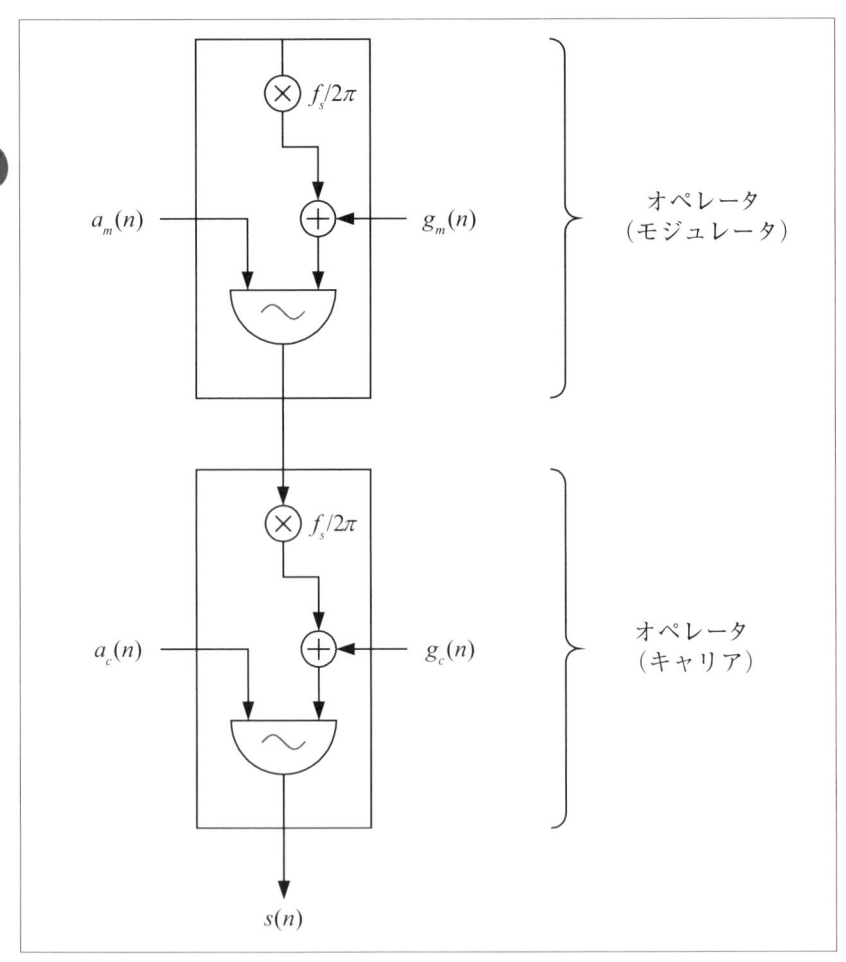

図10.9　オペレータの組み合わせによるFM音源の定義

かべるほど、その登場が大きなインパクトをもたらしたことは事実です。FM 音源がディジタルシンセサイザの代名詞として一世を風靡し、多くのミュージシャンに受け入れられた理由は、それまでは難しかった音作りを可能にする FM 音源の新規性にあったといえるでしょう。

その立役者ともいえるヤマハの「DX7」は、サイン波を生成する「オペレータ」と呼ばれるモジュールを組み合わせることによって FM 音源を実現した黎明期のディジタルシンセサイザとして知られています。FM 音源のキャリアとモジュレータは、サイン波を生成するという機能に着目すれば、どちらもまったく同じモジュールとしてとらえることができます。図 10.9 に示すように、FM 音源はこうしたオペレータを組み合わせることで定義することができます。

さらに、図 10.10 に示すように、DX7 は多数のオペレータを組み合わせることで、より複雑な音作りを可能にしていました。こうしたオペレータの組み合わせ方を「アルゴリズム」と呼びます。オペレータを直列に組み合わせたアルゴリズムは、変調の度合いを大きくすることで多数の周波数成分を

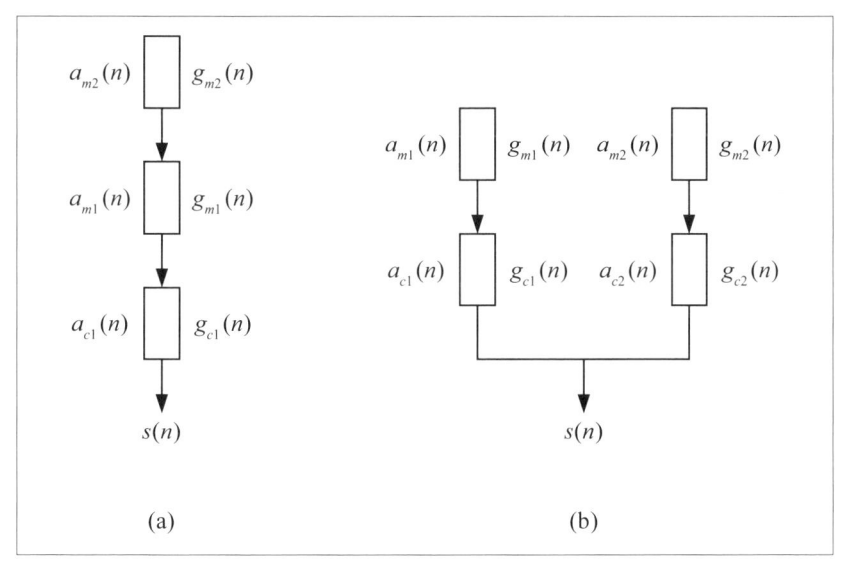

図 10.10　FM 音源のアルゴリズム：(a) 直列、(b) 並列

含んだ明るい音を作り出すためのテクニックとなっています。一方、オペレータを並列に組み合わせたアルゴリズムは、一度では作り出すことが難しい音をパーツに分解し、重ね合わせによって音を作り出すためのテクニックとなっています。本章で紹介したエレクトリックピアノも、オペレータを並列に組み合わせたアルゴリズムによる音作りの一例といえるでしょう。

　こうした工夫はさまざまな音を作り出すための仕組みとして成功をおさめ、FM音源の発展に大きな功績をもたらしました。しかし、その自由度の高さが逆に音作りの難しさにつながり、アナログシンセサイザほど直感的な音作りができなくなってしまったことも一方では否めない事実でしょう。さらに、アナログシンセサイザより音作りのバリエーションが広がったとはいえ、FM音源を駆使しても現実の楽器音の雰囲気を完全に再現することは依然として難しく、録音した音を再生することで楽器音をリアルに再現するPCM音源が普及するにつれてしだいに姿を消していったのが、FM音源のその後の経緯になっています。

　しかし、PCM音源には、音のサンプリングに膨大なメモリを必要とするという特徴もさることながら、録音した音を再生するだけでは現実には存在しないまったく新しい音を作り出すことはできないという限界もあります。すなわち、かならずしもPCM音源があらゆる音を作り出すための解決策になっているわけではなく、むしろ、膨大なメモリを必要とせず個性的な音を作り出すことができるFM音源のほうが、アプリケーションによってはその特徴を最大限に発揮できる場合があると考えられます。

　皆さんは、東京の山手線の電車が駅を発車する際に流れるあの特徴的な音色のメロディが、実は、FM音源によって演奏されたものであることをご存知でしょうか。雑踏でも注意を引く個性的な音が評価され、昨今では携帯電話の着信音にも採用されるなど、FM音源は決して消え去ったわけではなく、依然としてさまざまな場面で活躍している現役の音作りのテクニックであることをぜひ覚えておいてほしいと思います。

COLUMN 10

モジュレーション

　アナログシンセサイザは、LFO を使ってトレモロやビブラートなどの効果を生み出すことができますが、その周波数はせいぜい 10Hz のオーダーにすぎません。もちろん、このままでは音が揺れているようにしか聞こえませんが、実は、トレモロやビブラートの周波数を極端に大きくしていくと、音色そのものが変化するように聞こえてきます。

　このように、極端な変調によって新しい音色を作り出すのがモジュレーションによる音作りのアプローチになっています。本来、変調はラジオの通信方式として利用されている技術ですが、変調によって周波数特性が変化することに着目し、音作りに適用したのがこうしたテクニックのアイデアになっています。

　トレモロの仕組みは、AM ラジオの原理としておなじみの「AM（Amplitude Modulation）変調」にほかなりません。AM 変調は次のように定義されます。

$$s(n) = a_c \sin\left(\frac{2\pi f_c n}{f_s}\right)\left(1 + a_m \sin\left(\frac{2\pi f_m n}{f_s}\right)\right) \quad (0 \leq n \leq N-1) \quad (10.3)$$

　ここで、a_c は「キャリア振幅」、f_c は「キャリア周波数」を表しています。また、a_m は「モジュレータ振幅」、f_m は「モジュレータ周波数」を表しています。式（10.3）に示すように、キャリア振幅をモジュレータによって変調するのが AM 変調の仕組みになっています。モジュレータ周波数を極端に大きくしていくと、トレモロとはとうてい同じ原理とは思えない複雑な音色を作り出すことができます。

　実は、AM 変調は非整数倍音を作り出すことが得意であることから、サウンドプログラミングでは金属音を作り出すためのテクニックとして利用されています。サポートサイトの ex10_6.c は、AM 変調によってチューブラーベルの音を作り出すプログラムになっています。

　なお、サウンドプログラミングでは、AM 変調そのものではなく「リ

ング変調」と呼ばれるモジュレーションのテクニックもよく使われています。リング変調はAM変調の仲間で、次のようにキャリアとモジュレータをそのままかけ合せるものになっています。

$$s(n) = a_c \sin\left(\frac{2\pi f_c n}{f_s}\right) a_m \sin\left(\frac{2\pi f_m n}{f_s}\right) \quad (0 \leq n \leq N-1) \tag{10.4}$$

第12章で改めて説明しますが、リング変調はテレビなどでおなじみのプライバシー保護の音声を作り出す「ボイスチェンジャ」のテクニックとしても利用されています。

一方、ビブラートの仕組みは、FMラジオの原理としておなじみの「FM（Frequency Modulation）変調」にほかなりません。FM変調は次のように定義されます。

$$s(n) = a_c \sin\left(\frac{2\pi f_c n}{f_s} - \frac{a_m}{f_m}\cos\left(\frac{2\pi f_m n}{f_s}\right)\right) \quad (0 \leq n \leq N-1) \tag{10.5}$$

式（10.5）は次のように書き換えることができます。

$$s(n) = a_c \sin\left(\frac{2\pi g(n)}{f_s}\right) \quad (0 \leq n \leq N-1) \tag{10.6}$$

ただし、$g(n)$ は次のように定義されます。

$$g(n) = f_c n - \frac{f_s a_m}{2\pi f_m}\cos\left(\frac{2\pi f_m n}{f_s}\right) \quad (0 \leq n \leq N-1) \tag{10.7}$$

このとき、周波数の時間変化は $g(n)$ の微分として定義される $f(n)$ によって表されることになります。

$$f(n) = f_c + a_m \sin\left(\frac{2\pi f_m n}{f_s}\right) \quad (0 \leq n \leq N-1) \tag{10.8}$$

式（10.8）に示すように、キャリア周波数をモジュレータによって変調するのがFM変調の仕組みになっています。モジュレータ周波数を極

端に大きくしていくと、ビブラートとはとうてい同じ原理とは思えない複雑な音色を作り出すことができます。

このように、AM 変調は振幅、FM 変調は周波数という、それぞれサイン波のパラメータに着目したモジュレーションのテクニックとなっていますが、実は、サイン波のもう 1 つのパラメータである位相に着目したものとして「PM（Phase Modulation）変調」も定義することができます。PM 変調は次のように定義されます。

$$s(n) = a_c \sin\left(\frac{2\pi f_c n}{f_s} + a_m \sin\left(\frac{2\pi f_m n}{f_s}\right)\right) \quad (0 \leq n \leq N-1) \qquad (10.9)$$

式（10.5）と式（10.9）を比べてみるとおわかりのように、位相の定義が異なるだけで、PM 変調の定義は FM 変調と同じ形式になっています。すなわち、PM 変調は FM 変調の仲間と考えることができます。なお、周波数成分の広がりをコントロールする変調指数は、FM 変調では a_m/f_m になりますが、PM 変調では a_m そのものになります。

式（10.9）は、FM 音源の定義である式（10.1）とまったく同じものになっていることがおわかりいただけるでしょうか。実は、FM 音源はその名前のとおり FM 変調を原理としてはいるものの、変調指数をモジュレータ振幅だけで定義するほうが簡単であることから、実際は PM 変調の形式で定義されることが少なくありません。

第11章
PCM音源
～サンプリングした音を鳴らしてみよう

　録音した音を再生することで、録音そのままのリアルな音を再現するのがPCM音源の仕組みになっています。本章では、PCM音源ならではの音作りのテクニックとして、いくつかの音の加工技術について勉強してみることにしましょう。また、サンプリングした音をできる限り効率よく記録する音の圧縮技術についても勉強してみることにしましょう。

第 11 章　PCM 音源　～　サンプリングした音を鳴らしてみよう

11.1　PCM音源

　コンピュータの性能が向上し、大容量のメモリが搭載されるようになってくると、新たな音作りのテクニックとして「PCM 音源」が普及し始めました。第 1 章で説明したように、「PCM（Pulse Code Modulation）」とは、サンプリングされたディジタル信号の音データそのものを表す専門用語ですが、大容量のメモリをふんだんに利用し、録音した音を再生することで、録音そのままのリアルな音を再現するのが PCM 音源の仕組みにほかなりません。

　こうした PCM 音源の仕組みは、とくに楽器音をリアルに再現するうえで有利なアプローチになっています。黎明期と比べると格段に技術が進歩してきたとはいえ、本物の楽器さながらのリアルな音を白紙の状態から作り出すことはいまだに難しい課題であるといって過言ではありません。一方、PCM 音源は、録音した音を再生するだけで、録音そのままのリアルな楽器音を簡単に再現することができます。このことが、アナログシンセサイザや FM 音源といったテクニックに取って代わり PCM 音源が音作りの主流として普及していった大きな理由になっています。

　もっとも、PCM 音源は録音した音しか鳴らすことができないため、音作りの自由度に制約があることも事実です。しかし、録音した音にさまざまな加工を施すと、PCM 音源といえども音にバリエーションを持たせることができます。本章では、こうした音の加工技術のなかでもとくに重要なものとして、音の長さを変更する「タイムストレッチ」と、音の高さを変更する「ピッチシフト」について勉強してみることにしましょう。

　PCM 音源は音のサンプリングに大容量のメモリを必要とします。そのため、わずかなメモリしか搭載していなかった黎明期のコンピュータにとってPCM 音源はしきいが高く、できる限り効率よく音を記録するテクニックが不可欠でした。データ量を削減するため、昨今では携帯電話や音楽プレーヤーでもおなじみの重要なテクニックとして、本章では、こうした音の圧縮技術についても勉強してみることにしましょう。

11.2 タイムストレッチ

音の高さは変化させずに音の長さを自由にコントロールするテクニックがタイムストレッチです。録音した音が長すぎたり短すぎたりした場合でも、タイムストレッチを適用すると所望の長さに音を加工することができます。音を短くすると早送り再生、音を長くするとスロー再生になるため、タイムストレッチは音のテンポを変化させるテクニックとして利用されています。

波形の周期性に着目して音の長さを伸び縮みさせるのがタイムストレッチの仕組みになっています。たとえば、図 11.1 に示すように、波形の繰り返し回数を減らして音を短くすると、音を早送り再生させることができます。一方、図 11.2 に示すように、波形の繰り返し回数を増やして音を長くすると、音をスロー再生させることができます。

図 11.3 に示すように、3 周期の波形を 2 周期に縮めると、1.5（=3/2）倍の速度で早送り再生する音データを作り出すことができます。1 番目の周期には単調減少、2 番目の周期には単調増加の重みづけを行い、これらの波形をオーバーラップアドによって重ね合わせると、接続部分における不連続な変化を目立たせることなく、3 周期の波形を 2 周期に縮めることができます。

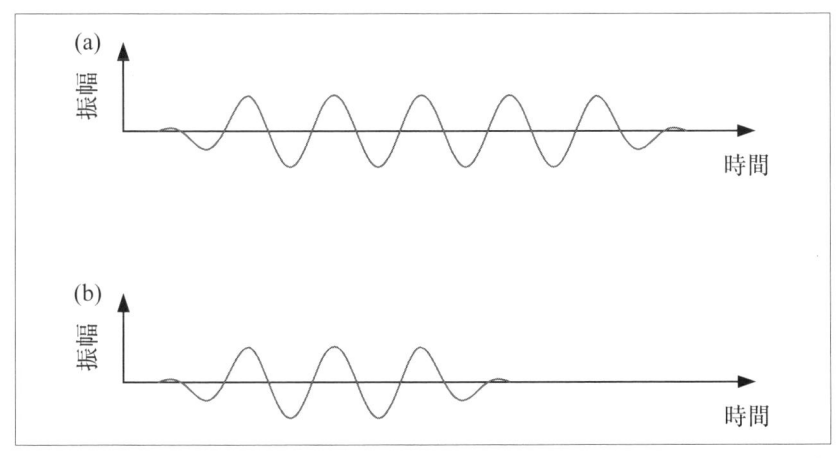

図 11.1 早送り再生の仕組み：(a) 本来の音データ、(b) 早送り再生の音データ

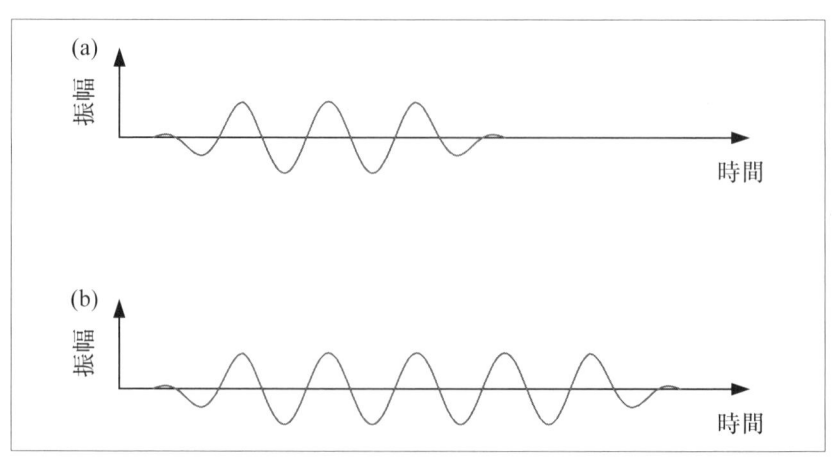

図 11.2 スロー再生の仕組み：(a) 本来の音データ、(b) スロー再生の音データ

このアルゴリズムは *offset*0 と *offset*1 によって表される基準時刻を更新しながら、少しずつ音データを縮めていくものになっており、基準時刻の更新に関わるパラメータ *q* は、波形の周期を *p*、再生速度を *rate* とすると、次のように定義することができます。

$$q = \text{round}\left(\frac{p}{rate-1}\right) \quad (rate > 1) \tag{11.1}$$

一方、図 11.4 に示すように、2 周期の波形を 3 周期に伸ばすと、0.67（=2/3）倍の速度でスロー再生する音データを作り出すことができます。1 番目の周期には単調増加、2 番目の周期には単調減少の重みづけを行い、これらの波形をオーバーラップアドによって重ね合わせると、接続部分における不連続な変化を目立たせることなく、2 周期の波形を 3 周期に伸ばすことができます。このアルゴリズムは *offset*0 と *offset*1 によって表される基準時刻を更新しながら、少しずつ音データを伸ばしていくものになっており、基準時刻の更新に関わるパラメータ *q* は、波形の周期を *p*、再生速度を *rate* とすると、次のように定義することができます。

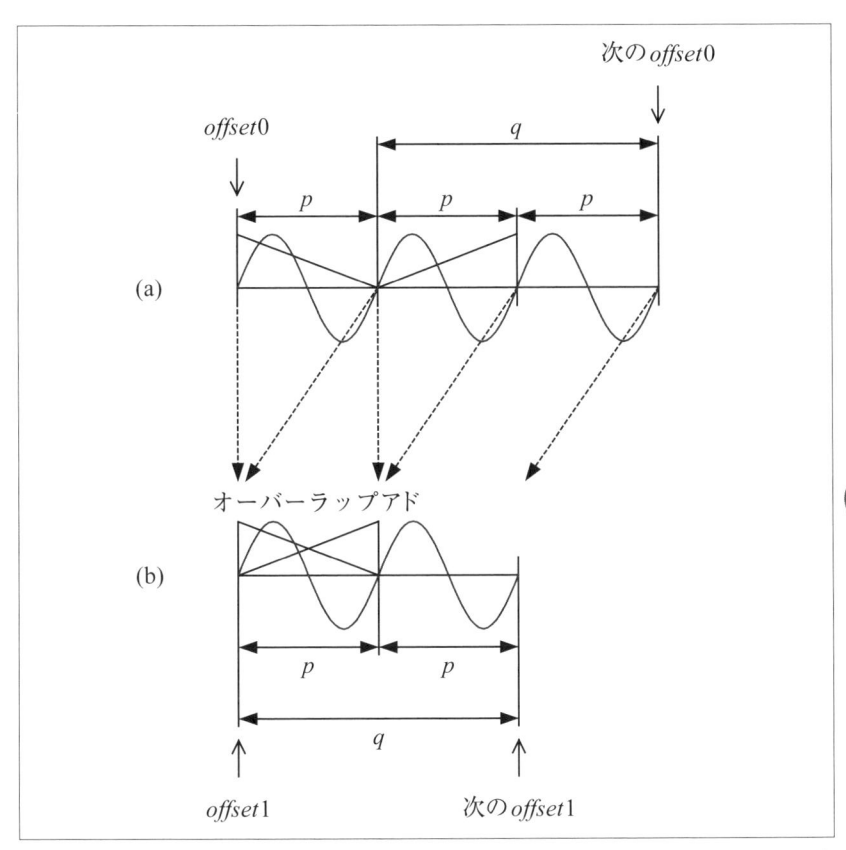

図 11.3　早送り再生のアルゴリズム：(a) 本来の音データ、(b) 1.5 (=3/2) 倍で早送り再生するための音データ

$$q = \mathrm{round}\left(\frac{p \cdot rate}{1 - rate}\right) \quad (0.5 \leq rate < 1) \tag{11.2}$$

　これらのアルゴリズムでは波形の周期を求めることが重要なポイントになります。音データから波形の周期を求める方法にはさまざまなものがありますが、その1つとして知られているのが「相関関数」を利用するテクニックです。相関関数は次のように定義されます。

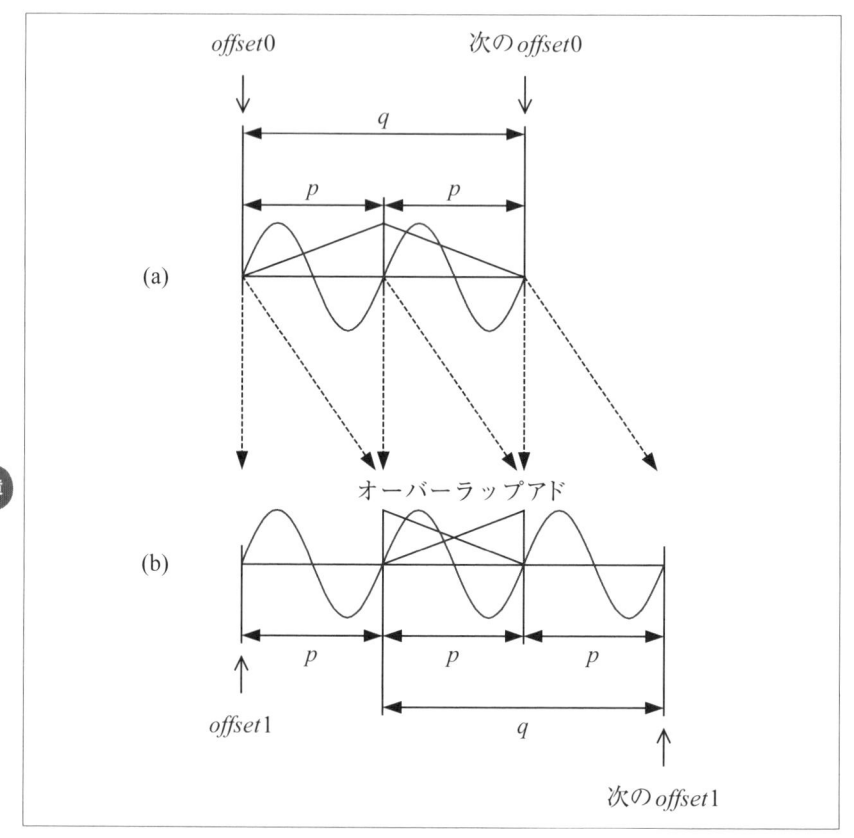

第 11 章　PCM 音源 〜 サンプリングした音を鳴らしてみよう

図 11.4　スロー再生のアルゴリズム：(a) 本来の音データ、(b) 0.67（＝2/3）倍でスロー再生するための音データ

$$r(m) = \sum_{n=0}^{N-1} s(n)s(n+m) \quad (0 \leq m \leq N-1) \tag{11.3}$$

ここで、$r(m)$ は相関関数、$s(n)$ は音データ、N は相関関数のサイズを表しています。図 11.5 に示すように、本来の音データとそれを m サンプルずらした音データを N サンプルの区間に限ってかけ合わせ、その結果を足し合わせることが相関関数の計算の手順になります。なお、m は「タイムラグ」と呼ばれます。

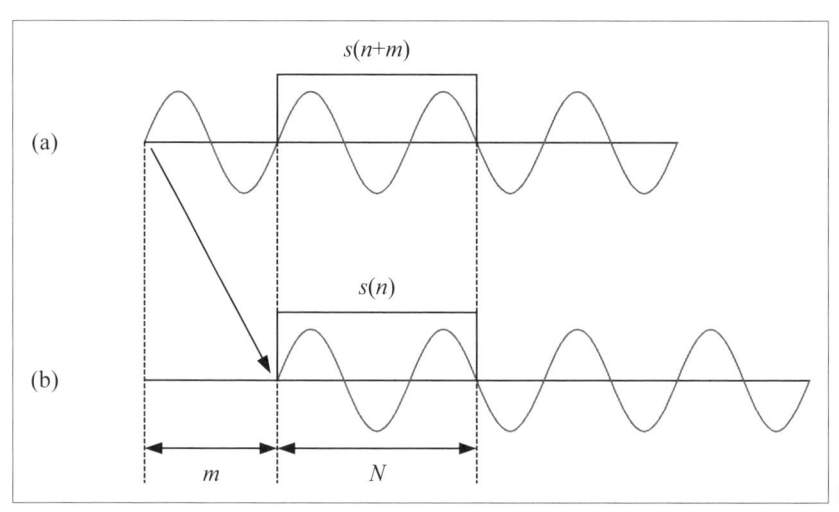

図 11.5　相関関数の計算：(a) 本来の音データ、(b) m サンプルずらした音データ

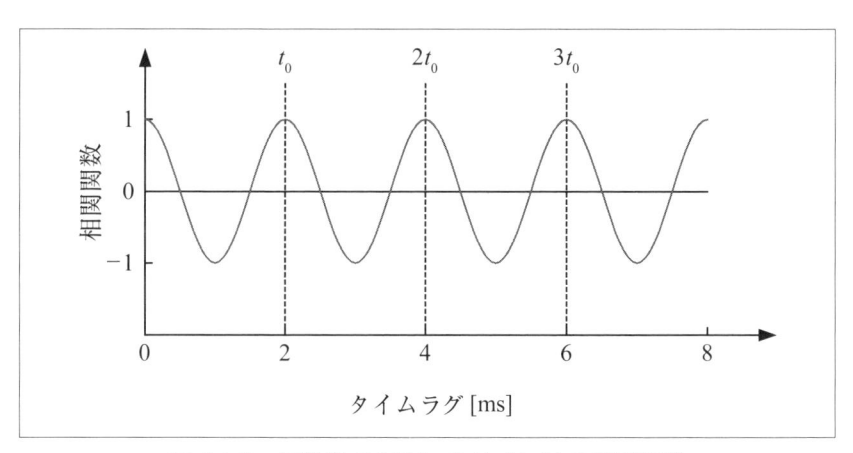

図 11.6　周波数 500Hz のサイン波の相関関数

実は、相関関数にはタイムラグが波形の周期の整数倍になるときにピークを示すという特徴があります。こうしたピークは波形の周期を割り出すための手がかりとして利用することができます。図 11.6 は周波数 500Hz のサイン波の相関関数ですが、この場合、相関関数はサイン波の周期 2ms（=1/500Hz）

の整数倍でピークを示すことになるため、こうしたピークから波形の周期を求めることができます。

リスト11.1のex11_1.cは早送り再生のプログラムです。また、サポートサイトのex11_2.cはスロー再生のプログラムです。音の高さは変化せず、音の長さだけが変化することがおわかりいただけるでしょうか。

リスト11.1　ex11_1.c

```c
#include <stdio.h>
#include <stdlib.h>
#include "wave.h"

int main(void)
{
    MONO_PCM pcm0, pcm1;
    int n, m, template_size, pmin, pmax, p, q, offset0, offset1;
    double rate, rmax, *x, *y, *r;
    
    wave_read_16bit_mono(&pcm0, "sine_2s.wav");
    
    rate = 2.0; /* 1.0 < rate */
    
    pcm1.fs = pcm0.fs; /* 標本化周波数 */
    pcm1.bits = pcm0.bits; /* 量子化精度 */
    pcm1.length = (int)(pcm0.length / rate) + 1; /* 音データの長さ */
    pcm1.s = calloc(pcm1.length, sizeof(double)); /* 音データ */
    
    template_size = (int)(pcm1.fs * 0.01); /* 相関関数のサイズ */
    pmin = (int)(pcm1.fs * 0.005); /* ピークの探索範囲の下限 */
    pmax = (int)(pcm1.fs * 0.02); /* ピークの探索範囲の上限 */
    
    x = calloc(template_size, sizeof(double));
    y = calloc(template_size, sizeof(double));
    r = calloc((pmax + 1), sizeof(double));
    
    offset0 = 0;
    offset1 = 0;
    
    while (offset0 + pmax * 2 < pcm0.length)
    {
        for (n = 0; n < template_size; n++)
        {
            x[n] = pcm0.s[offset0 + n]; /* 本来の音データ */
        }
```

11.2 タイムストレッチ

```c
        rmax = 0.0;
        p = pmin;
        for (m = pmin; m <= pmax; m++)
        {
            for (n = 0; n < template_size; n++)
            {
                y[n] = pcm0.s[offset0 + m + n]; /* mサンプルずらした音データ */
            }
            r[m] = 0.0;
            for (n = 0; n < template_size; n++)
            {
                r[m] += x[n] * y[n]; /* 相関関数 */
            }
            if (r[m] > rmax)
            {
                rmax = r[m]; /* 相関関数のピーク */
                p = m; /* 波形の周期 */
            }
        }

        for (n = 0; n < p; n++)
        {
            /* 単調減少の重みづけ */
            pcm1.s[offset1 + n] = pcm0.s[offset0 + n] * (p - n) / p;
            /* 単調増加の重みづけ */
            pcm1.s[offset1 + n] += pcm0.s[offset0 + p + n] * n / p;
        }

        q = (int)(p / (rate - 1.0) + 0.5);
        for (n = p; n < q; n++)
        {
            if (offset0 + p + n >= pcm0.length)
            {
                break;
            }
            pcm1.s[offset1 + n] = pcm0.s[offset0 + p + n];
        }

        offset0 += p + q; /* offset0の更新 */
        offset1 += q; /* offset1の更新 */
    }

    wave_write_16bit_mono(&pcm1, "ex11_1.wav");

    free(pcm0.s);
    free(pcm1.s);
```

```
    free(x);
    free(y);
    free(r);

    return 0;
}
```

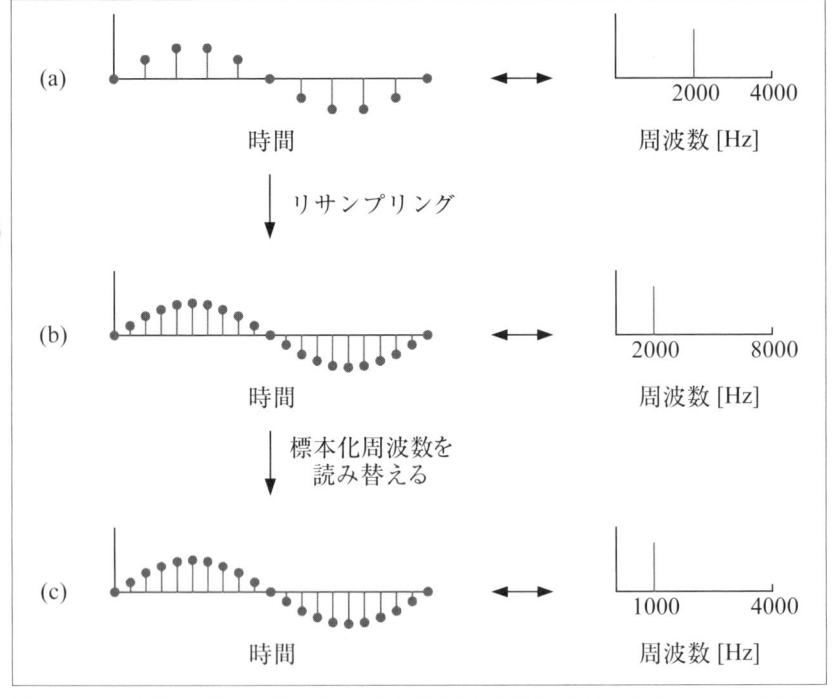

図 11.7　リサンプリングによって音を低くする仕組み：(a) 本来の音データ、(b) 2 倍の標本化周波数でリサンプリング、(c) 本来の標本化周波数で再生

11.3　ピッチシフト

　音の長さは変化させずに音の高さを自由にコントロールするテクニックがピッチシフトです。録音した音が高すぎたり低すぎたりした場合でも、ピッ

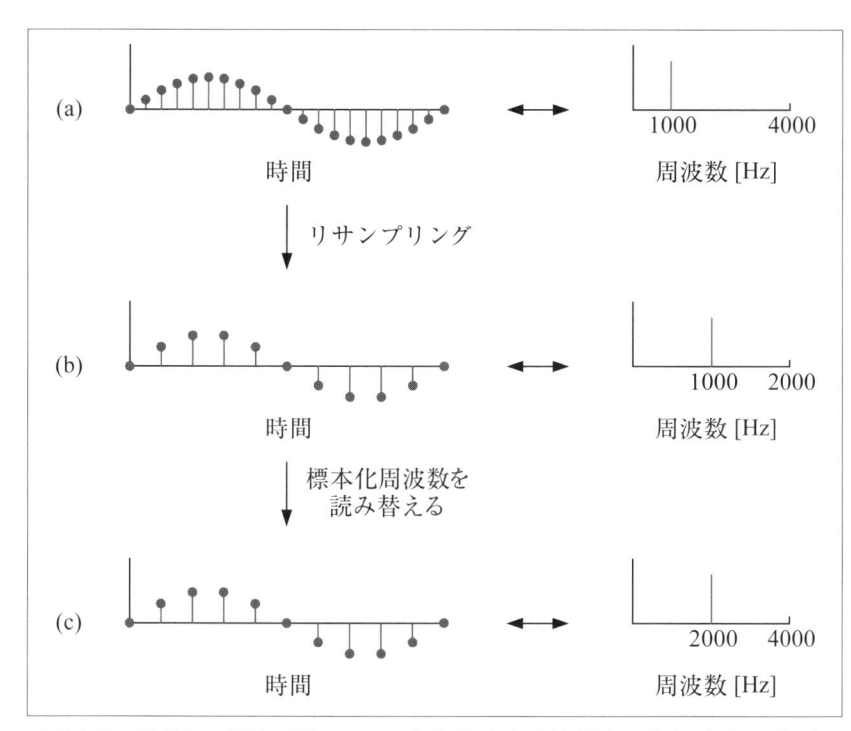

図 11.8　リサンプリングによって音を高くする仕組み：(a) 本来の音データ、(b) 1/2 倍の標本化周波数でリサンプリング、(c) 本来の標本化周波数で再生

チシフトを適用すると所望の高さに音を加工することができます。

ピッチシフトは「リサンプリング」と呼ばれるテクニックによって実現することができます。ディジタル信号をアナログ信号に戻し、標本化周波数を変更して再びサンプリングし直すのがリサンプリングの仕組みですが、リサンプリングを行った後、標本化周波数を本来のものに読み替えて音を再生すると、音の高さを変化させることができます。

たとえば、図 11.7 に示すように、周波数 2kHz のサイン波を 2 倍の標本化周波数でリサンプリングし、本来の標本化周波数で再生すると、音の高さは 1/2 倍になり、周波数 1kHz のサイン波に変化させることができます。一方、図 11.8 に示すように、周波数 1kHz のサイン波を 1/2 倍の標本化周波数で

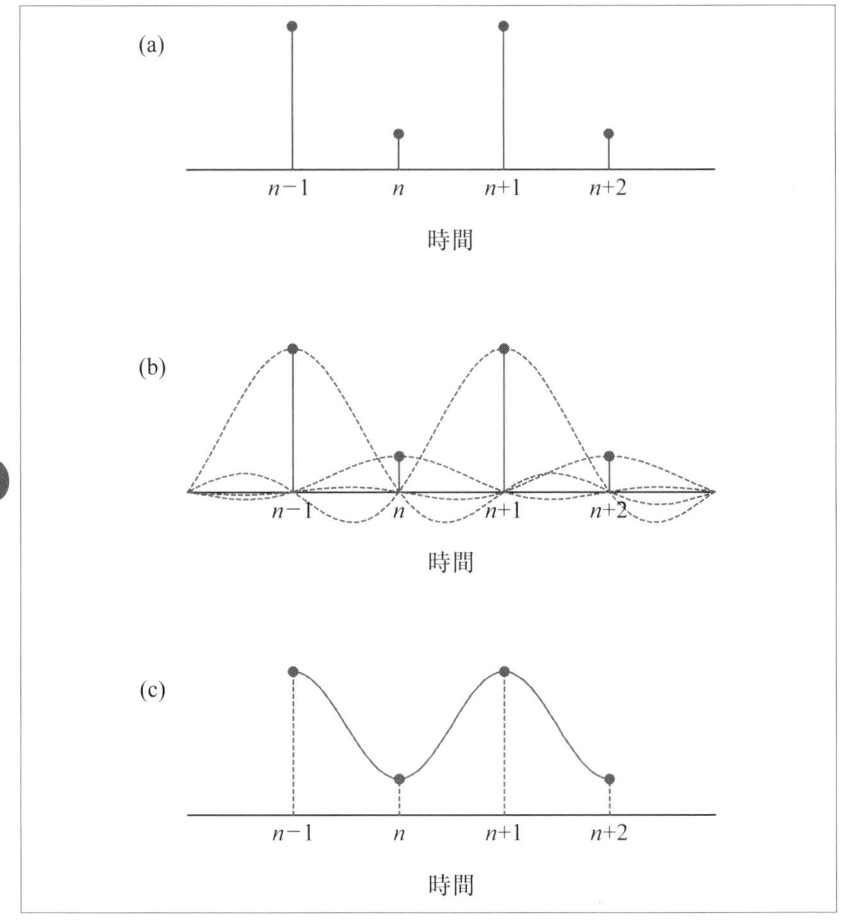

第 11 章　PCM 音源　〜　サンプリングした音を鳴らしてみよう

図 11.9　標本化定理による補間：(a) ディジタル信号、(b) シンク関数の重ね合わせ、(c) アナログ信号

リサンプリングし、本来の標本化周波数で再生すると、音の高さは 2 倍になり、周波数 2kHz のサイン波に変化させることができます。

　図 11.9 に示すように、ディジタル信号をアナログ信号に戻すには標本化定理による補間を利用します。第 9 章で説明したように、標本化定理はアナログ信号とディジタル信号を次のように結びつけています。

$$s_a(t) = \sum_{n=-\infty}^{\infty} s_d(n)\mathrm{sinc}(\pi(t-n)) \qquad (11.4)$$

ここで、$s_a(t)$ はアナログ信号、$s_d(n)$ はディジタル信号を表しています。また、$\mathrm{sinc}(x)$ は第6章で説明したシンク関数です。リスト 11.2 の ex11_3.c は、この式にしたがってディジタル信号をアナログ信号に戻し、標本化周波数を変更するプログラムになっていますが、リサンプリングによって音の高さが変化することがおわかりいただけるでしょうか。

リスト 11.2 ex11_3.c

```c
#include <stdio.h>
#include <stdlib.h>
#include <math.h>
#include "wave.h"
#include "sinc.h"

int main(void)
{
    MONO_PCM pcm0, pcm1;
    int n, m, N, ta, tb;
    double t, pitch;

    wave_read_16bit_mono(&pcm0, "sine_500hz.wav");

    pitch = 2.0; /* 音の高さを2倍にする */

    pcm1.fs = pcm0.fs; /* 標本化周波数 */
    pcm1.bits = pcm0.bits; /* 量子化精度 */
    pcm1.length = (int)(pcm0.length / pitch); /* 音データの長さ */
    pcm1.s = calloc(pcm1.length, sizeof(double)); /* 音データ */

    N = 128; /* ハニング窓のサイズ */

    for (n = 0; n < pcm1.length; n++)
    {
        t = pitch * n;

        ta = (int)t;

        if (t == ta)
        {
```

```
            tb = ta;
        }
        else
        {
            tb = ta + 1;
        }
        
        for (m = tb - N / 2; m <= ta + N / 2; m++)
        {
            if (m >= 0 && m < pcm0.length)
            {
                pcm1.s[n] += pcm0.s[m] * sinc(M_PI * (t - m)) *
                             (0.5 + 0.5 * cos(2.0 * M_PI * (t - m) /
                             (N * 2 + 1)));
            }
        }
    }
    
    wave_write_16bit_mono(&pcm1, "ex11_3.wav");
    
    free(pcm0.s);
    free(pcm1.s);
    
    return 0;
}
```

なお、シンク関数は−∞から+∞にわたって定義されるため、ある程度の長さに打ち切らないとコンピュータでは取り扱うことができません。そのため、このプログラムはハニング窓を使ってシンク関数の打ち切りを行っています。

このように、リサンプリングは音の高さを加工するテクニックとして利用できますが、実は、その副作用として音の長さも変化してしまうことに注意してください。リサンプリングによって音を低くすることは再生速度を下げることに相当するため、単位時間あたりに再生される音データが減り、再生時間は長くなってしまいます。一方、リサンプリングによって音を高くすることは再生速度を上げることに相当するため、単位時間あたりに再生される音データが増え、再生時間は短くなってしまいます。

こうした問題はタイムストレッチによって解決することができます。図11.10 に示すように、早送り再生のアルゴリズムによって音を短くした後

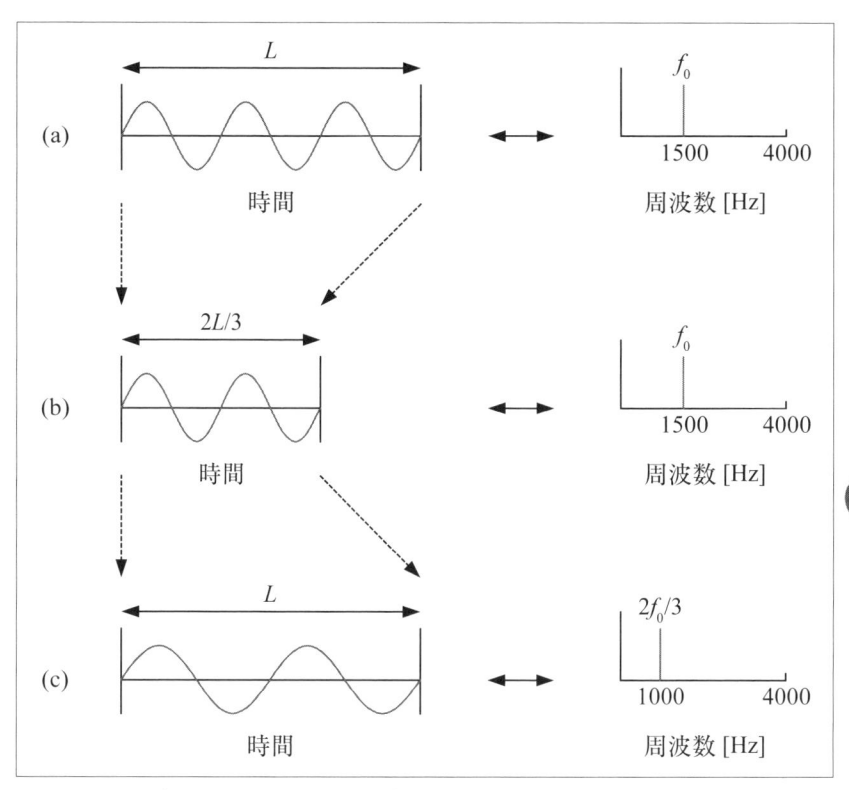

図 11.10 ピッチシフトによって音を低くする仕組み：(a) 本来の音データ、(b) 音の長さを 0.67（=2/3）倍にタイムストレッチ、(c) 1.5（=3/2）倍の標本化周波数でリサンプリング

でリサンプリングを行うと、音の長さを変化させずに音を低くすることができます。一方、図 11.11 に示すように、スロー再生のアルゴリズムによって音を長くした後でリサンプリングを行うと、音の長さを変化させずに音を高くすることができます。

サポートサイトの ex11_4.c は音を低くするプログラムです。また、サポートサイトの ex11_5.c は音を高くするプログラムです。音の長さは変化せず、音の高さだけが変化することがおわかりいただけるでしょうか。

実は、こうしたピッチシフトのテクニックは、高さが微妙にずれた歌声を

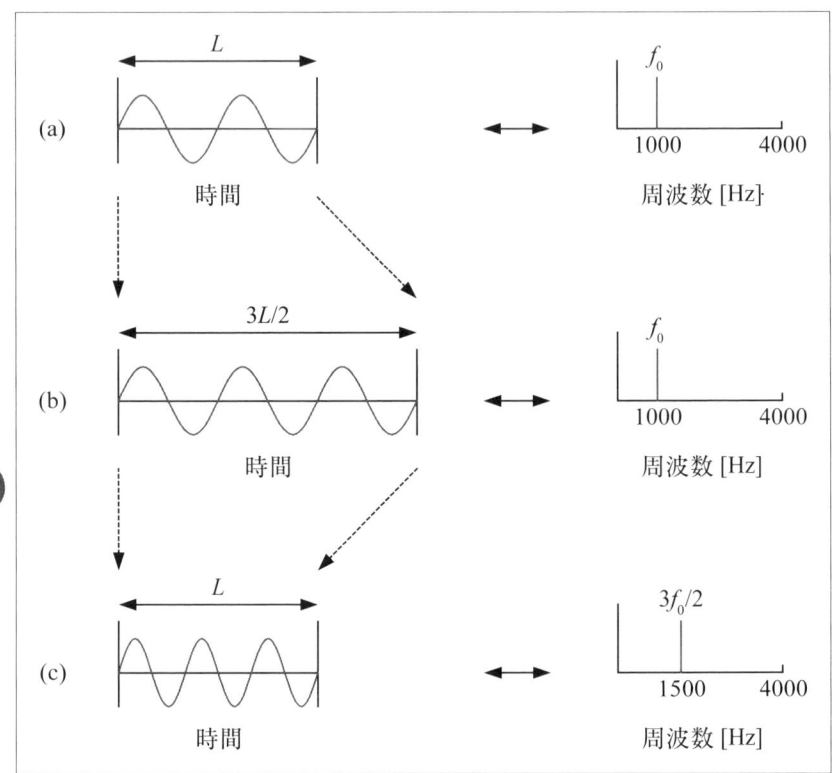

図 11.11　ピッチシフトによって音を高くする仕組み：(a) 本来の音データ、(b) 音の長さを 1.5（＝3/2）倍にタイムストレッチ、(c) 0.67（＝2/3）倍の標本化周波数でリサンプリング

修正するためのツールとして利用されることはもちろん、音の高さの極端な変更が音色を大きく変化させてしまうことを逆手に取って、歌声の性別や年齢を変化させるサウンドエフェクトとしても利用されています。具体例としては、ザ・フォーク・クルセダーズの「帰って来たヨッパライ」や、うるまでるびの「おしりかじり虫」などが有名です。サポートサイトの ex11_6.c は、音の高さを 2 倍にすることで大人の歌声を子供の歌声に変化させるプログラムになっています。

11.4 Log-PCM

PCM音源は音のサンプリングに大容量のメモリを必要とします。そのため、わずかなメモリしか搭載していなかった黎明期のコンピュータにとってPCM音源はしきいが高く、できる限り効率よく音を記録するテクニックが不可欠でした。

こうした音の圧縮技術のなかで最も単純な方法になっているのが量子化精度の変更です。第1章で説明したように、ディジタル信号の量子化精度は、1つのデータを記録するのに必要なデータ量にあたります。すなわち、量子化精度を小さくすることで音の記録に必要なデータ量を削減することが、こうした圧縮技術のアプローチになっています。

音データを$s(n)$、圧縮データを$c(n)$、圧縮データから復元した音データを$\hat{s}(n)$とすると、量子化精度の変更による音の圧縮と伸長は次のように定義できます。

$$c(n) = \text{sign}(s(n))\text{round}\left(c_{max}\frac{|s(n)|}{s_{max}}\right) \qquad (11.5)$$

$$\hat{s}(n) = \text{sign}(c(n))\text{round}\left(s_{max}\frac{|c(n)|}{c_{max}}\right) \qquad (11.6)$$

ここで、s_{max}は音データの振幅の最大値、c_{max}は圧縮データの振幅の最大値を表しています。たとえば、量子化精度が16bitの音データを8bitに圧縮する場合、s_{max}は32768（$=2^{15}$）、c_{max}は128（$=2^7$）になります。

図11.12は、量子化精度が16bitの音データをそれぞれ8bitと4bitの量子化精度で圧縮し、再び伸長した結果になっています。量子化精度が8bitもあれば、本来の音データとの違いは目で見た限りほとんど気にならないことがおわかりいただけるでしょうか。一方、圧縮率と音質はトレードオフの関係にあるため、量子化精度を4bitにすると圧縮率は高くなるものの、量子化のステップ幅があまりにも粗くなってしまうことから振幅の小さな音データがつぶれてしまい、音の劣化が目立ってきます。

第 11 章　PCM 音源 〜 サンプリングした音を鳴らしてみよう

このように、単純に量子化精度を変更するだけでは音が劣化しやすいことから、こうした問題に対処するための工夫として考案されたのが「Log-PCM」です。図 11.13 に示すように、単純な量子化精度の変更は音データと圧縮データを比例の関係によって対応づける「線形量子化」のテクニックとなっていますが、一方、Log-PCM は振幅の小さな音データがつぶれないように音データと圧縮データを対数の関係によって対応づける「非線形量子化」のテクニックとなっています。

音データを $s(n)$、圧縮データを $c(n)$、圧縮データから復元した音データを

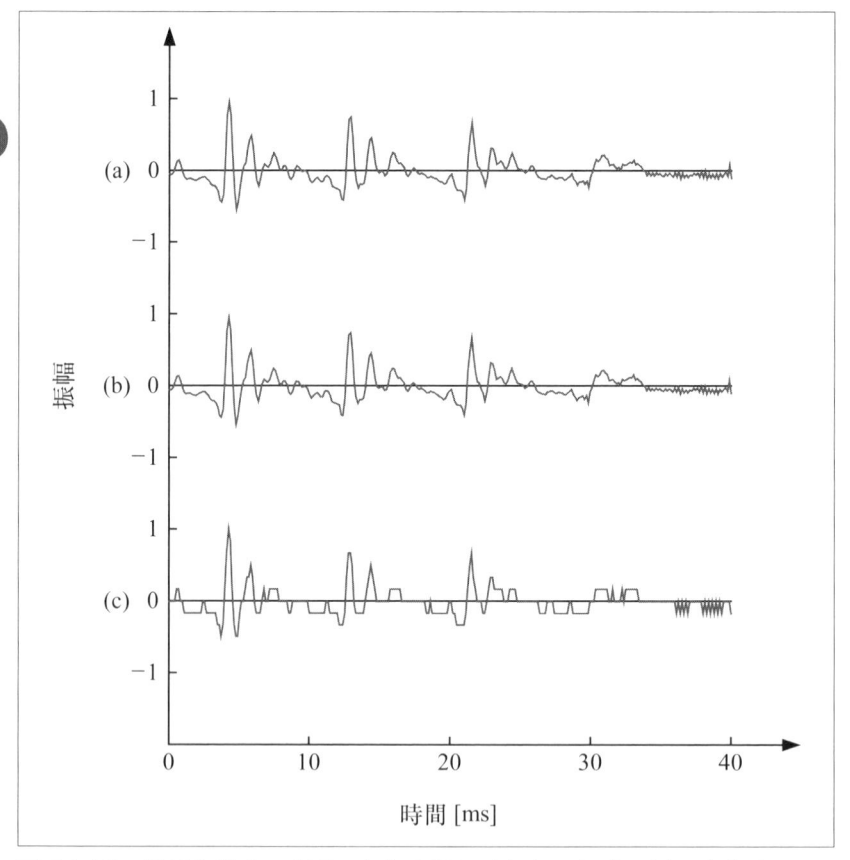

図 11.12　量子化精度の変更：(a) 16bit（本来の音データ）、(b) 8bit、(c) 4bit

$\hat{s}(n)$ とすると、Log-PCM による音の圧縮と伸長は一例として次のように定義できます。

$$c(n) = \text{sign}(s(n))\text{round}(c_{max}\log_{10}(1 + 9|s(n)|/s_{max})) \tag{11.7}$$

$$\hat{s}(n) = \text{sign}(c(n))\text{round}\left(s_{max}\frac{10^{|c(n)|/c_{max}} - 1}{9}\right) \tag{11.8}$$

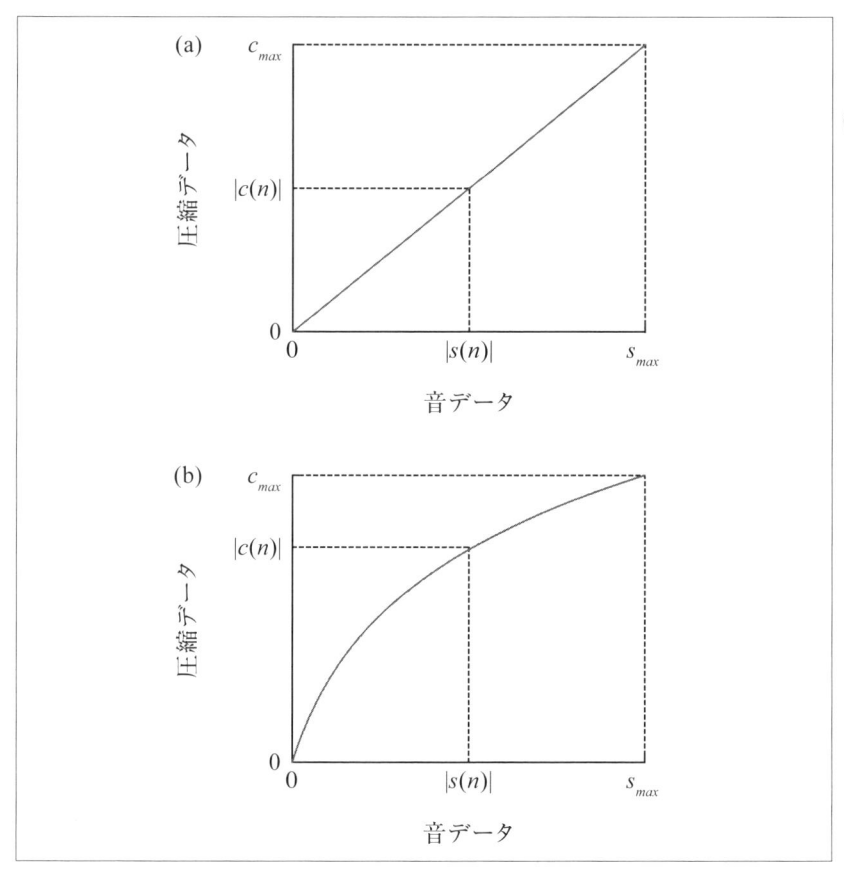

図 11.13 量子化精度の変更：(a) 線形量子化、(b) 非線形量子化

図 11.14 は、量子化精度が 16bit の音データを Log-PCM によって 8bit と 4bit にそれぞれ圧縮し、再び伸長した結果になっています。図 11.12 と比べると、量子化精度を 4bit にしても Log-PCM は振幅の小さな音データがつぶれにくく、音の劣化を抑えるうえで効果があることがおわかりいただけるのではないかと思います。

実は、Log-PCM は電話音声の圧縮技術としても採用されており、「ITU（International Telecommunication Union：国際電気通信連合）」という国際的な標準化団体によって策定された「G.711」が Log-PCM の標準規格として知ら

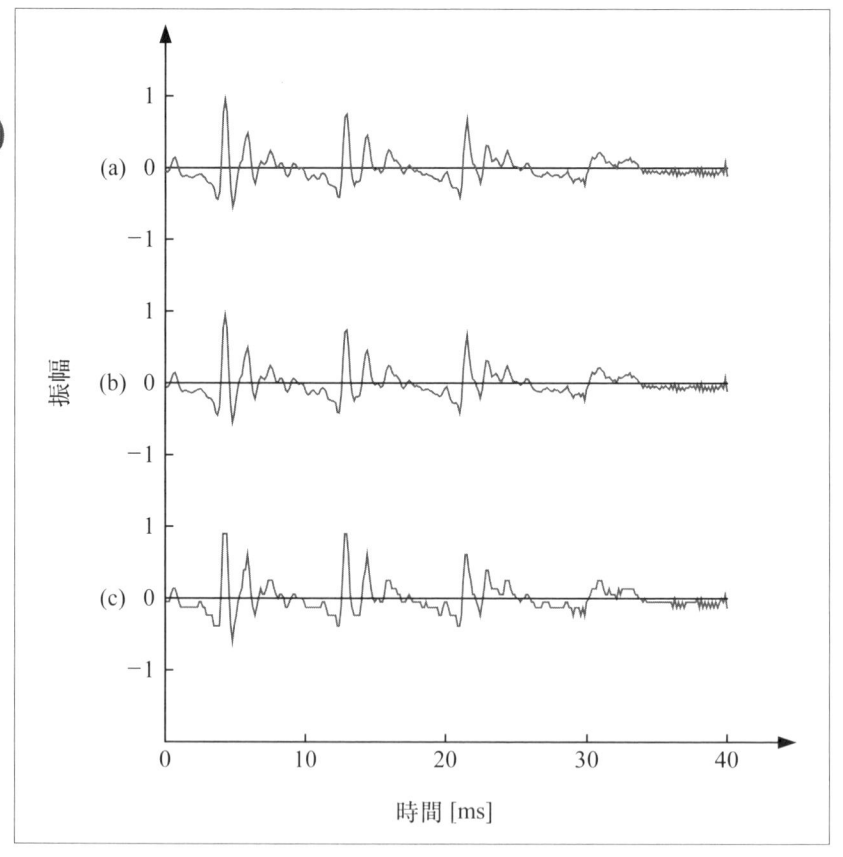

図 11.14　Log-PCM：(a) 16bit（本来の音データ）、(b) 8bit、(c) 4bit

11.4 Log-PCM

れています。G.711には「PCMU（μ-law）」と「PCMA（A-law）」と呼ばれる2種類の方式があり、PCMUは日本やアメリカ、PCMAはヨーロッパを中心に利用されています。定義は異なりますが、どちらもLog-PCMによって標本化周波数8kHzの音データを量子化精度8bitで記録するものになっており、両者に本質的な違いはありません。

音データを$s(n)$、圧縮データを$c(n)$、圧縮データから復元した音データを$\hat{s}(n)$とすると、PCMUによる音の圧縮と伸長は次のように定義されます。なお、μは255と定義されています。

$$c(n) = \text{sign}(s(n))\text{round}\left(c_{max}\frac{\ln(1+\mu|s(n)|/s_{max})}{\ln(1+\mu)}\right) \tag{11.9}$$

$$\hat{s}(n) = \text{sign}(c(n))\text{round}\left(s_{max}\frac{(1+\mu)^{|c(n)|/c_{max}}-1}{\mu}\right) \tag{11.10}$$

一方、PCMAによる音の圧縮と伸長は次のように定義されます。なお、Aは87.7と定義されています。

$$c(n) = \begin{cases} \text{sign}(s(n))\text{round}\left(c_{max}\dfrac{A|s(n)|/s_{max}}{1+\ln(A)}\right) & \left(\dfrac{|s(n)|}{s_{max}} < \dfrac{1}{A}\right) \\ \text{sign}(s(n))\text{round}\left(c_{max}\dfrac{1+\ln(A|s(n)|/s_{max})}{1+\ln(A)}\right) & \left(\dfrac{1}{A} \leq \dfrac{|s(n)|}{s_{max}} \leq 1\right) \end{cases} \tag{11.11}$$

$$\hat{s}(n) = \begin{cases} \text{sign}(c(n))\text{round}\left(s_{max}\dfrac{(1+\ln(A))|c(n)|/c_{max}}{A}\right) & \left(\dfrac{|c(n)|}{c_{max}} < \dfrac{1}{1+\ln(A)}\right) \\ \text{sign}(c(n))\text{round}\left(s_{max}\dfrac{\exp((1+\ln(A))|c(n)|/c_{max}-1)}{A}\right) & \left(\dfrac{1}{1+\ln(A)} \leq \dfrac{|c(n)|}{c_{max}} \leq 1\right) \end{cases} \tag{11.12}$$

第 11 章　PCM 音源 〜 サンプリングした音を鳴らしてみよう

　もっとも、実際はこうした定義どおりではなく、ビット演算によって処理を高速に行うことがPCMUとPCMAの一般的なアルゴリズムになっています。図 11.15 と図 11.16 に、PCMU における音データと圧縮データの対応を示します。また、図 11.17 と図 11.18 に、PCMA における音データと圧縮データの対応を示します。ビット演算によって音データを「符号」、「指数部」、「仮数部」に分解し、8bit の圧縮データとして記録するのが、これらの方式に共通する処理になっています。

　リスト 11.3 の ex11_7.c は、PCMU によって音データを圧縮し、再び伸長するプログラムになっています。wave_write_PCMU_mono 関数は音データを圧縮する関数、wave_read_PCMU_mono 関数は圧縮データを伸長する関数になっており、どちらも wave.h に定義されています。

　一方、サポートサイトの ex11_8.c は、PCMA によって音データを圧縮し、

リスト 11.3　ex11_7.c

```c
#include <stdio.h>
#include <stdlib.h>
#include "wave.h"

int main(void)
{
    MONO_PCM pcm0, pcm1;

    wave_read_16bit_mono(&pcm0, "vocal.wav"); /* 音データ (PCM) の入力 */

    wave_write_PCMU_mono(&pcm0, "pcmu.wav"); /* 音データ (PCMU) の出力 */

    wave_read_PCMU_mono(&pcm1, "pcmu.wav"); /* 音データ (PCMU) の入力 */

    wave_write_16bit_mono(&pcm1, "pcm.wav"); /* 音データ (PCM) の出力 */

    free(pcm0.s);
    free(pcm1.s);

    return 0;
}
```

11.4 Log-PCM

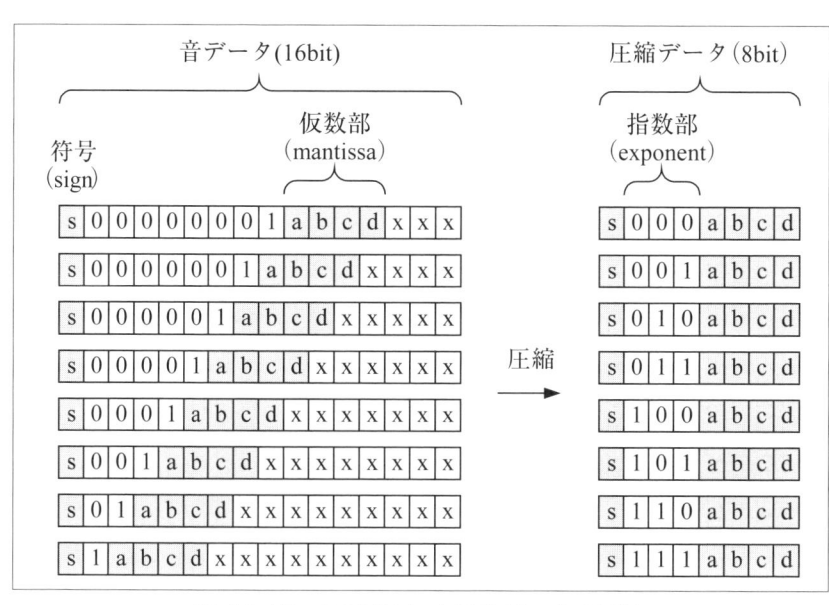

図 11.15　PCMU による音データの圧縮

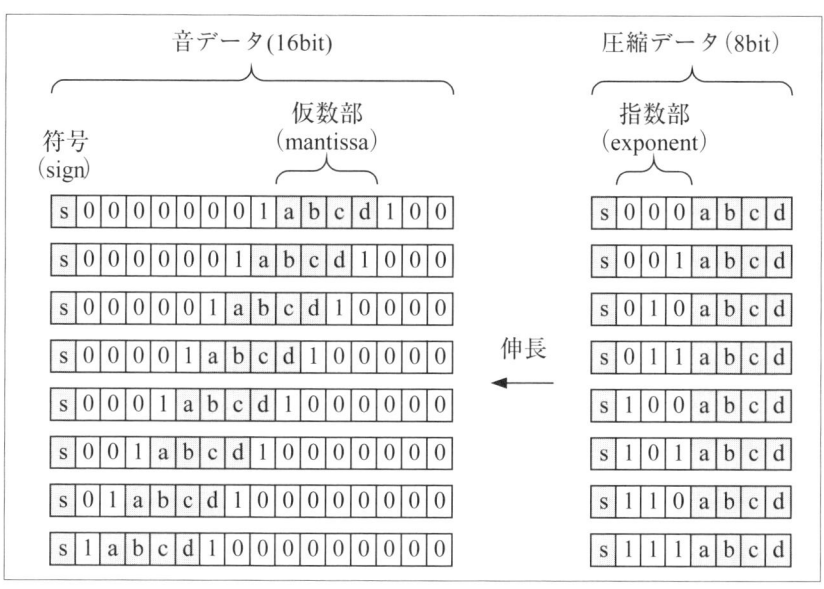

図 11.16　PCMU による圧縮データの伸長

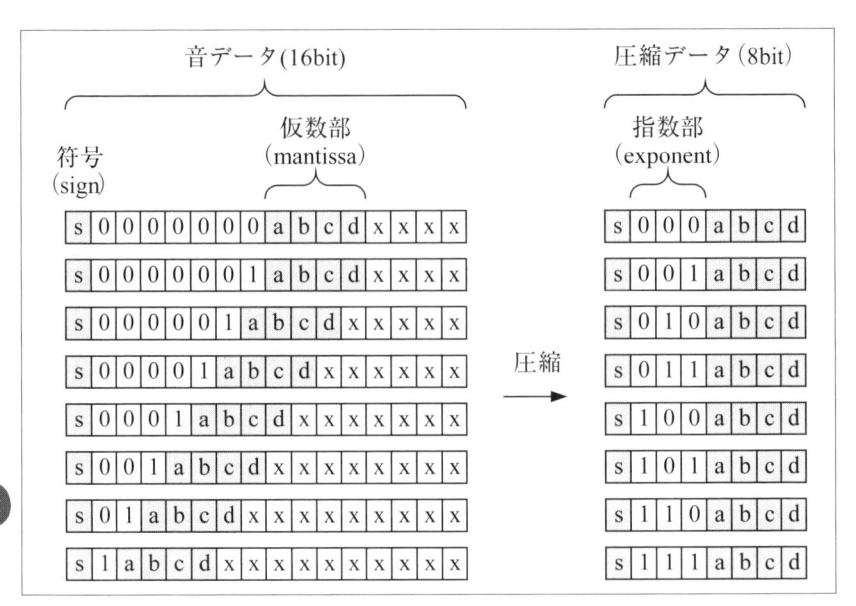

第11章 PCM音源 〜 サンプリングした音を鳴らしてみよう

図 11.17　PCMA による音データの圧縮

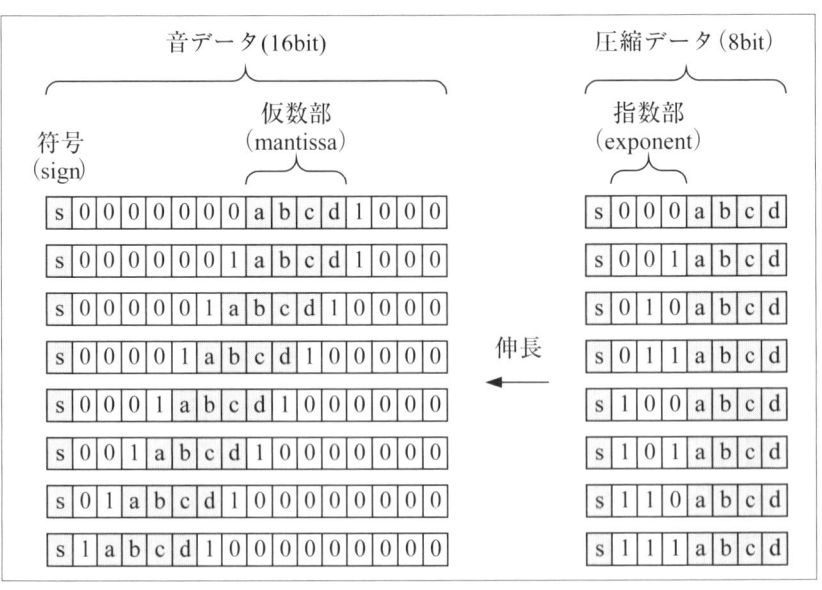

図 11.18　PCMA による圧縮データの伸長

11.4 Log-PCM

再び伸長するプログラムになっています。wave_write_PCMA_mono 関数は音データを圧縮する関数、wave_read_PCMA_mono 関数は圧縮データを伸長する関数になっており、どちらも wave.h に定義されています。

なお、音データの量子化精度が 16bit の場合、PCMU は音データの絶対値に 0x84（=132）を足してから圧縮を行うことに注意してください。また、NOT 演算を行ってから圧縮データを記録するのが PCMU、XOR 演算を行ってから圧縮データを記録するのが PCMA の手順になっています。

PCMU と PCMA は WAVE ファイルがサポートする音データの形式になっており、PCMU と PCMA の WAVE ファイルは Windows Media Player などのアプリケーションから再生することができます。表 11.1 に示すように、PCMU と PCMA の WAVE ファイルには fact チャンクが追加されており、通常の WAVE ファイルとはフォーマットが異なることに注意してください。

表 11.1　PCMU と PCMA の WAVE ファイル

パラメータ	サイズ（byte）	内容
riff_chunk_ID	4	'R' 'I' 'F' 'F'
riff_chunk_size	4	50 + data_chunk_size
file_format_type	4	'W' 'A' 'V' 'E'
fmt_chunk_ID	4	'f' 'm' 't' ' '
fmt_chunk_size	4	18
wave_format_type	2	PCMA は 6，PCMU は 7
channel	2	1
samples_per_sec	4	8000
bytes_per_sec	4	samples_per_sec
block_size	2	1
bits_per_sample	2	8
extra_size	2	0
fact_chunk_ID	4	'f' 'a' 'c' 't'
fact_chunk_size	4	4
sample_length	4	圧縮データの長さ
data_chunk_ID	4	'd' 'a' 't' 'a'
data_chunk_size	4	圧縮データの長さ
data	data_chunk_size	圧縮データ

11.5 DPCM

Log-PCMよりもさらに効率のよい圧縮技術として登場したのが、「DPCM（Differential Pulse Code Modulation）」です。DPCMはPCM音源の先駆けとしてファミコンにも採用され、PSG音源では再現が難しい音声などの効果音を鳴らすための仕組みとして利用された実績があります。

DPCMは、隣り合ったサンプルがそれほど急激には変化しないという音データの一般的な特徴に着目した圧縮技術になっています。図11.19に示すように、音データの差分をとると、たいていの場合、差分データの振幅の最大値d_{max}は音データの振幅の最大値s_{max}よりも小さくなります。すなわち、音データそのものではなく差分データを対象にすると、記録しなければならない振幅の範囲をせばめることができ、圧縮の効率を高めることができます。これがDPCMのアイデアになっています。

図11.20に、DPCMのブロック図を示します。音データを$s(n)$、差分デー

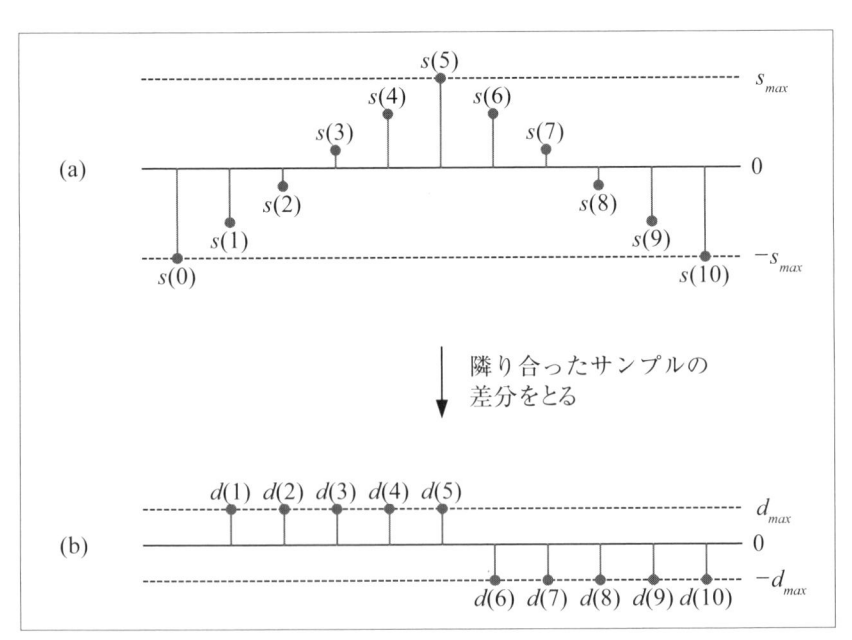

図11.19 振幅の最大値：(a) 音データ、(b) 差分データ

タを $d(n)$、圧縮データを $c(n)$、圧縮データから復元した音データを $\hat{s}(n)$ とすると、DPCM による音データの圧縮は一例として次のように定義できます。

$$d(n) = s(n) - \hat{s}(n-1) \tag{11.13}$$

$$c(n) = \text{sign}(d(n))\text{round}\left(c_{max} \log_{10}\left(1 + 9|d(n)|/d_{max}\right)\right) \tag{11.14}$$

$$\hat{d}(n) = \text{sign}(c(n))\text{round}\left(d_{max} \frac{10^{|c(n)|/c_{max}} - 1}{9}\right) \tag{11.15}$$

$$\hat{s}(n) = \hat{s}(n-1) + \hat{d}(n) \tag{11.16}$$

ここで、c_{max} は圧縮データの振幅の最大値を表しています。一方、d_{max} は

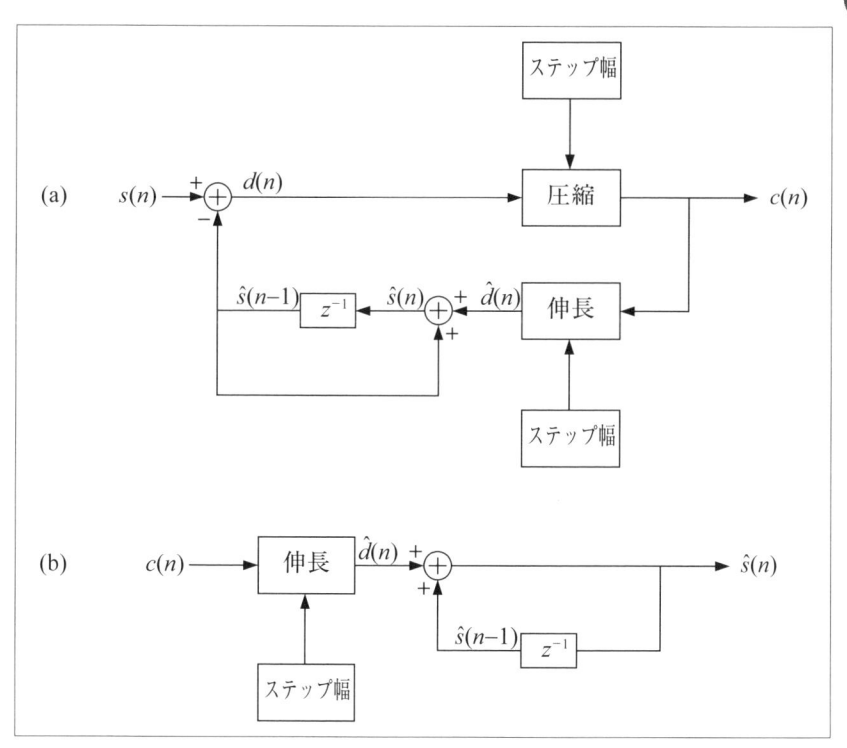

図 11.20　DPCM のブロック図：(a) 圧縮、(b) 伸長

第 11 章 PCM 音源 〜 サンプリングした音を鳴らしてみよう

差分データの振幅の最大値として仮定した値になっています。d_{max} を小さくすると量子化のステップ幅が小さくなり、振幅の小さな差分データを精度よく記録するうえで有利になります。

一方、圧縮データの伸長は次のように定義できます。

$$\hat{d}(n) = \text{sign}(c(n)) \text{round}\left(d_{max} \frac{10^{|c(n)|/c_{max}} - 1}{9} \right) \tag{11.17}$$

$$\hat{s}(n) = \hat{s}(n-1) + \hat{d}(n) \tag{11.18}$$

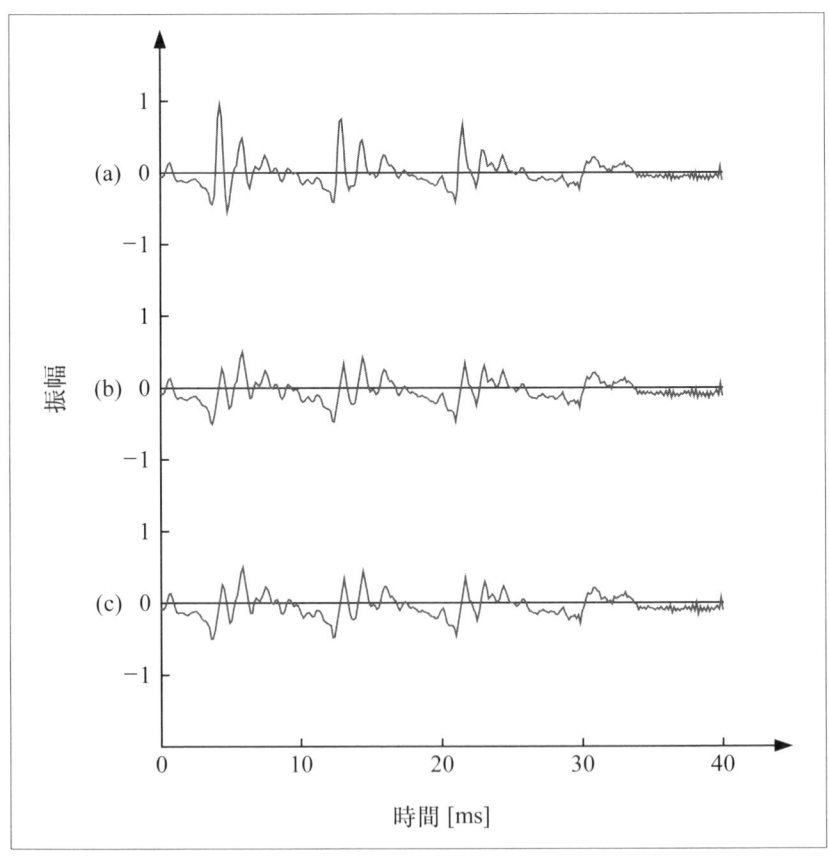

図 11.21　DPCM：(a) 16bit（本来の音データ）、(b) 8bit、(c) 4bit

図 11.21 は、量子化精度が 16bit の音データを DPCM によって 8bit と 4bit にそれぞれ圧縮し、再び伸長した結果になっています。なお、ここでは d_{max} を 4096（$=2^{12}$）に設定しています。

　図 11.12 と比べると、量子化精度を 4bit にしても DPCM は振幅の小さな音データがつぶれにくく、音の劣化を抑えるうえで効果があることがおわかりいただけるのではないかと思います。ただし、隣り合ったサンプルが急激に変化し、差分データが d_{max} を超える場合は圧縮の精度が低くなってしまうことが DPCM の弱点になっています。

11.6　ADPCM

　DPCM の弱点を解決し、より精度の高い圧縮技術として考案されたのが「ADPCM（Adaptive Differential Pulse Code Modulation）」です。

　図 11.22 に示すように、DPCM は差分データの振幅の最大値 d_{max} がつねに一定になっており、d_{max} を超える差分データを適切に記録することができません。一方、ADPCM は差分データの振幅の最大値が時間 n を変数とする関数 $d_{max}(n)$ になっており、差分データに応じて $d_{max}(n)$ が刻一刻と変化することが特徴になっています。

　図 11.23 に、ADPCM のブロック図を示します。音データを $s(n)$、差分データを $d(n)$、圧縮データを $c(n)$、圧縮データから復元した音データを $\hat{s}(n)$ とすると、ADPCM による音データの圧縮は一例として次のように定義できます。

$$d(n) = s(n) - \hat{s}(n-1) \tag{11.19}$$

$$c(n) = \mathrm{sign}(d(n))\mathrm{round}\left(c_{max} \log_{10}\left(1 + 9|d(n)|/d_{max}(n)\right)\right) \tag{11.20}$$

$$\hat{d}(n) = \mathrm{sign}(c(n))\mathrm{round}\left(d_{max}(n)\frac{10^{|c(n)|/c_{max}} - 1}{9}\right) \tag{11.21}$$

$$\hat{s}(n) = \hat{s}(n-1) + \hat{d}(n) \tag{11.22}$$

$$d_{max}(n+1) = \begin{cases} d_{max}(n)/2 & (0 \leq |c(n)| < c_{max}/2) \\ 2d_{max}(n) & (c_{max}/2 \leq |c(n)| \leq c_{max}) \end{cases} \quad (11.23)$$

差分データの振幅が小さい場合は圧縮データの振幅も小さくなりますが、このような場合は次の時刻も連続して差分データの振幅が小さくなりがちです。一方、差分データの振幅が大きい場合は圧縮データの振幅も大きくなりますが、このような場合は次の時刻も連続して差分データの振幅が大きくな

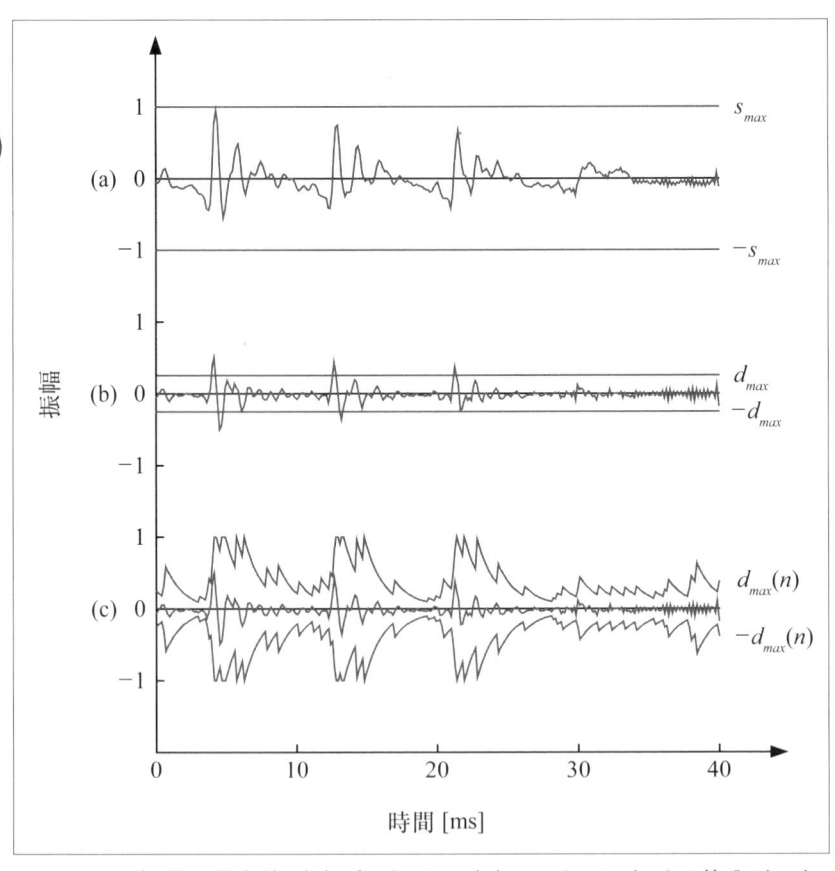

図 11.22 振幅の最大値：(a) 音データ、(b) DPCM における差分データ、(b) ADPCM における差分データ

11.6 ADPCM

りがちです。こうした差分データの特徴に着目し、時刻 n における圧縮データによって時刻 $n+1$ における量子化のステップ幅を更新するのが ADPCM のアイデアになっています。一例として、ここでは $c(n)$ の絶対値が $c_{max}/2$ よりも小さいときは 1/2 倍、それ以上のときは 2 倍になるように $d_{max}(n+1)$ を更新しています。

一方、圧縮データの伸長は次のように定義できます。

$$\hat{d}(n) = \text{sign}(c(n))\,\text{round}\left(d_{max}(n)\frac{10^{|c(n)|/c_{max}}-1}{9}\right) \tag{11.24}$$

$$\hat{s}(n) = \hat{s}(n-1) + \hat{d}(n) \tag{11.25}$$

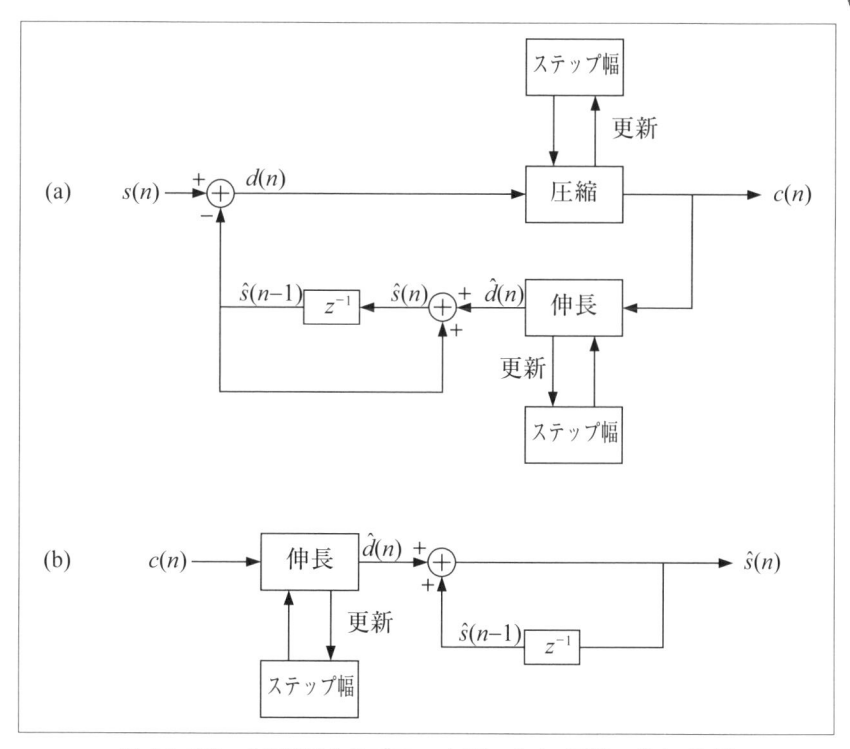

図 11.23　ADPCM のブロック図：(a) 圧縮、(b) 伸長

第 11 章 PCM 音源 〜 サンプリングした音を鳴らしてみよう

$$d_{max}(n+1) = \begin{cases} d_{max}(n)/2 & (0 \leq |c(n)| < c_{max}/2) \\ 2d_{max}(n) & (c_{max}/2 \leq |c(n)| \leq c_{max}) \end{cases} \quad (11.26)$$

図 11.24 は、量子化精度が 16bit の音データを ADPCM によって 8bit と 4bit にそれぞれ圧縮し、再び伸長した結果になっています。なお、ここでは $d_{max}(n)$ の範囲を 128（$=2^7$）から 32768（$=2^{15}$）までに設定しています。

図 11.12 と比べると、量子化精度を 4bit にしても ADPCM は振幅の小さな音データがつぶれにくく、音の劣化を抑えるうえで効果があることがおわ

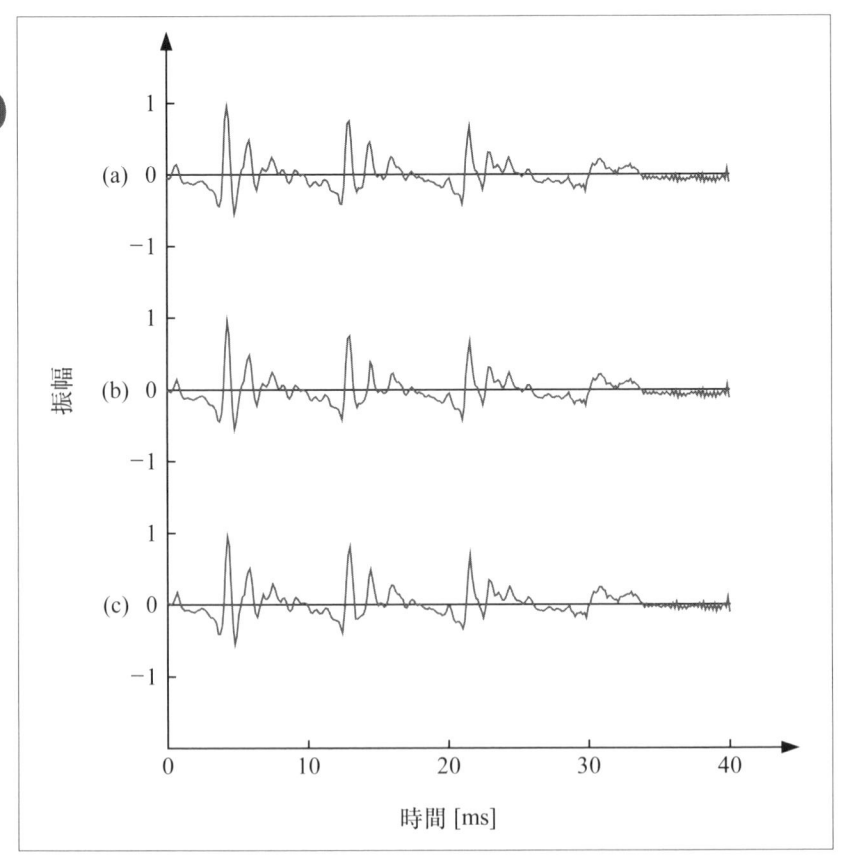

図 11.24　ADPCM：(a) 16bit（本来の音データ）、(b) 8bit、(c) 4bit

かりいただけるのではないかと思います。また、図 11.21 と比べると、ADPCM は隣り合ったサンプルの急激な変化にも対応することができ、DPCM よりも圧縮の精度が高くなることがおわかりいただけるのではないかと思います。

ADPCM にはさまざまなバリエーションがあり、これまでに多数の方式が提案されていますが、その 1 つとして知られているのが、「IMA（Interactive Multimedia Association）」というアメリカの標準化団体によって策定された「IMA-ADPCM」です。ここでは、標本化周波数 8kHz の音データを量子化精度 4bit で記録する場合を例にとって、IMA-ADPCM のアルゴリズムを調べてみることにしましょう。

音データを $s(n)$、差分データを $d(n)$、圧縮データを $c(n)$、圧縮データから復元した音データを $\hat{s}(n)$ とすると、IMA-ADPCM による音データの圧縮は次のように定義されます。

$$d(n) = s(n) - \hat{s}(n-1) \tag{11.27}$$

$$c(n) = \mathrm{sign}(d(n))\mathrm{round}\left(\frac{4|d(n)|}{\delta(n)}\right) \tag{11.28}$$

$$\hat{d}(n) = \mathrm{sign}(c(n))\mathrm{round}\left(\frac{(|c(n)|+1/2)\delta(n)}{4}\right) \tag{11.29}$$

$$\hat{s}(n) = \hat{s}(n-1) + \hat{d}(n) \tag{11.30}$$

$$\delta(n+1) = \mathrm{update}(c(n)) \tag{11.31}$$

ここで、$\delta(n)$ は時刻 n における量子化のステップ幅を表しています。式（11.31）に示すように、時刻 $n+1$ における量子化のステップ幅 $\delta(n+1)$ は、時刻 n における圧縮データ $c(n)$ によって更新されることになりますが、実際の処理は、図 11.25 に示すように、まず、圧縮データ $c(n)$ によってインデッ

クス $i(n+1)$ を更新し、続いてインデックス $i(n+1)$ によってステップ幅 $\delta(n+1)$ を更新するという 2 段階の手順になっています。インデックスは 0 から 88 までの値をとり、ステップ幅は 7 から 32767 まで指数的に変化するように設定されています。

一方、圧縮データの伸長は次のように定義されます。

$$\hat{d}(n) = \text{sign}(c(n))\text{round}\left(\frac{(|c(n)| + 1/2)\delta(n)}{4}\right) \quad (11.32)$$

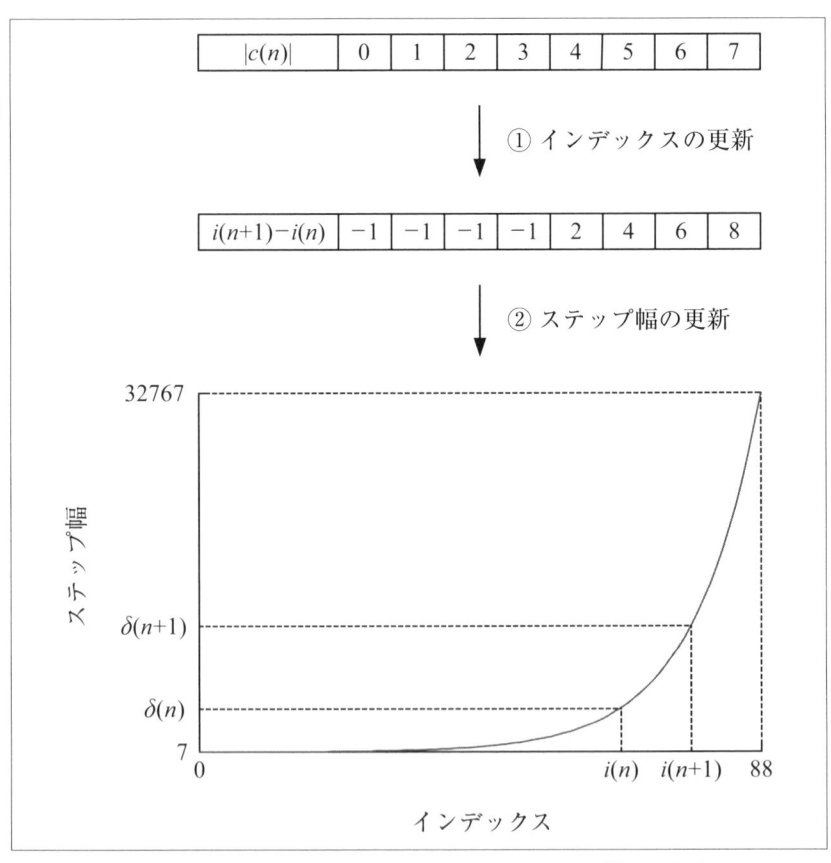

図 11.25　IMA-ADPCM におけるステップ幅の更新

$$\hat{s}(n) = \hat{s}(n-1) + \hat{d}(n) \tag{11.33}$$

$$\delta(n+1) = \text{update}(c(n)) \tag{11.34}$$

なお、割り算を高速に計算するため、式（11.28）、式（11.29）、式（11.32）についてはビット演算によって近似的な計算を行うことが IMA-ADPCM のアルゴリズムの特徴になっています。

サポートサイトの ex11_9.c は、IMA-ADPCM によって音データを圧縮し、再び伸長するプログラムになっています。wave_write_IMA_ADPCM_mono 関数は音データを圧縮する関数、wave_read_IMA_ADPCM_mono 関数は圧縮データを伸長する関数になっており、どちらも wave.h に定義されています。

表 11.2　IMA-ADPCM の WAVE ファイル

パラメータ	サイズ（byte）	内容
riff_chunk_ID	4	'R' 'I' 'F' 'F'
riff_chunk_size	4	52 + data_chunk_size
file_format_type	4	'W' 'A' 'V' 'E'
fmt_chunk_ID	4	'f' 'm' 't' ' '
fmt_chunk_size	4	20
wave_format_type	2	17
channel	2	1
samples_per_sec	4	8000
bytes_per_sec	4	block_size * samples_per_sec / samples_per_block
block_size	2	256
bits_per_sample	2	4
extra_size	2	2
samples_per_block	2	(block_size - 4) * 2 + 1
fact_chunk_ID	4	'f' 'a' 'c' 't'
fact_chunk_size	4	4
sample_length	4	samples_per_block * number_of_block + 1
data_chunk_ID	4	'd' 'a' 't' 'a'
data_chunk_size	4	block_size * number_of_block
data	data_chunk_size	圧縮データ

IMA-ADPCM は WAVE ファイルがサポートする音データの形式になっており、IMA-ADPCM の WAVE ファイルは Windows Media Player などのアプリケーションから再生することができます。表 11.2 に示すように、IMA-ADPCM の WAVE ファイルには fact チャンクが追加されており、通常の WAVE ファイルとはフォーマットが異なることに注意してください。

なお、圧縮データをブロック単位で記録するのが IMA-ADPCM の WAVE ファイルの仕組みになっており、IMA-ADPCM の WAVE ファイルのパラメータはこうした仕組みに対応したものになっています。図 11.26 に示すように、それぞれのブロックは、ブロックの最初の音データとインデックスをヘッダに記録し、続いて 4bit の圧縮データを順番に記録したものになっています。標本化周波数が 8kHz の場合は、ブロックのサイズを 256byte として、1 つのブロックに 505 サンプルの音データを圧縮して記録することが一般的です。

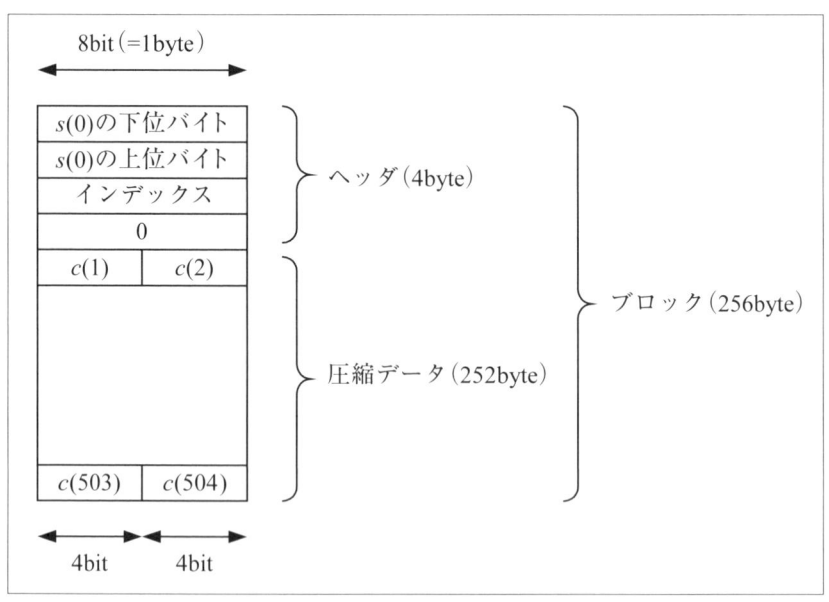

図 11.26　IMA-ADPCM における圧縮データのブロック構造

COLUMN 11

ループシーケンサ

　フレーズ単位でサンプリングされた音データを組み合わせて音楽を作り出す「ループシーケンサ」が、昨今、コンピュータミュージックの1つのアプローチとして人気を集めています。「ACID（アシッド）」や「GarageBand（ガレージバンド）」といったアプリケーションがその代表です。

　図 11.27 に示すように、「ループ素材」と呼ばれる音データを並べて音楽を作り出すのがループシーケンサの仕組みになっています。その名前のとおり、ループ素材はそのまま繰り返し再生しても違和感のないフレーズになっており、コラージュのように組み合わせるだけでそれらしい音楽を作り出すことができる音のパーツになっています。こうしたループシーケンサのアプローチは、作曲など一度もしたことがない初心

図 11.27　ループシーケンサ（Apple 社の GarageBand）

者でもプラモデル感覚で簡単に音楽を作り出すことを可能にした画期的なアイデアといえるでしょう。

　異なる条件でサンプリングされたループ素材を違和感なく組み合わせるには、テンポやキーを一致させることが不可欠です。そのため、タイムストレッチやピッチシフトによってループ素材のテンポやキーを自由に変更できるようにしていることがループシーケンサの特徴になっています。

第12章

リアルタイム処理の
サウンドプログラミング

　マイクから入力された音を加工すると同時にスピーカーから出力するといったリアルタイム処理のアプリケーションを作成するには、サウンドドライバのプログラミングをマスターし、サウンドデバイスを使いこなせるようになる必要があります。最終章の本章では、こうしたリアルタイム処理のサウンドプログラミングに挑戦してみることにしましょう。

第 12 章　リアルタイム処理のサウンドプログラミング

12.1　サウンドデバイスとサウンドドライバ

第 1 章で説明したように、コンピュータで音を取り扱うには A-D 変換や D-A 変換といった仕組みが不可欠ですが、こうした処理を一手に引き受けるのが「サウンドデバイス」と呼ばれるハードウェアの役割になっています。サウンドデバイスは、マイクやスピーカーをコンピュータに接続し、音を録音したり再生したりするためのインターフェースにほかなりません。

図 12.1 に示すように、音データを細切れにしてフレーム単位で処理するのがサウンドデバイスの仕組みになっています。たとえば、コンピュータに

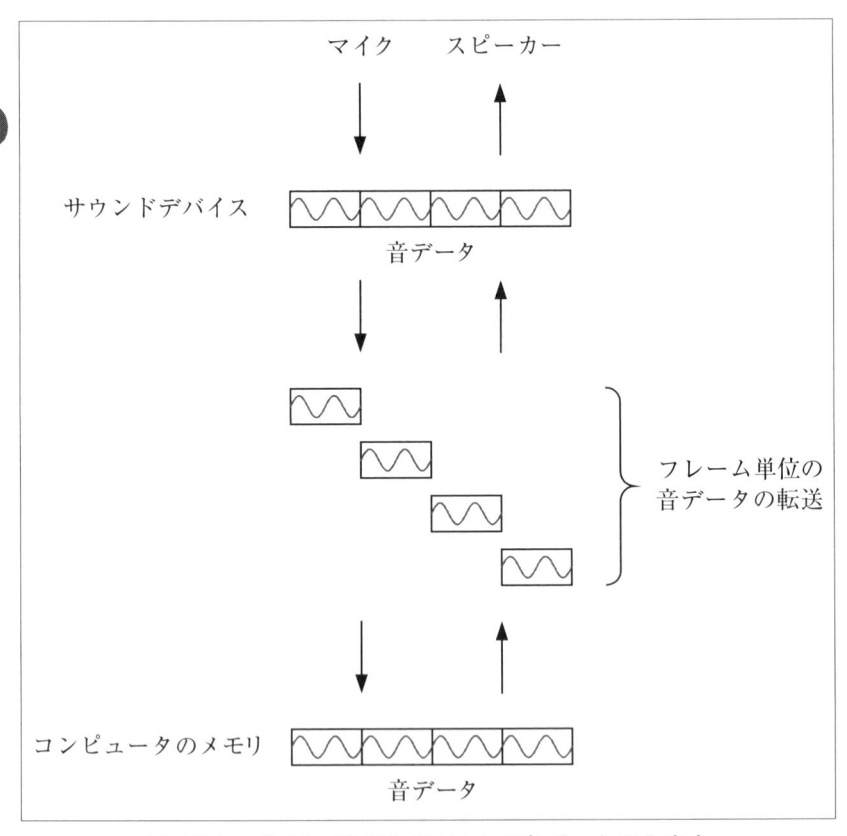

図 12.1　サウンドデバイスによる音データの入出力

音を録音する場合は、マイクから入力された音データをサウンドデバイスに蓄積し、続いてサウンドデバイスからコンピュータのメモリに音データをフレーム単位で転送するという処理になります。一方、コンピュータから音を再生する場合は、コンピュータのメモリに蓄積された音データをサウンドデバイスにフレーム単位で転送し、続いてサウンドデバイスからスピーカーに音データを出力するという処理になります。

こうしたサウンドデバイスの仕組みを詳細にコントロールするのが「サウンドドライバ」と呼ばれるソフトウェアの役割になっています。もちろん、Windows Media Player など既存のアプリケーションを利用して音を再生するのであれば、サウンドドライバのプログラミングの知識はとくに必要ありません。しかし、マイクから入力された音を加工すると同時にスピーカーから出力するといったリアルタイム処理のアプリケーションを作成するには、サウンドドライバのプログラミングをマスターし、サウンドデバイスを使いこなせるようになる必要があります。

Windows 環境の場合、サウンドドライバにはいくつかの選択肢がありますが、最も基本になるのは「MME（Multimedia Extension）ドライバ」です。実は、本書で利用している Borland C++ Compiler 5.5 は、mmsystem.h というヘッダファイルをインクルードするだけで MME ドライバのライブラリ関数を利用できるようになっています。本章では、こうした MME ドライバを具体例として取り上げ、リアルタイム処理のサウンドプログラミングに挑戦してみることにしましょう。

12.2　録音処理

図 12.2 に示すように、複数の「入力バッファ」を用意し、マイクから入力された音データを細切れにしてフレーム単位で少しずつコンピュータのメモリに書き込んでいくのが MME ドライバによる録音処理の仕組みになっています。

サポートサイトの ex12_1.c は、MME ドライバを利用して音データを WAVE ファイルに録音するプログラムになっています。図 12.3 に、このプ

ログラムのフローチャートを示します。

　MME ドライバによる録音処理は、まず、waveInOpen 関数によってサウンドデバイスをオープンするところから始まります。続いて、waveInPrepareHeader 関数によって入力バッファをロックし、waveInAddBuffer 関数によって入力バッファをサウンドデバイスの「入力待ちキュー」に追加していきます。こうした処理を繰り返し、すべての入力バッファが入力待ちキューに格納されると、マイクから音を入力するための準備が整ったことになり、waveInStart 関数によって録音を開始することができます。

　それぞれの入力バッファにはヘッダがあります。そのなかにある dwFlags というフラグは、入力バッファのおわりまで音データが録音されると WHDR_DONE になるため、これを目印としてフレーム単位で録音の完了をチェックすることができます。録音が完了した入力バッファは waveInUnprepareHeader 関数によってアンロックし、録音された音データを読み取った後、再び waveInPrepareHeader 関数によってロックし、waveInAddBuffer 関数によってサウンドデバイスの入力待ちキューに追加します。このように、入力バッファを再利用しながら同じ処理を繰り返すこと

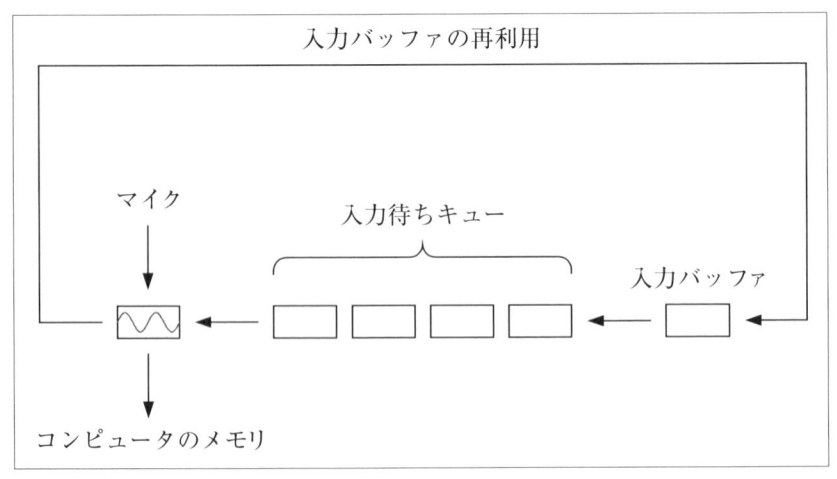

図 12.2　MME ドライバによる録音処理

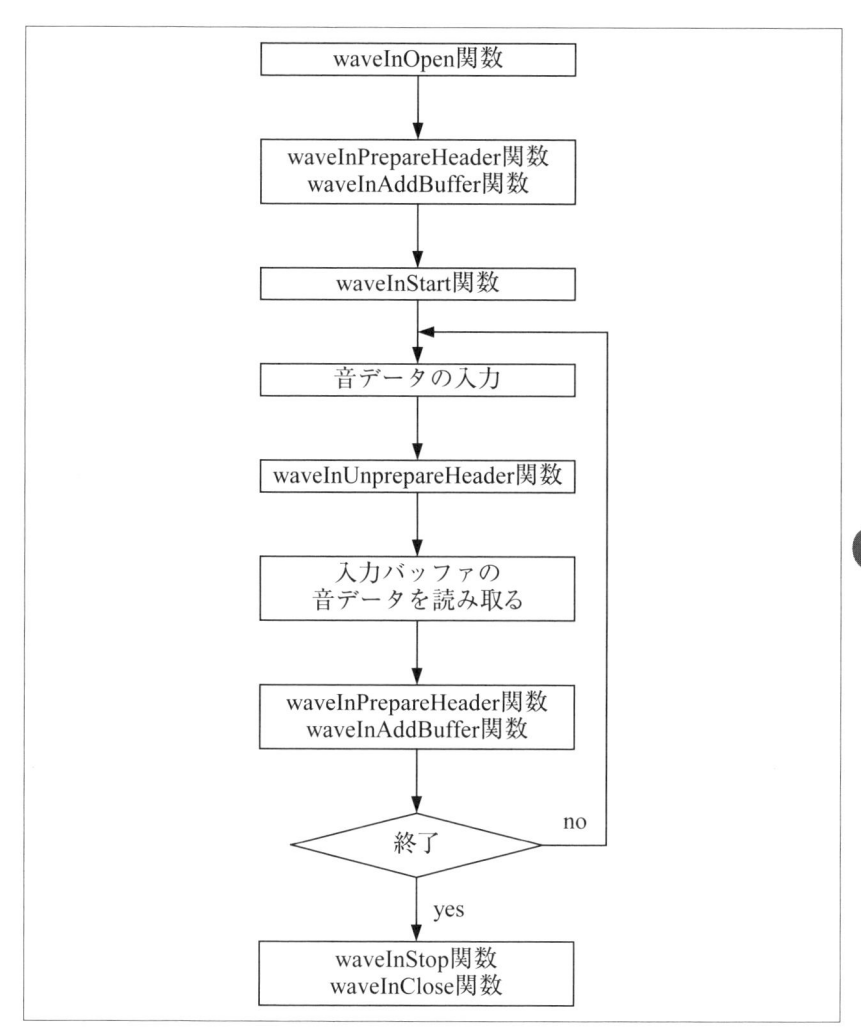

図 12.3 録音処理のフローチャート

が、長時間にわたって音を途切れさせずに録音を行うための仕組みになっています。

なお、録音を停止する場合は、waveInStop 関数によって音データの入力を停止し、waveInClose 関数によってサウンドデバイスをクローズする必要があります。

このプログラムは、入力バッファのサイズを 160 サンプルとし、8 個の入力バッファを設定しています。あまりにもバッファのサイズを小さくしたり、数を少なくしたりすると、MME ドライバは音データを適切に処理できなくなってしまうため注意が必要です。

12.3 再生処理

図 12.4 に示すように、複数の「出力バッファ」を用意し、コンピュータのメモリから読み取った音データを細切れにしてフレーム単位で少しずつスピーカーから出力していくのが MME ドライバによる再生処理の仕組みになっています。

サポートサイトの ex12_2.c は、MME ドライバを利用して WAVE ファイル

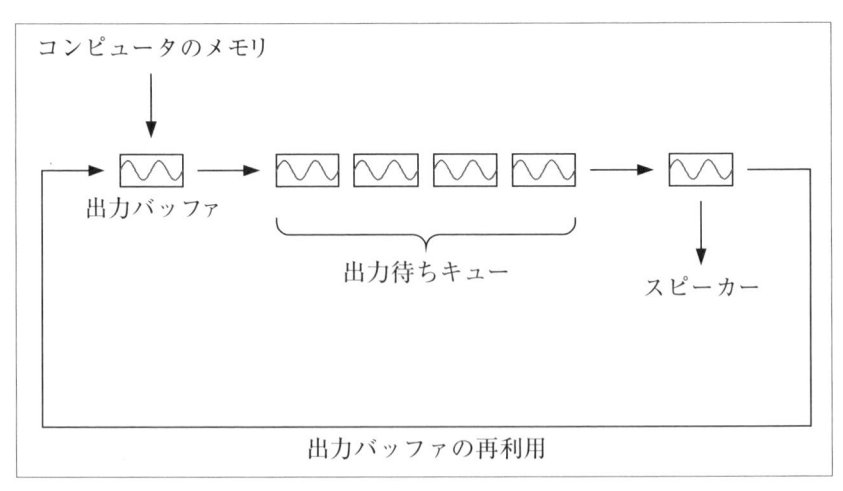

図 12.4　MME ドライバによる再生処理

12.3 再生処理

```
         waveOutOpen関数
              ↓
         waveOutPause関数
              ↓
         出力バッファに
         音データを書き込む
              ↓
     waveOutPrepareHeader関数
     waveOutWrite関数
              ↓
         waveOutRestart関数
              ↓ ←──────────┐
         音データの出力      │
              ↓             │
     waveOutUnprepareHeader関数 │
              ↓             │
         出力バッファに       │
         音データを書き込む   │
              ↓             │
     waveOutPrepareHeader関数 │
     waveOutWrite関数         │
              ↓             │
          ＜終了＞ ── no ─────┘
              │
             yes
              ↓
         waveOutPause関数
         waveOutClose関数
```

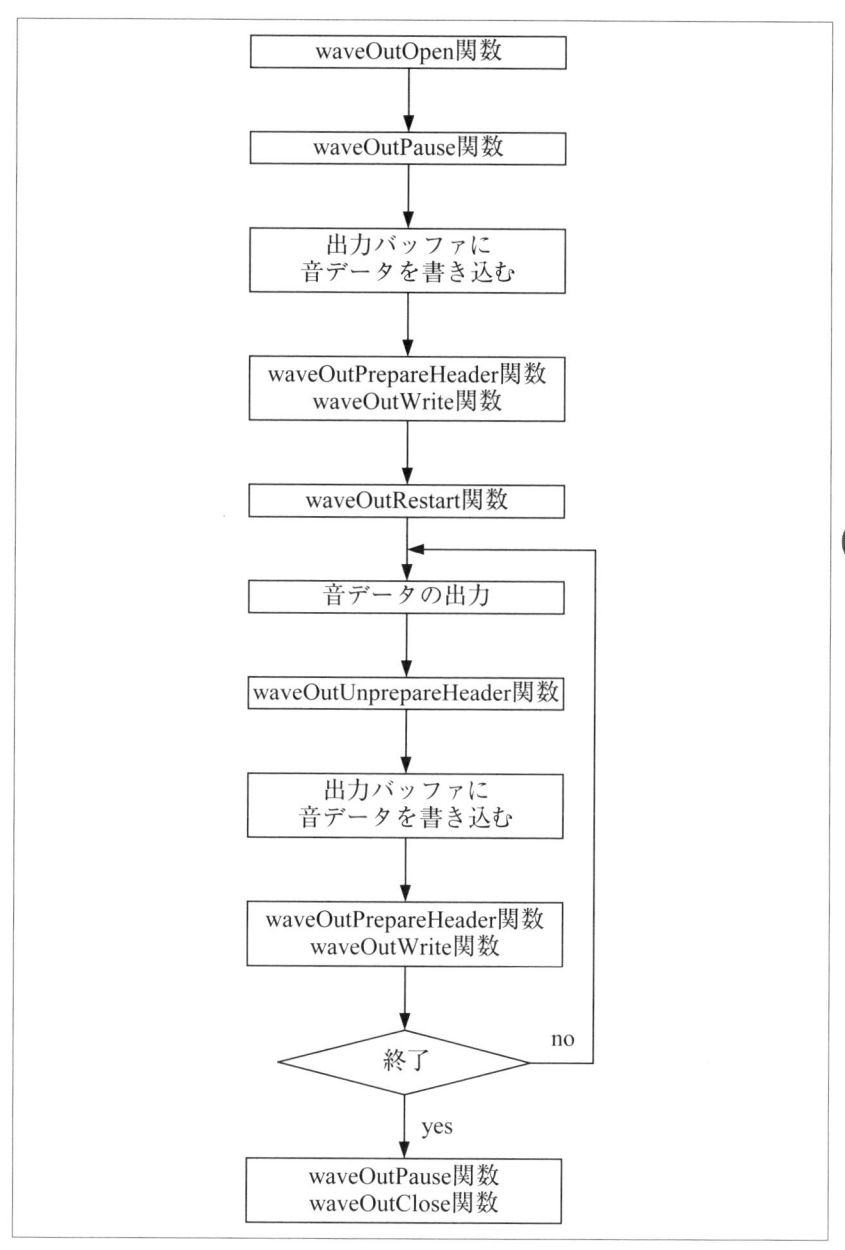

図 12.5　再生処理のフローチャート

の音データを再生するプログラムになっています。図 12.5 に、このプログラムのフローチャートを示します。

　MME ドライバによる再生処理は、まず、waveOutOpen 関数によってサウンドデバイスをオープンするところから始まります。次に、waveOutPause 関数によって音データの出力を一時停止した後、出力バッファに音データを書き込みます。続いて、waveOutPrepareHeader 関数によって出力バッファをロックし、waveOutWrite 関数によって出力バッファをサウンドデバイスの「出力待ちキュー」に追加していきます。こうした処理を繰り返し、すべての出力バッファが出力待ちキューに格納されると、スピーカーから音を出力するための準備が整ったことになり、waveOutRestart 関数によって再生を開始することができます。

　それぞれの出力バッファにはヘッダがあります。そのなかにある dwFlags というフラグは、出力バッファのおわりまで音データが再生されると WHDR_DONE になるため、これを目印としてフレーム単位で再生の完了をチェックすることができます。再生が完了した出力バッファは waveOutUnprepareHeader 関数によってアンロックし、新たな音データを書き込んだ後、再び waveOutPrepareHeader 関数によってロックし、waveOutWrite 関数によってサウンドデバイスの出力待ちキューに追加します。このように、出力バッファを再利用しながら同じ処理を繰り返すことが、長時間にわたって音を途切れさせずに再生を行うための仕組みになっています。

　なお、再生を停止する場合は、waveOutPause 関数によって音データの出力を停止し、waveOutClose 関数によってサウンドデバイスをクローズする必要があります。

　このプログラムは、出力バッファのサイズを 160 サンプルとし、8 個の出力バッファを設定しています。あまりにもバッファのサイズを小さくしたり、数を少なくしたりすると、MME ドライバは音データを適切に処理できなくなってしまうため注意が必要です。

12.4 ループバック再生

録音と再生を組み合わせると、マイクから入力された音をそのままスピーカーから出力することができます。こうした処理を「ループバック再生」と呼びます。

図 12.6 に示すように、入力バッファの音データをそのまま出力バッファにコピーするのがループバック再生の仕組みにほかなりません。サポートサイトの ex12_3.c は、MME ドライバを利用してループバック再生を行うプログラムになっています。このプログラムは、Enter を押すか、またはコマンドプロンプトに「Ctrl + c」と入力するまで、マイクから入力された音をそのままスピーカーから出力するものになっています。

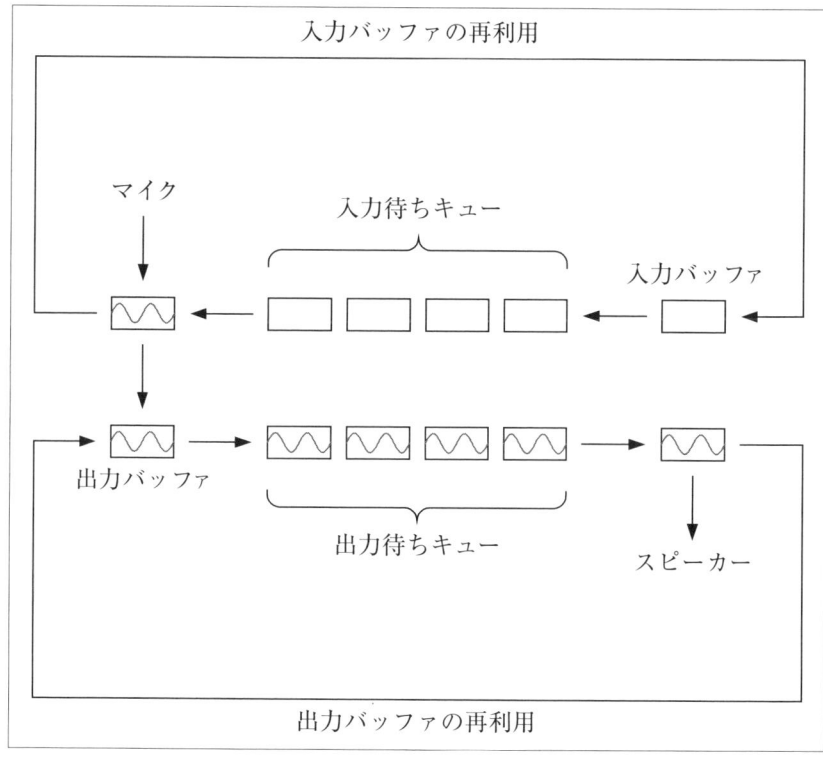

図 12.6　ループバック再生

実際に体験してみると、マイクから入力された音がスピーカーから出力されるまでに若干の遅れが生じていることがおわかりいただけるのではないかと思います。こうした遅れは「レイテンシ」と呼ばれ、できる限りレイテンシが短くなるように配慮することがリアルタイム処理のサウンドプログラミングの重要なポイントになっています。

もちろん、レイテンシを短くするにはキューを短くする必要があります。しかし、キューを短くするため、あまりにもバッファのサイズを小さくしたり、数を少なくしたりすると、MMEドライバは音データを適切に処理できなくなってしまうことに注意しなければなりません。こうした問題に対処するには、レイテンシができる限り短くなるように設計された「ASIO（Audio Steam Input Output）ドライバ」など、オプションのサウンドドライバを利用することが1つの解決策になっています。

12.5　ボイスチェンジャ

ループバック処理と音の加工技術を組み合わせると、リアルタイム処理のサウンドエフェクトを実現することができます。一例として、ここでは「リング変調」による「ボイスチェンジャ」のプログラムを作ってみることにしましょう。

音データにサイン波をかけ合せるのがリング変調の仕組みにほかなりません。たとえば、音データが振幅 a_c、周波数 f_c のサイン波の場合、振幅 a_m、周波数 f_m のサイン波をかけ合わせると次のようになります。

$$s(n) = a_c \sin\left(\frac{2\pi f_c n}{f_s}\right) a_m \sin\left(\frac{2\pi f_m n}{f_s}\right) \quad (0 \leq n \leq N-1) \tag{12.1}$$

式（12.1）は次のように展開することができます。

$$s(n) = \frac{a_c a_m}{2} \cos\left(\frac{2\pi(f_c + f_m)n}{f_s}\right) + \frac{a_c a_m}{2} \cos\left(\frac{2\pi(f_c - f_m)n}{f_s}\right) \quad (0 \leq n \leq N-1) \tag{12.2}$$

すなわち、この場合は、周波数 f_c と周波数 f_m のサイン波から、周波数 f_c+f_m と周波数 f_c-f_m のコサイン波が生成されることになります。このように、音データにサイン波をかけ合わせることで周波数特性を変化させ、その結果として音色を変化させることが、リング変調によるボイスチェンジャの原理になっています。

図 12.7 に示すように、サポートサイトの ex12_4.c は、マイクから入力された音にリング変調をかけてスピーカーから出力するプログラムになってい

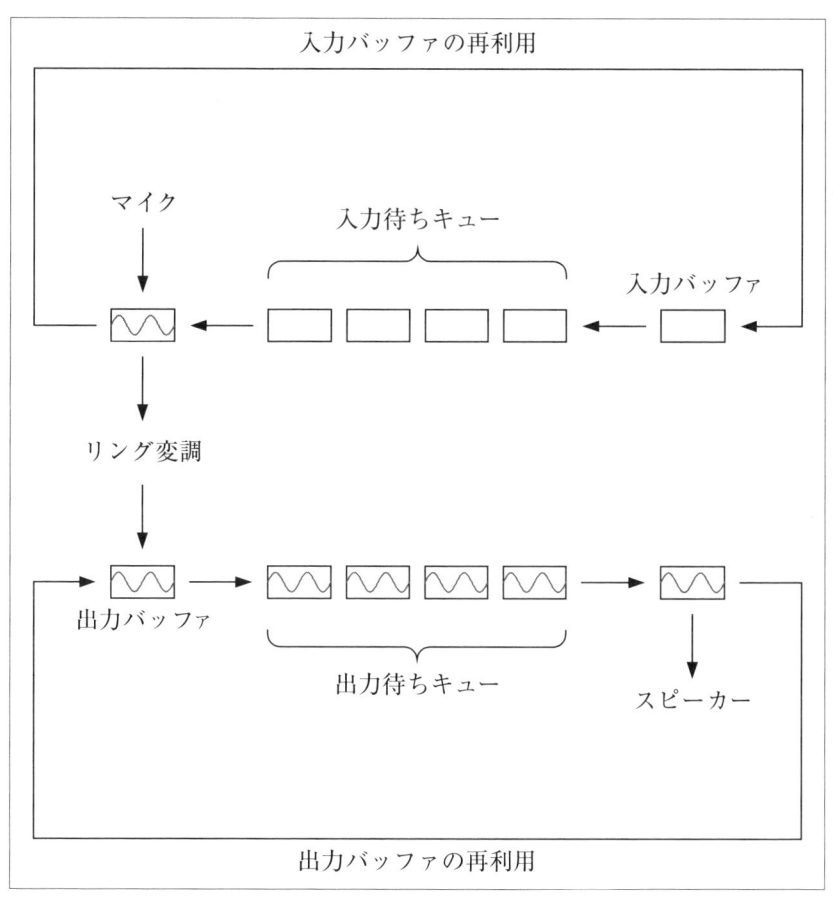

図 12.7　リング変調によるボイスチェンジャ

ます。マイクに向かって話しかけると、テレビなどでおなじみのプライバシー保護の音声を聞くことができます。ぜひ、マイクとスピーカーを内蔵したヘッドセットなどを使って、ボイスチェンジャの効果を体験してみてください。

　以上、本書では12章にわたり、サウンドプログラミングの実際の手順について説明してきました。音という目には見えない物理現象を理解するには数学の知識が不可欠になることから、サウンドプログラミングは一見するとかなり難しいものに思われたかもしれません。しかし、自分の思いどおりに音が鳴ったとき、それまでの苦労を忘れさせてくれる感動を味わえることがサウンドプログラミングの醍醐味のように思います。

　本書で説明した内容はあくまでも基本にすぎませんが、サウンドプログラミングについて勉強するための足がかりになるものばかりです。具体例として紹介したプログラムを自分なりに発展させ、サウンドプログラミングの参考書として本書を活用していただけたら、著者としてこれにまさる喜びはありません。読者諸氏とともに、サウンドプログラミングの新たな可能性を一緒に切り拓いていくことを祈念して、ここに筆をおきたいと思います。

COLUMN 12

Pure DataとSuperCollider

　本書では、具体的なプログラミング言語として汎用のC言語を利用していますが、実は、サウンドプログラミングのために開発された専用のプログラミング言語も存在します。これまでにさまざまなものが提案されてきましたが、フリーで利用できるものとして、昨今では「Pure Data（ピュアデータ）」と「SuperCollider（スーパーコライダー）」が人気を集めています。

　図12.8に示すように、Pure Dataはブロックをつないで処理を記述していくスタイルのプログラミング言語になっています。一方、図12.9に示すように、SuperColliderはテキストによって処理を記述していくスタイルのプログラミング言語になっています。実は、これらの例はどち

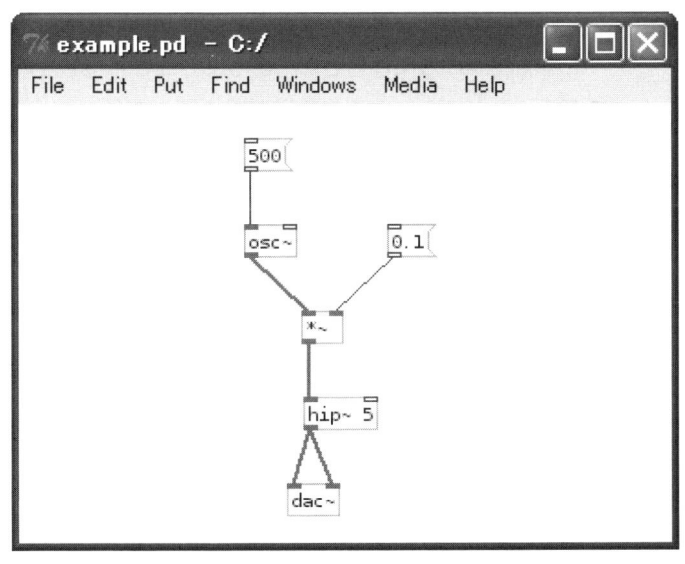

図 12.8　Pure Data

らも振幅 0.1、周波数 500Hz のサイン波の音を鳴らすプログラムになっているのですが、Pure Data と SuperCollider のプログラムは見た目がまったく異なり、言ってみれば両者は対極に位置するプログラミング言語になっていることがおわかりいただけるのではないかと思います。

　こうしたプログラミング言語は、コンピュータミュージックのプログラミング言語として、エンジニアというよりもむしろアーティストによって積極的に利用されるものになっています。どちらもリアルタイム処理のサウンドプログラミングのためのプラットフォームになっており、こうしたツールを使いこなすことで、「インスタレーション」と呼ばれる体験型のメディアアートなど、コンピュータの可能性を最大限に引き出した作品が次々に生み出されてきています。

　かつては、エンジニアが作った楽器を使って音を鳴らすことが一般的だった音楽の世界も、こうしたプログラミング言語の発展によって状況が変化しつつあり、アーティストが自分で新たな楽器を作り出し、思いどおりに音をデザインすることがあたり前になってきています。テクノロジーとアートを結びつける架け橋として、さまざまな可能性を秘めたサウンドプログラミングのこれからの発展が期待されます。

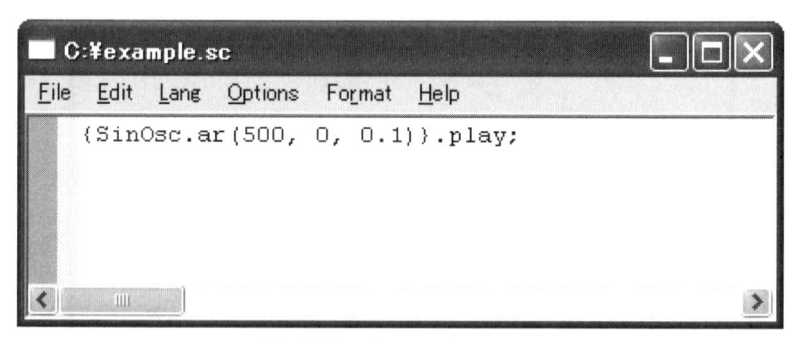

```
{SinOsc.ar(500, 0, 0.1)}.play;
```

図 12.9　SuperCollider

索引

<記号・数字>
12 平均律音階 ································ 31

<A>
ADPCM ································ 251
ADSR ································ 184
A-D 変換 ································ 2
AM 変調 ································ 219
ASIO ドライバ ································ 270

<B>
BEF ································ 100
bit ································ 7
Borland C++ Compiler 5.5 ········ 15
BPF ································ 100
byte ································ 7

<C>
chunk ································ 10

<D>
data チャンク ································ 12
D-A 変換 ································ 2
dB ································ 66
DFT ································ 55
DFT フィルタ ································ 126
DPCM ································ 248

DVD-Audio ································ 10

<F>
fact チャンク ································ 23
FFT ································ 69
FIR フィルタ ································ 101
fmt チャンク ································ 10
FM 音源 ································ 202
FM 変調 ································ 220

<G>
G.711 ································ 242

<H>
HPF ································ 100
Hz ································ 3

<I>
IDFT ································ 55
IFFT ································ 76
IIR フィルタ ································ 101
IMA-ADPCM ································ 255
ITU ································ 242

<L>
LFO ································ 177
Log-PCM ································ 239

< L >
LPF ……………………………………… 100

＜ M ＞
MIDI ……………………………………… 172
MME ドライバ ………………………… 263
MML ……………………………………… 172

＜ P ＞
PCM …………………………………… 11, 224
PCMA …………………………………… 243
PCMU …………………………………… 243
PCM 音源 ……………………………… 224
PM 変調 ………………………………… 221
PSG 音源 ……………………………… 156
Pure Data ……………………………… 273

＜ R ＞
RIFF チャンク ………………………… 10

＜ S ＞
SuperCollider ………………………… 273

＜ V ＞
VCA ……………………………………… 176
VCF ……………………………………… 176
VCO ……………………………………… 176

＜ W ＞
WAVE ファイル ………………………… 10
Windows Media Player ……………… 10

＜ Z ＞
Z 変換 …………………………………… 102

＜あ行＞
アタックタイム ………………………… 184
アップサンプリング …………………… 170
アナログ信号 …………………………… 2
アナログシンセサイザ ………………… 176
アナログフィルタ ……………………… 100
アルゴリズム …………………………… 217
位相 ……………………………………… 45
位相周波数特性 ………………………… 56
インスタレーション …………………… 274
インパルス ……………………………… 134
インパルス応答 ………………………… 134
エイリアス ……………………………… 166
エイリアス歪み ………………………… 167
エコー …………………………………… 134
エッジ周波数 …………………………… 104
エレクトリックピアノ ………………… 213
オーバーサンプリング ………………… 165
オーバーフロー ………………………… 19
オーバーラップアド …………………… 128
音の大きさ ……………………………… 26, 51
音の三要素 ……………………………… 51
音の高さ ………………………………… 26, 38, 51
オペレータ ……………………………… 217
折り返し歪み …………………………… 167
オルガン ………………………………… 91, 187
音圧 ……………………………………… 51
音階 ……………………………………… 31

音楽 CD ……………………………… 6
音声合成 …………………………… 143

＜か行＞

重ね合わせの原理 ………… 3, 54, 86
加算器 ……………………………… 101
加算合成 …………………………… 86
基本音 ……………………………… 38
基本周期 …………………………… 37
基本周波数 ……………………… 37, 51
逆位相 ……………………………… 46
逆高速フーリエ変換 ……………… 76
逆フーリエ変換 …………………… 54
逆離散フーリエ変換 ……………… 55
キャリア …………………………… 202
キャリア周波数 ………… 202, 219
キャリア振幅 …………… 202, 219
共振フィルタ ……………………… 123
クオリティファクタ ……………… 115
矩形波 ……………………………… 42
クリックノイズ …………………… 33
クリッピング ……………………… 22
ゲームミュージック …………… 163
原音 ………………………………… 138
減算合成 …………………………… 138
コイン音 …………………………… 164
高域通過フィルタ ……………… 100
効果音 ……………………………… 164
高速フーリエ変換 ………………… 68
コーラス …………………………… 200
国際電気通信連合 ……………… 242

コサイン関数 ……………………… 47
コサイン波 ………………………… 47

＜さ行＞

再生処理 …………………………… 266
サイン関数 ………………………… 26
サイン波 ………………………… 3, 26
サウンドデバイス ……………… 262
サウンドドライバ ……………… 262
サウンドレコーダー ……………… 23
サステインレベル ……………… 184
三角波 ……………………………… 44
サンプリング ……………………… 2
時間エンベロープ ………… 87, 159
次数 ………………………………… 203
遮断周波数 ………………………… 115
ジャンプ音 ……………………… 164
周期的複合音 ……………………… 38
周波数エンベロープ …………… 139
周波数特性 ……………………… 28, 51
周波数比 …………………………… 205
周波数分析 ………………………… 54
出力バッファ …………………… 266
出力待ちキュー ………………… 268
純音 ……………………………… 30, 38
巡回たたみ込み ………………… 127
乗算器 ……………………………… 101
シンク関数 ……………………… 105
振幅周波数特性 ………………… 56
ステレオ …………………………… 8
ストリングス …………………… 200

スペクトログラム	66	ディジタル信号	2
スロー再生	225	ディジタルシンセサイザ	213
正弦関数	26	ディジタルフィルタ	101
正弦波	26	データチャンク	12
整数倍音	206	デシベル	66
声帯	143	デチューン	200
声道	143	デューティ比	153
積分フィルタ	113	電圧制御アンプ	176
遷移帯域幅	106	電圧制御発振器	176
線形量子化	240	電圧制御フィルタ	176
双1次変換法	115	伝達関数	103
相関関数	227	ドラム	193
双極性パルス列	199	トレモロ	178
阻止域	100		

＜な行＞

入力バッファ	263
入力待ちキュー	264

＜た行＞

帯域阻止フィルタ	100	音色	38, 51
帯域通過フィルタ	100	ノートオフ	173
タイムストレッチ	225	ノートオン	173
タイムラグ	228	ノコギリ波	40
ダウンサンプリング	166	ノッチフィルタ	123
たたみ込み	101		
遅延器	101		

＜は行＞

チップチューン	163	バーチャルピッチ	81
チャープ音	91	バイオリン	191
中心周波数	123	倍音	38
チューブラーベル	210	白色雑音	49, 138
通過域	100	波形	28
低域通過フィルタ	100	バタフライ計算	75
ディエンファシス	145	ハニング窓	63
ディケイタイム	184		

パルス波	153		マルチチャンネル	8
早送り再生	225		無限インパルス応答フィルタ	134
パルス列	138, 152		モジュレーション	178, 219
ピアノ	94, 193		モジュレータ	202
非整数倍音	208		モジュレータ周波数	202, 219
非線形量子化	240		モジュレータ振幅	202, 219
ピッチシフト	232		モノラル	8
ビットリバース	76			
ビブラート	178		**＜や行＞**	
微分フィルタ	101		有限インパルス応答フィルタ	134
標本化	2		余弦関数	47
標本化周期	2		余弦波	47
標本化周波数	3			
標本化定理	3		**＜ら行＞**	
ファクトチャンク	23		離散フーリエ変換	55
フィルタ	100		リサンプリング	233
フーリエ変換	54		リバーブ	134
フェード処理	33		量子化	6
フォーマットチャンク	10		量子化精度	6
フォルマント	144		リリースタイム	184
複合音	38		リング変調	219, 270
プリエンファシス	149		ループシーケンサ	259
分析合成	97		ループ素材	259
変調	178		ループバック再生	269
変調指数	203		レイテンシ	270
ボイスチェンジャ	270		レゾナンス	183
ボコーダ	149		録音処理	263
＜ま行＞			**＜わ行＞**	
窓関数	61		ワウ	182
窓関数法	104			

【著者紹介】

青木 直史　あおき なおふみ

1972年、札幌生まれ。2000年、北海道大学大学院工学研究科博士課程修了。博士（工学）。同年、北海道大学大学院工学研究科助手。2007年、北海道大学大学院情報科学研究科助教。専門はマルチメディア情報処理。著書は『ディジタル・サウンド処理入門』（CQ出版社）、『H8マイコンによるネットワーク・プログラミング』（技術評論社）、『C言語ではじめる音のプログラミング』（オーム社）、『ブレッドボードではじめるマイコンプログラミング』（技術評論社）、『冗長性から見た情報技術』（講談社）など。趣味は音楽と手品。

- 装丁
  折原 カズヒロ
- 本文デザイン／レイアウト
  朝日メディアインターナショナル㈱
- 編集
  取口 敏憲
- 本書サポートページ
  http://floor13.sakura.ne.jp/
  http://gihyo.jp/book/2013/978-4-7741-5522-7
  本書記載の情報の修正・訂正・補足については、当該Webページで行います。

Software Design plusシリーズ
サウンドプログラミング入門──音響合成の基本とC言語による実装

2013年3月10日 初版第1刷発行

著　者　青木直史
発行人　片岡 巌
発行所　株式会社技術評論社
　　　　〒162-0846 東京都新宿区市谷左内町21-13
　　　　TEL：03-3513-6150（販売促進部）
　　　　TEL：03-3513-6170（雑誌編集部）

印刷／製本　日経印刷株式会社

定価はカバーに表示してあります。

本書の一部あるいは全部を著作権法の定める範囲を超え、無断で複写、複製、転載あるいはファイルを落とすことを禁じます。

©2013 青木直史

造本には細心の注意を払っておりますが、万一、乱丁（ページの乱れ）や落丁（ページの抜け）がございましたら、小社販売促進部までお送りください。送料小社負担にてお取り替えいたします。

ISBN978-4-7741-5522-7
Printed in Japan

■お問い合わせについて

本書に関するご質問については、本書に記載されている内容に関するもののみとさせていただきます。本書の内容と関係のないご質問につきましては、一切お答えできませんので、あらかじめご了承ください。また、電話でのご質問は受け付けておりませんので、FAXか書面にて下記までお送りください。

なお、ご質問の際には、書名と該当ページ、返信先を明記してくださいますよう、お願いいたします。

お送りいただいたご質問には、できる限り迅速にお答えできるよう努力いたしておりますが、場合によってはお答えするまでに時間がかかることがあります。また、回答の期日をご指定なさっても、ご希望にお応えできるとは限りません。あらかじめご了承くださいますよう、お願いいたします。

＜問い合わせ先＞
〒162-0846
東京都新宿区市谷左内町21-13
株式会社技術評論社　雑誌編集部
「サウンドプログラミング入門──音響合成の基本とC言語による実装」係
FAX：03-3513-6173